Spiritual Evolution
精神的进化
美好生活的构成

[美] 乔治·瓦利恩特（George E. Vaillant） 著

张庆宗 周琼 译

华东师范大学出版社

SPIRITUAL EVOLUTION: How We Are Wired for Faith, Hope, and Love

by George E. Vaillant, M. D.

Copyright © 2008 by George E. Vaillant

Simplified Chinese translation copyright © 2017 by East China Normal University Press Ltd.

This translation published by arrangement with Harmony Books, an imprint of the Crown Publishing Group, a division of Penguin Random House LLC.

ALL RIGHTS RESERVED

上海市版权局著作权合同登记　图字：09 - 2016 - 580 号

献给

S. B. V(1908—1995)

感谢您的养育之恩和无际的爱

我相信我看出了生命发展的方向和线索……如果我的假设是正确的……随着周期性的循环发展，马、牡鹿、老虎等都会像昆虫一样，或多或少受制于那些让他们奔走如飞的工具性或者攻击掠食的方式，成为其囚徒。……灵长类动物却与此不同，进化忽略了其他所有特征，直奔大脑，使灵长类动物的大脑具有相当的可塑性。

——皮埃尔·泰亚尔·德·夏尔丹（中文名：德日进）《人的现象》

（伦敦：科林斯出版社，1959），pp. 142－60

目录

第 1 章　积极情绪

主啊！　使我做和平使者，

在憎恨之处，播下仁爱；

在伤痛之处，播下宽恕；

在怀疑之处，播下信任；

在绝望之处，播下希冀；

在忧愁之处，播下欢愉；

主啊！　使我少受安慰，但求安慰别人。

——圣弗朗西斯的和平祈祷文

艾瑟·贝克瑞尔神父（1912）

　　棱镜将白光散射成一系列不同颜色的光谱，在这本书里我同样也将人的精神分解为一系列的积极情绪。营养科学解释了世界上那些稀奇古怪饮食的缘起，我同样也希望通过对这些积极情绪的关注，来探讨一下人的精神世界。营养学家通过分析其他民族独特的营养饮食，发现了维他命和四种基本食物群。与此相似，神经科学家、文化人类学家和动物行为学家通过分析研究那些经久不衰的宗教，发现爱、群体构建和积极情绪是这些宗教的共同之处。

临床心理学家杰克·科恩菲尔德曾讲过这样一个真实的故事。他有一次坐火车从费城到华盛顿，邻座正好是一位未成年人罪犯矫正项目的负责人，该项目主要帮助那些犯过杀人罪的少年帮派组织成员。

该项目中有一位十四岁的男孩枪杀了一名无辜的少年，以此证明对帮派的忠心。庭审现场，受害人母亲一直默默不语，看不出一丝激动的情绪。庭审结束，法官宣判男孩杀人罪成立。这时，母亲才缓缓站起身来，盯着男孩的眼睛，一字一顿地说："我要杀了你。"之后，男孩便被带走，准备在少年教养所服几年刑。

半年之后，受害人母亲去探望了这位杀人犯男孩。男孩在犯下杀人罪之前，一直流浪街头，这位母亲是第一位来教养所看望他的人。他们聊了一会儿，临走时她还给他留下了一些买香烟的钱。之后，她来探望男孩的次数渐渐多了起来，每隔一段时间她都要来，并给他带来一些食物和小礼物。三年教养期即将结束，她问男孩出来之后有什么打算。男孩对未来感到非常茫然，不知道要做什么，于是她帮助男孩在一位朋友的公司里找了一个工作安置下来。她又问男孩有没有住的地方，在得知他之前一直流浪、无家可归之后，她又在自己家安排了一个空房间让他暂住。于是男孩开始住在她家，吃着她准备的食物，靠着她找的工作养活自己。八个月后的一个晚上，她把男孩叫到客厅，想和他聊聊。他们面对面坐着，沉默了好一会。还是她先开口说话："你还记得那天在法庭上我说过要杀了你吗？""我当然记得，我永远也不会忘了那一幕。"男孩回答。她继续说："好，我确实做到了。我真心不想让那个杀了我儿子的男孩在这世上多活一天。于是我开始去教养所探望你，给你带东西。我还帮你找工作，让你和我住在一起。我希望能够慢慢地让你发生改变。现在看来，那个杀了我儿子的坏孩子已经不复存在了。所以，既然我儿子不在了，那个杀人犯也不在了，我想问问你，你是不是愿意留下来？我这里地方足够宽敞。如果你愿意，我想收养你做我的儿子。"[1] 于是这个流浪的男孩从此有了母亲。

我们不得不感叹于这位母亲强烈的同情心和宽容之情！请问这些力量从何而来？我们都还记得这位母亲的锥心之痛，在法庭上她低声咆哮着说"我要杀了你"。所以，当她在自己的客厅里，提醒寄住的男孩是否记得这句话时，我着实为那位男孩捏了一把汗。不过故事的结局出乎我的意料。无论是对印度教徒、犹太教徒，还是对佛教徒和基督教徒来说，这一刻无疑都是同样感人至深的，不过这个故事里却没有任何宗教的影子。那到底是什么因素在起作用呢？看来是无私的爱战胜了达尔文所谓的"自私基因"和康德的"纯粹理性"。积极情绪的转换力量可见一斑。

积极情绪不仅包括同情、宽容、爱和希望，还包括喜悦、信任、敬畏和感激，这些都源于我们作为哺乳动物的天性——无私的父母之爱。它们由感受而发，生成于哺乳动物大脑边缘系统，是我们世代进化的遗产。积极情绪为所有人类生而固有，是所有主流宗教信仰和人类的共有特征。

可以说，这本书在某些方面具有颠覆性意义。我必须指出，拥有积极情绪不仅仅只是锦上添花而已，积极情绪对"智人"这一物种的存续起着至关重要的作用。安东尼奥·达马西奥是一位敏锐的临床神经学家，也是情绪研究领域最有建树的学者。在其著作《笛卡尔的错误》中，他极力主张思想和身体是统一的说法，并总结为"如果社会和人们对快乐的追求，等同甚至多过对痛苦的规避，那他们将难以存活下去"。[2]若读者允许我将快乐定义为积极情绪的产物而非单纯的享乐主义的表现，那么犯错误的就是达马西奥了。本书将总结达马西奥观点提出之后这十四年里搜集到的种种科学研究证据，以证明积极情绪的重要性。第六章将提到，达马西奥的这一观点从2003年起也开始有所变化。

进入21世纪以后，许多人特别是来自英语国家的人们，开始寻找某种共同的精神家园。一方面，随着人们受教育程度的提高和对男权主义教条的不满，许多主流宗教的信徒人数逐渐减少；另一方面，将其信徒与外界隔离开来的那些原教旨主义宗教的信徒人数则在逐渐增加，抵消了宗教的世俗主义的转向。如此一来，当代文化中对人性本质问题的看法就很难得到统一。但是，如果世界像一个小星球一样有序运转，我们就必须就人性本质达成共识，并认识到人性的本质不应该只是一串"自私"的基因。

最近，我开始与我的一位好友就"精神"这一问题进行了简单的交流，这位聪慧的女士对圣公会的信仰极为虔诚。"只要一听到'精神'这个词，我就浑身起鸡皮疙瘩", 她的声音突然提高, 吓了我一跳, 真没想到她的反应如此激烈。不过, 对她而言, 精神与妄想没什么区别。问题其实出在"精神"这个词语的多重意义上。对许多人来说, "精神"既是他们信仰的源头, 也是信仰的结果。不过, 还有许多人不这么想, 他们觉得"精神"与神秘学没什么两样, 是假冒的救世主; 不过是用转世轮回、心灵感应、水晶、天使、塔罗牌等名堂糊弄人罢了。还有另外一些人将"精神"当作一种隐蔽的自我陶醉, 是"追随天赐之福"在新时代的另一种表现。我认为这些看法统统都错得离谱。

诚然, 我们很难界定"精神"这个概念, 但是当我们碰到这个概念的时候, 我们还是能够轻易地识别并认可它的。我来列举三位伟人的例子, 他们应当是多数人认可的精神楷模: 尼尔逊·曼德拉、马丁·路德·金、莫罕达斯·甘地。就我们不断进化的基因性能来看, 这三位伟人的宽容和同情必将牢牢印刻在人类记忆中并继续规约人类行为。

本书将"精神"定义为将我们自身与其他人类发生联系或与我们认知的上帝发生联系的过程中, 体验到的各种积极情绪的综合体, 其中爱、希望、欢乐、宽恕、同情、信念、敬畏[3]和感恩[4]是非常重要的积极情绪。还有另外四种积极情绪我没有涵盖在内, 即兴奋、满足、狂欢、掌控, 是因为即使我们被隔绝在无人的沙漠, 这四种情绪依旧存在。我选取的八种积极情绪主要针对人与人之间的互动交往, 而不是仅仅关注自我。

消极情绪, 如恐惧与愤怒, 也是人类与生俱来的情绪, 具有重要意义。就个体生存而言, 消极情绪只关注自我。相反, 积极情绪则有可能将自我从以个人为中心的禁锢中解放出来。我们都曾深切感受过复仇和宽恕这两种情绪的巨大力量, 但是从长远来看, 它们带来的结果是大不相同的。消极情绪往往对生存问题极为关键, 不过仅对当下状况产生影响; 但积极情绪作用的领域要大得多，它的主要功用是帮助我们进行拓展和建构。[5] 积极情绪让我们变得更为宽容，道德标准不至于太过严苛，与此同时，还能激发我们开拓创新的能力。而这是让我们在未来立足的关键。严谨的实验研究证明，消极情绪使人类的注意力范围缩小，往往使他们只见树木、不见森林；[6] 而积极情绪，特别是欢乐这种情绪，则会让人类的思维方式变得更加灵活、更具有创造力和全局观，思维效率也会相应提高。[7] 在上文那个母亲与谋杀自己儿子的少年犯的故事里，积极情绪最终让受害人母亲和少年犯的人生内涵都得到了不可思议的拓展。相反，消极情绪如厌恶和绝望，则会让我们的人生踟蹰不前。当我们感到害怕、愤怒和沮丧时，是很难去进行创造或学习新知识的。

积极情绪对于自主神经系统的效用与松弛反应在冥想活动中的作用非常相似，这种松弛反应是由哈佛大学医学教授赫伯特·本森普及开来的。[8] 消极情绪通过对新陈代谢和心血管的刺激，从而使交感自主神经系统产生兴奋应激反应，而积极情绪则是通过副交感神经系统使基础代谢减缓、血压下降、心跳减缓、呼吸平缓、肌肉张力降低。如果睡眠能缓慢降低 8％ 的基础代谢，那么这一比率在冥想状态下则能上升至 10％—17％。宾西法尼亚大学医学院安德鲁·纽伯格教授及其同事在一项对昆达利尼瑜伽冥想训练的功能影像学实验中证实，副交感神经兴奋度增加会产生放松感，进而使人进入一种相对静止的舒缓状态。[9]

加利福尼亚大学心理学教授罗伯特·埃蒙斯教授一生都在专注研究感恩这一积极情绪。他发现忘恩负义会让人变得渺小，而感恩则会让人变得高大起来。"第一，感恩是对人生中收获的善意给予致谢……第二，感恩也是认识到一部分善意是来自于自我之外的认知过程。"[10] 美国庆祝感恩节根本不需要与宗教信仰扯上关系，甚至也不仅仅是人道主义的体现，在我看来，感恩节在精神领域的意义要大得多。如果天地万物仅仅以人类为中心的话，那这简直是极大的浪费。

积极情绪、冥想训练、精神体验三者相辅相成、不可分割。一份研究报告显示，45％的人在冥想训练中曾体会到神圣之感，而68％的人在婴儿出生时能体会到神圣之感。[11]本森的研究发现，80％的冥想修行者曾选择某一圣物象征作为冥想过程中进入"感知状态"的咒语。[12]

精神其实不仅是"追随天赐之福"。精神具有深刻的精神生物学基础，这一事实源自于对人类积极情绪的研究，虽然该研究本身还亟待加强。现在，很多人恐惧和嘲笑宗教信仰，他们觉得对"圣神的恐惧"和"理性的威胁"使得宗教本身变得不可信。与此相反，我相信如果严肃对待关于积极情绪的科学，我们就能使精神符合宗教批评者的胃口，甚至对他们多有裨益。同时，我们还能帮助那些沉迷于自己信仰传统的信徒，抬起头来看看其他宗教信仰，找出自己的信仰与其他信仰的共同之处，进而加深自己的理解和感悟。

积极情绪是一种全人类共有的、与生俱来的大脑活动。威斯康星大学神经心理学家理查德·戴维森研究发现，具有悲观、内向人格的人，在生物学意义上，其大脑右前额叶（位于右眼窝上方）比大脑左前额叶更为活跃。而对于那些乐观、开朗的人来说，其大脑左前额叶则比其大脑右前额叶更为活跃。该研究发现铸就了戴维森在医学领域的辉煌生涯。在另一项实验中，研究对象中有一位拥有数十年冥想经历的虔诚的西藏喇嘛。戴维森发现，这位喇嘛的大脑左前额叶活跃程度比他曾测试过的所有175名普通西方人都要高得多。[13]

　　只要承认精神具有生物学基础，我们才能认清人类在精神进化的历程中已经取得的成果。只是精神进化的成果还不够显著，我们希望随着自然界物竞天择的继续，在人类尚未将地球销毁殆尽的前提下，人类的精神进化取得更大的进展。

卐

　　《精神的进化》一书是基于动物行为学以及神经科学的最新研究成果编写而成，以期使积极情绪（如爱、欢乐、敬畏、同情）相关研究更为科学化。下文中将分章节对每一种积极情绪单独进行讨论，包括讨论其神经生物学基础以及进化结构。这些进化发生的具体机制虽然还只是停留在推论的阶段，但经过十五年的发展这一推论已逐渐成型。"情绪是一种奇妙的适应性改变，是对生物体用以调解生存状态的手段之一。"[14]这与进化机制的形成密切相关。进化只需要调用区区 45000 个基因，就能在人脑中搭配组成超过千亿个神经元，这个任务可不轻松。不过基因能做的其实只是为环境因素在塑造人类大脑时提供必要的手段。

　　在过去十五年里，至少有四位科学家就自然选择转变为亲社会行为的手段进行过讨论。1992 年，杰拉尔德·埃德曼在其极具影响力的专著《明亮的空气，辉煌的火焰》中提出"神经达尔文主义"的概念，用以解释个人或文化环境对大脑可塑性的影响。[15]几年后，安东尼奥·达马西奥的著作《笛卡尔的错误》，以及杰克·潘克西比甚少有人提及的权威著作《情感神经科学》，均提供证据解释了由基因影响的哺乳动物情感系统可为价值系统提供养料，以促使人们的亲社会行为和咨询系统得到进化。[16]当然还有大卫·斯隆·威尔逊的著作《达尔文的大教堂》为积极的种群选择提供了令人信服的证据。[17]

这里提到的进化结构以及标题里的进化，其实并不仅仅对应基因的自然选择。应有三种形式的进化与此相关：基因进化、文化进化以及个体进化。从自私的爬虫类动物进化到具有仁爱之心的哺乳动物，需要经历基因进化来实现掌管人类积极情绪的大脑边缘系统的进化。从仁爱、顽皮、充满激情的哺乳动物进化到具有创造性的科学家和充满智慧的神学家，也需要经历基因进化来实现人类面积巨大的大脑新皮质的进化，该部位是人类科学和宗教教义构建的生物学基础。虽然大脑边缘系统和大脑新皮质这两个部位在神经学意义上的联系相当丰富，但它们也时常翻脸不认人，视彼此为路人。情绪和理性、精神和宗教教义之间经常难以沟通和相互理解。

人类要跨越"强权即真理"的阶段进化到"撒玛利亚人"（助人为乐者），四处散播同情、宽恕，还有无私的爱，则需要经历文化进化。文化进化相较基因进化要更为迅速和灵活。诚然，进化之后的人类社会依然会像铁器时代一样存在各种罪恶，但随着时代的发展，人们对积极情绪的科学认知将演变为一种文化意识，进而帮助人类种群得以存续。实验结果已经证明，积极情绪有利于人类更好地适应群居生活、发挥其创造性并更为迅速地习得新技能。[18]

第三种进化即个人生命历程中的个体进化。回首我在哈佛大学成人发展研究中心担任主任的三十五年间，我亲身经历了我们这一辈人从自我中心的轻狂少年逐渐转变为子孙满堂的白发老人的全过程，与此同时，也参与研究了我们的大脑逐渐成熟、社会意识逐渐丰满的个体进化过程。

精神的进化不仅停留在基因和文化两个层面上，还包括在我们的人生中，我们如何从丑陋、笨拙不堪的毛毛虫蜕变为优雅、善于交际的花蝴蝶。我们研究中的一位四十五岁成员这样解释道："二十岁到三十岁这些年，我想我学会了如何与我的妻子相处，三十岁到四十岁之间，我学会了如何在事业上取得成功，四十岁到五十岁这个阶段，我已经不太为自己着急了，反而更多地为孩子操心了。"

只是成年人发展并非到中年就宣告结束。我们来看看澳大利亚著名板球运动员唐纳德·布拉德曼的一生。他自幼个性孤僻、自我中心，通过自学的方式学习打板球。二十五岁时，他已成为板球界的贝比·鲁斯、板球对抗赛的超级明星。四十岁左右，他开始执掌世界上最好的板球队的帅印。年老之后，他开始为世界奉献他的个人天赋，而且被称为"在世的最伟大的澳大利亚人"。六十到七十岁之间，他在国际板球界以对抗种族隔离制度而闻名，他不再执教精英球队，而是致力于在澳大利亚土著居民中推广板球运动，并获得了尼尔逊·曼德拉的赞许。不过，布拉德曼不也和我们一样，是从一位自我中心的懵懂少年成长起来的吗？

ॐ

我关注积极情绪，并不代表我要忽略邪恶的东西。大屠杀、谋杀、吸毒、酷刑、虐待儿童等种种恶行都会在本书中被涉及。同样，我也不会否认那些"自私"基因和消极情绪如痛苦、愤怒、悲伤等都十分具有价值。例如，悲伤能感染到其他人，让他们也体会到失去至亲的痛苦。麻风病人外形变丑，只是因为其身体末端（尤指手和脚）的痛感神经遭到了破坏。愤怒可以让我们免受侵犯。然而，悲伤、痛苦、愤怒给我们带来的好处持续的时间较短，积极情绪则可以长期让我们受益。一方面，人类时常面对各种挑战和困境，全球变暖、原子弹、城市衰败、人口过剩、自私的资本主义变得越发残暴，自然资源受到破坏，这些都无时无刻不在威胁着我们的星球。令人惊讶的是，另一方面，我们也正在学习如何与越来越多的同类和平共处。

基因进化形成积极情绪花费了近 2 亿年的时间，不过欧洲与非洲之间的关系所经历的文化进化却仅仅持续了 500 年。从 14 世纪到 15 世纪，西班牙宗教裁判所大量屠杀和驱逐文化发达的犹太人和非洲摩尔人，自私基因使"智人"变得异常排外。其实，在经历了那次惨绝人寰的种族大清洗之后，西班牙到现在为止还尚未完全恢复元气。

17 世纪到 18 世纪期间，非洲人侥幸存活下来，不过他们却被当作奴隶，被欧洲大国贩卖到美洲新大陆以获取利润。自私基因使"智人"肆意将陌生人置于等级制度和剥削制度的奴役之下。美国至今还在为这种残忍的权利滥用买单。

18 世纪到 19 世纪期间，虔诚的欧洲基督教徒认识到奴隶制度对所有人都是一场精神灾难并开始为废除奴隶制度进行不懈的斗争，其实这不过是为了宣扬他们基督教的优越感和业已掌握的科学技术，在道义上赋予他们将非洲所有土地据为己有的权利。自私基因使人性爱上抢夺地盘就像堕入爱河一般自然。欧洲殖民主义直接引发了第一次世界大战，进而导致构建了帝国统治的"君主"这一种群的灭亡，这显然与达尔文的进化论背道而驰。看来，人类要做出成功的自然选择，一种比自私基因适应能力更强的共产主义进化模式恐怕是必须的。

接下来呢？艾伯特·史怀哲是著名的巴赫音乐研究专家，同时也是一名医生，他于 1913 年在赤道非洲创建了一所小医院。他的榜样极具启发性,让人们意识到同样是基因控制的积极情绪如同情、爱和希望也拥有如此强大的力量。到 2008 年为止,不像其他帝王早已烟消殒灭,史怀哲的榜样至少被复制了上千次。"深受启发"的法国曾把史怀哲当作"敌人",把他从他的小医院里揪了出来,并于 1917 年以"战争罪犯"的名义将他关押起来,事实上史怀哲甚至连一只蚊子也舍不得拍死。不过,史怀哲的事迹也确实启迪法国在 1971 年建立了"无国界医生"组织,使法国成为第一个深刻认识到在尼日利亚内战期间,遥远的比夫拉正在经历人道主义悲剧的西方大国。人类是可以从错误中总结吸取教训的,虽然这个进程可能比较缓慢。这就是文化进化的全部要义。就人类的存续而言,基因进化与文化进化同样重要。

上个世纪,随着专制统治者的消亡以及国家宗教的摇摇欲坠,欧洲国家一致同意非洲是非洲人的非洲,欧洲应向非洲同胞乞求原谅。之后非洲每一次经历饥荒和疾病肆虐时,欧洲国家给予的同情和帮助虽称不上完美,不过在数量上的确有所增加。我认为这是文化进化的效果。就像基于基因进化的大脑边缘系统利用积极情绪,帮助哺乳动物在恐龙消亡之后继续在地球上繁衍生息一样,不断进化的文化也能在积极情绪的作用下,为人类的共同生存和"智人"的延续铺平道路。欧洲国家已有 60 年(从 1945 年至今)未再发动战争,这已是有历史记载的最长间隔了。

宗教在文化进化中扮演的角色时好时坏。一方面,从文化的角度,宗教信仰为人类犯下的那些最可耻、最自私的恶行提供了冠冕堂皇的借口。另一方面,宗教那些褊狭的教条让人类对自己的境况有一个统一的认识,并常常为积极情绪演变成为人类有意识的行为提供了可能。无论是弗洛伊德还是任何一本神经病理学的教科书都没有专门讨论如欢乐、感恩这一类情绪,而宗教的圣歌和赞美诗则将这些情绪放在最为显眼的位置加以颂扬。

我写《精神的进化》这本书的初衷在于,希望它能为读者搭建一座连接精神家园与科学智慧之间的桥梁,并正视它们的存在。科学携手"左脑"认为我刚才对欧洲简史的回顾辞藻过于华丽,不够客观公正;人类爱与同情的进化,作为一个自然选择的过程,在好运和不断的试误中艰难前进,已持续了上亿年的时间。而大脑边缘系统则联袂"右脑"高声歌唱:

> 我的生命在无尽的歌声中流逝,
> 这歌声盖住了地球上的悲歌。
> 我听到了,那么真切,却又那么遥远,
> 那是欢呼新世界的赞歌。
>
> 无论风暴如何冲击我紧抱的岩石
> 都不能动摇我心中的安宁。
> 因为爱是天堂与人世的主宰,
> 我怎能不放声歌唱?
>
> ——罗伯特·洛瑞(1860)

正如那位热情而又多思的科学家艾伯特·史怀哲所坚持的那样:"人类不是仅为自己而存在的。我们应当认识到所有的生命都有其存在的意义,他们的出现令我们的生命更为完整。这个认识也能用以解读人的精神世界与宇宙之间的关系。"[19]

　　我讲了这么多，恐怕最有耐心的读者也忍不住要问，作为一位年届七十、从事成人发展研究的"西方"精神病学家，凭什么写一部有关精神方面的书呢？我想说的是，在担任哈佛大学成人发展研究中心主任的这三十五年里，我的工作环境让我有条件见证了无数年轻人成长为老年人的全过程。我还在盖尔·希伊、爱利克·埃里克森推论的基础上极具前瞻性地观察到了成人进化的动态过程。通过观察年轻人从蹩脚笨拙的愣头青蜕变为成熟老练的社交能手，我深深体会到父母的社会阶层、信仰的宗教教派、甚至我们传统意义上的智商其实在人类发展的历程中作用并不大。相反，人际关系、积极情绪却是决定人类适应能力极为关键的因素，这也正是畅销书作家丹尼尔·戈尔曼和耶鲁大学心理学教授彼得·沙洛维提出的"情绪智力"。此外，在研究人类成长的过程中，我已察觉到要关注人的行为而非说辞，特别是人在相当长一段时间内的行为表现，因为仅仅观察他上个星期的行为是明显不够的。

　　十岁左右的时候，我完成了人生中第一份"学期报告"，那是一篇关于宇宙起源的文章。那时我幻想着长大之后成为一位天体物理学家。进入大学后，看到大萧条给经济带来了极大的破坏，我转而开始关注经济学。不过，我最终也没有选择经济学，因为这两者都不是研究心灵的学问。接下来，我历经千辛万苦成为一名神职人员，而后来却放弃了这一职位的原因是，宗教与科学毫不相干。最终，我选择了医学，希望借由医学能使科学和心灵自此不再分离，大脑边缘系统支配的同情心可以与左脑支配的理性和谐相处。

在医学院学习期间,我开始认识到西方医学对于精神的关注要比它承认的水平还要高。1955 年我进入医学院,当时治疗精神分裂症最为"科学有效"的疗法是胰岛素休克疗法。超过 700 篇研究论文支持胰岛素休克疗法有助于治疗精神分裂症,虽然其中也提及了这种疗法存在一定的高风险,需要对患者进行集中护理。只是这些研究论文没有明确指出接受了胰岛素休克疗法的病人在医护人员眼里其实是最有希望康复的一批。他们不仅被寄予了希望(而非通常所遭遇的绝望),并且因为该疗法极具危险性而得到了最精干护士的悉心照料,成为关注和照料的中心,而非被扔在冷冰冰的公立医院里无人问津。

然而,自从现代药学研发出盐酸氯普马嗪这种以其化学成分缓解精神分裂症症状的药物之后,居然出现了一大批新的科研论文力证胰岛素休克疗法不过是一种积极的安慰疗法。[20]盐酸氯普马嗪及其疗效更为明显的改良产品现在成为精神分裂症的主要治疗用药,用于治疗精神分裂症的胰岛素休克疗法基本上已消失。但是我们不应当忘记,胰岛素休克疗法给予病人的信念、希望和爱曾被 700 多篇研究论文归纳为医疗介入的效果。接受过悉心的集中护理和治疗的病人比未接受过此类治疗的病人康复速度要快一些,但是没有一本医疗杂志将此正名为精神治疗的效果。这种关爱行为,与基督教"神学三德"所关注的信仰、希望、爱相似,在多数宗教教派里都被认为是具有精神助推效力的行为。

从 1960 到 1966 年,我开始任住院实习医生并继而开始进行相关研究,那时正是神经科学诞生之初,我有幸浸润在神经科学的时代思潮之中,不断获取养分。我有一位朋友埃里克·坎德尔,当时他是一位精神病科住院医生。他那时已经开始进行人类记忆的神经生物学研究,并凭借这一开创性的研究在四十年之后获得诺贝尔奖。住院实习期结束后，我开始在哈佛医学院的基础科学部进行药理学方面的研究，在这里深受"现代神经科学之父"斯蒂芬·库夫勒科学精神的影响。我自己的导师，彼得·迪尤斯，是一位像斯坦利·科布那样杰出的神经病学家，曾当着我的面谦逊地向托斯坦·维厄瑟尔和大卫·休伯尔这两位日后摘取诺贝尔奖桂冠的年轻人请教，那时他们只是在我们楼下实验室研究视觉神经生物学的两位年轻人。虽然我后来选择成为临床医生和临床研究员，但那些年哈佛医学院科学研究精神对我的启迪永远也不会淡去。我对人类大脑起源的兴趣最终替代了我对宇宙起源的兴趣。

多年之后，我成为一个戒酒中心的负责人，同时也是哈佛大学医学院的精神病学教授。作为任职条件之一，我接连十年都要每月参加一次匿名戒酒者协会的会议。我惊喜地发现匿名戒酒者协会的每月例会不仅满足了我的精神需求，而且还能满足我的那些戒酒者客户的医疗需求，而且其效果比我早年从英国圣公会和波士顿精神分析研究所获得的传统信仰还要好。

1998 年，我幸运地被推选为匿名戒酒者协会的一位无酒精受托人。一年之后，一位同为无酒精受托人、还是一位教区主教的同事向我透露，我们受托人会议上的精神力量甚至强过他的主教管区会议的力量。我相信他说的话。接下来的六年时间里，我一直在思考这样一个问题，一个服务了 150 多个国家的极具医疗效果的精神活动项目（本质上不是宗教），是如何取得这些成就的。那六年的思考成果是我撰写这本书的源泉。我想回答的问题包括：精神与宗教之间是什么关系？为什么精神仅给予人安抚而宗教则在安抚之外还会引发无数的痛苦？为什么匿名戒酒者协会对于精神的关注，其效果等同于甚至还要强于我之前作为心理治疗师时对消极情绪的探索？

接下来的七年里我一直在宾夕法尼亚大学马丁·塞利格曼积极心理学研究协会筹划指导委员会任职,以期寻求到这些具有悖论性质的答案。

我当然不是一位神学家。就我毕生研究人类行为的经历来看,我可能更像是一位精神生物学家而非神经病学家。我所做的研究与动物行为学家珍妮·古道尔和康拉德·劳伦兹的研究有更多的相似之处,然而,与精神分析学家西格蒙德·弗洛伊德的研究不太相同。在过去的四十年里,我一直追踪研究项目里那些研究对象在精神理念进化过程中的细微变化,这是非常有教益的。人类接近成熟之时,对宗教的信仰不会继续加强,转而发展为更为细致的情感生活以及更为深入的情感体验。[21] 在我研究的头三十年,我发现积极情感与心理健康之间关系紧密。接下来的十年里,我开始意识到积极情绪其实是不能从人们通常理解的精神范畴中剥离区分开来的。

那么积极情绪与精神之间的联系是否就意味着拥有快乐童年的人、拥有幸福家庭生活的人、最可能拥有积极情绪的人就是拥有最强大精神力量的人呢? 不,正好相反。恰好是那些遭受过挫折,却有幸从亲朋好友处获得了一点点帮助的人,拥有最强大的精神力量。用剧作家尤金·奥尼尔的话来说就是:"人生来就是支零破碎的,靠修修补补得以活下来,神的恩典就是治愈伤痛的黏合剂。"[22] 对理论精神病学家盖尔·埃罗森来说,在与艾滋病重症患者共同工作中,最令人意想不到、也是最令人感动的便是亲眼见证这些病人的精神力量在一点点增强,积极情绪不断高涨。[23] 根据我对项目组几百人好几十年的历时观察结果,那些在早年遭遇挫折和创伤的人,日后常常变为拥有最强大精神力量的人。[24]

为了将痛苦如何转变为积极情绪这个过程解释清楚,仅靠说理是不够的,我还想通过举例来予以说明。传记资料会在之后的章节里详细说明。现在,让我先来给大家展示一个有强大数据支撑的实例,用以解释在紧急状态下积极情绪的力量。在一项基于网络调查的 24 种积极个性力量的研究中,克里斯托弗·皮特森和马丁·塞利格曼用图表描绘了发生在 2001 年 9 月 11 日的恐怖袭击事件中积极情绪的效用。他们将 529 位网络调查参与者主动提供的在恐怖事件发生的前两个月里他们拥有的个性力量,与 490 位网络调查参与者主动提供的在世贸中心"911 恐怖事件"发生之后两个月里他们拥有的个性力量进行了比较。认知力量如谨慎、好奇、勇敢、自控和智慧等在恐怖事件发生前后并没有显著性变化。但恐怖事件对其他六种在本质上属于情绪范畴因素的影响则急剧上升,它们包括感恩、希望、善良、爱、精神以及团队合作。[25]其他调查者的研究结果也佐证了积极情绪与危机之后修复能力之间的因果联系。

芭芭拉·弗雷德里克森和她的同事也曾在密西根大学的学生中做过类似的实验,他们比较了世贸中心恐怖爆炸之前一个月以及之后一个月学生们的情绪特征。危机之后对积极情绪的关注成为帮助学生从沮丧中恢复的一个核心因素,丰富了他们危机之后的精神世界。[26]其实,我早已指出,消极情绪只能在当下的状况里帮助我们存活下来,而积极情绪则能帮助我们勇敢地面向未来。

当然,暴力、愤怒、残忍、欺诈、对弱者的剥削、疯狂的人群等现象也非常值得研究。神学历史学家凯伦·阿姆斯特朗曾明智地提醒我们:"如果不是悲伤铺天盖地地袭来,并侵犯我们的意识,我们是不会开始对精神力量进行探索的。在国际恐怖主义盛行的时代里，任何人不要妄想我们住在佛主的西方极乐世界里。"[27]但是，确实已经出现了上千本研究消极情绪的书籍。

这本书研究的领域至今少有人涉及。第一，与科普读物不同，我不会将精神放置在理性"智人"面积巨大的大脑新皮质下进行分析，相反我会承认宗教教义的作用确实存在，并且我准备将精神冲动置于哺乳动物大脑中掌管情绪的边缘系统部分进行研究。我认为精神并非植根于观念、宗教文献或神学。精神其实包括积极情绪和社会联系。爱是我所知道的对精神最为简洁的定义。精神与爱都会催生一系列有意识的情感，如尊重、欣赏、接纳、同情、移情、怜悯、参与、温和以及感恩。就像这一章开头引用的那首祈祷文一样，简单的语言才能表达出人生中最重要的情感。

第二，我认为精神反映了人类对生物联系和共同结构的期待，其强烈程度与其反映的人们期待神圣天启的程度一致。精神更加关注群体的"我们"而非个体的"我"。所以我认为人类的精神应更多地通过外向的行为展示出来，而非仅仅局限于内心的启示和祈祷。例如，虽然耶稣基督和卡尔·马克思并不会被经常放在一起进行比较，但是他们确实都是对现有宗教持怀疑态度的革命者，在他们看来，宗教只是在空谈具有爱心的社会，但并没有采取实际行动去创造爱心社会。体能也是一样，它并不仅仅只是按照你的运动养生之道来有规律地锻炼身体，空想不锻炼更是不行。体能应被定义为你如何在现实世界中有效地发挥身体各部位的功能。佛教讲求的是菩萨应主动提出在人世间历练，来普度众生，而非直接进入极乐世界去享福。

第三，我认为积极情绪不是后天习得的，我们的大脑天生就能生成这些积极情绪。人类的任务仅仅是关注它们，因为它们是人类精神力量的源泉、人类文化进化的关键。在过去的三千年里，宗教组织虽然存在着种种局限，但它依旧是人类能找到的将积极情绪转变为有意识反思的最好途径。只有意识到与传统信仰竞争的长期影响和后果，我们才能在宗教迷信中明辨精神进化的事实。

　　我们需要给予积极情绪有意识的关注，同时也不应排斥通过科学的方法来分析研究它。简单来说，我写作这本书的目的就是尽全力重构人类赖以生存的精神信仰。

第 2 章　散文与激情

自然选择创造了人类大脑并让它存活于世，却无心了解其
构造。

所以科学家要做的就是要分析并纠正这一失误。

——爱德华·O·威尔逊,《知识大融通》（1998），p.61

直到最近,科学家们才重新认识到,同情、喜悦和无私的爱——这些对
宗教和早期人类思维至关重要的情绪——并非毫无科学道理。你会发现,
依靠狩猎和采集为生的早期人类,他们的大脑是物竞天择的结果,像一个四
岁孩童的思维一般——形象具体、相信万物有灵、相信魔法,并且具备情感,
与一个受过良好教育的现代成年人思维大不相同。大自然在完成构建现代
"智人"的大脑硬件之时,他尚不能依靠文字记录和科学实验来证实某些假
设的因果关系。此外,在发明了打印机和科学方法等新"软件"之后,人类开
始越来越不尊重自然造就的这一带有迷信色彩而又神秘的人类大脑了。

　　具有思考能力的未来人类会发现他们的主要任务是要修正我们理性和情感之间的偏差，在二者之间实现平衡。过去数十年间，动物行为学和大脑成像技术的发展使得早期人类思维的积极情绪和精神世界得以"呈现"在科学家面前，在此之前，他们一直对这个领域的研究束手无策。

　　科学在古希腊时期开始萌芽，在文艺复兴时期得到进一步发展。在科学技术的支持下，人类迫切地想要探索这个世界。但这种努力却过于片面，法国大革命和十月革命就是最好的证明。这两场革命都试图铲除那些令人敬畏的神话给早期人类大脑带来的影响。教堂俨然变成了"科学的圣殿"，但是人类对异族的残暴行为却没有得到丝毫的改善。罗素·德索扎教授是我的一位精神病学家朋友，他这样形容精神情感与科学理性之间的对立关系："佛祖的启示太过美好，让人难以置信；而现今西方科学的启示却太过真实，破坏了一切的美好。"[1]

　　在原始社会，鼓点和情绪相比较散文和观点并没有太大区别，它们都是大脑不同部位的产物，都不过是散文和激情的联结，是大脑边缘系统和大脑新皮质的联结。这就是 21 世纪神经科学的要旨。从长时间的观察中可以获知，科学家们忽略了早期人类的大脑结构对于其在世界上存活下来的重要意义，这是极其危险的。归根结底，无论是法国大革命还是十月革命都逃脱不了失败的命运。所谓的"科学的圣殿"也褪去光环，重拾教堂之名。意识形态的拥护者拉尔夫·纳德撰写的畅销书《任何速度都不安全：美国汽车设计埋下的危险》让公众意识到汽车带来的真实危险；而意识形态的拥护者理查德·道金斯撰写的畅销书《上帝错觉》则让我们意识到宗教教条的真实危险。与汽车一样，宗教每年会导致数以万计的生命无谓的消逝。即使这种危险确实存在，宗教对人类的价值依然比汽车为人类带来的价值更为巨大。宗教虽然有时散发着迷信的烟雾、使人误入歧途，但它却在人类的意识中保留了各种符合社会道德标准的情绪。社会无视这种承载各种情绪的大脑将是非常危险的，而科学与社会应努力降低汽车与宗教所带来的风险。

过去七十年间，我们经历了一场科学革命，它实现了启蒙运动、弗洛伊德心理学、达尔文进化生物学未了的夙愿——将人类的情感世界真实地呈现在我们眼前。新科学揭开了积极情绪的神秘面纱，并将其从宗教教条的桎梏中解放出来。

科学技术得到进一步发展，原子物理学之后还出现了神经科学、不带种族歧视的文化人类学、动物行为学。人类高度进化的大脑新皮质偏好文化、语言，创造固执褊狭的"宗教"模因，而每一种先进科学都曾对这种偏向予以矫正。它通过教导了解我们那些存在皮质下或边缘系统的非言语能力的哺乳动物本能，来认清积极情绪和无私行为，进而实现其矫正的目的。这些本能之所以是非言语性的，是因为它并未与人类新皮质大脑的语言中枢直接建立联系。中风病人常罹患失语症，如果其左侧大脑新皮质受到损伤，想要自发地说出一个词都困难重重。但是，只要大脑边缘系统完好无损，他们会像那些被踩到脚趾头或者打针叫疼的军士长那样骂娘，也丝毫没有问题。

这些先进的科学给予人们希望，让人们相信大脑的建构不仅是为了冷冰冰的科学进步，更不是为了满足人类沾满鲜血的残暴本性，而是为了推动人类热爱的文化进化。例如，文化人类学就证实了积极情绪确实普遍存在。敬畏、信仰、希望、爱以及对于大于我们自身的强大力量的依赖在世界上各个文化系统中随处可见。[2]然而直到近些年，情绪研究才被学界逐渐认可，这是因为激情常常搅乱了理智，情感似乎对自启蒙运动时期萌芽的科学构成了威胁。

威廉·冯特和威廉·詹姆斯在 19 世纪出版了几部极具影响力的大部头教材,奠定了科学心理学的基础。其中,每本书都有一个章节来专门讨论各种情绪,虽然其中的讨论不时地带有轻蔑之意。[3]在现代物理学发现了量子力学的重大时刻,生物学对人类情绪世界的了解仍然十分有限。1933年,著名理论物理学家马克斯·普朗克的高徒、密苏里大学心理系创始人心理学家马克斯·迈耶曾预言:"在现在的科学领域,我们已经有了足够的术语来描述一切,又何必要引入一个诸如"情绪"这个完全无用的术语呢? ……等到 1950 年,美国心理学家大概会把'意志'和'情绪'这类术语当作陈年的笑话吧!"[4]

就像迈耶预言的那样,原子弹发明十年之后的 1953 年,一位具有理性和才华横溢的心理学家伯尔赫斯·F·斯金纳依旧轻蔑地公开宣称:"我们普遍认为,所谓的'情绪'其实是诱发行为的虚构因素。"[5]我曾与斯坦福大学、达特茅斯学院、哈佛大学的心理学研究生项目有过合作,这些专业均在学界享有盛誉。过去几十年间,他们小心翼翼地将临床心理学课程排除在其心理学研究生课程大纲之外。我猜想,这大概是因为一旦心理学太过于关注治愈疾病,这门科学就会因为情绪、迷信、坚定信念的介入而陷入混乱。不过,我们也不能忽视一个事实:在成长为富有同情心的父母和临床医生的同时,我们还是客观冷静的科学家。

医疗精神病学对待情绪的态度比理论心理学要略微宽容一些,当然只是略微好一点而已。自西格蒙德·弗洛伊德开始,神经病学开始教授临床医生有关情绪方面的相关知识,不过他们过于强调消极情绪,而使得临床医生对积极情绪慎之又慎,甚至怀有病态的恐惧。在 19 世纪 90 年代,还不具备任何可以用于研究活体大脑的技术设备。弗洛伊德,那个时代最为杰出的病理学家,也是一位极富想象力的先锋:他率先关注到情绪在临床医疗领域的重要价值。甚至在半个世纪以后,B·F·斯金纳还未跟上他的步伐,依然认为情绪的提法太过诗意,情绪不可能真实存在。

遗憾的是,弗洛伊德对积极情绪一概予以忽视。在弗洛伊德看来,人性的本质是抑郁的,而且他对成年人对"本我"的盲目热衷不屑一顾,认为过于幼稚。作为将人类对爱的需求保持在正常范畴的途径,弗洛伊德使用了一个冷漠的、理性的概念来描述爱,这就是"力比多"——原欲。我怀疑他认为使用"拥抱"这个概念,就像使用"歌唱"这个词一样,有损他的尊严。弗洛伊德将母亲、积极情绪置于次要位置,认为父亲、罪恶、性欲主宰了人性的发展。为了避免产生一些个人情愫,精神分析实践是回避治疗师与病人之间进行目光交流的。

要想知道对人类情绪的研究开始得有多晚,看看对自闭症的研究就知道了。自闭症与艾斯伯格症候群属于同一种自闭症系列中两种轻重程度不同的精神障碍,艾斯伯格症候群相对较轻。自闭症是一种常见的遗传性情绪依恋失调症,是 1943 年由约翰·霍普金斯大学儿童精神病学家利奥·肯纳根据自己儿子的症状发现的。二十年之后的 1963 年,我那时还是一位精神病科的住院医生,最先发现于巴尔的摩的自闭症,过了 20 年后,在波士顿和纽约知道"自闭症"这个名词的人依然寥寥无几。那时,医学发展还不足以揭示积极情绪与情感依恋之间的密切联系。但如今,任何一位称职的儿科医生都能判断出儿童自闭症中先天性移情作用的缺失以及情感依恋障碍等症状。

1945 至 1950 年间,精神分析学家约翰·鲍尔比的行为学研究首先让医生们认识到孤儿对情感抚慰的需求几乎与他们对食物的需求一样多。20世纪 50 年代，哈利·哈洛对恒河猴依恋行为的研究结果则让心理学家能直观地理解：与性无关的爱在生物学上真实存在。[6]珍妮·古道尔对黑猩猩依恋行为的观察使科学家们开始将灵长类动物之间的爱恋作为新的研究课题。[7]二十年之后，美国神经心理学家保罗·艾克曼和他的同事们使人们对情绪的认知更为直观，他们认为特定的面部表情以及相关脸部肌肉组织运动不仅可以用来表达主观情绪，还可以用来预测后续行为。[8]艾克曼通过对面部表情的细致研究，认为可以分辨出空乘人员发自内心的、由衷的笑容与她那种礼节性的欢迎微笑之间的区别。艾克曼不认同玛格丽特·米德对于情绪与面部表情是特定文化产物的观点，他甚至远涉新几内亚高地，通过对当地原始部落居民的面部表情的研究来证明用以表达情绪的面部肌肉组织在全世界各种文化中都是一样的，而我们的社会情绪具有生物学基础，而非文化基础。

到 1990 年左右，现代科学界已经完全接受了情绪存在的事实，但对许多研究者来说，积极情绪研究依然上不得台面。看看 2004 年出版的权威美国教材《精神病学综合教材》吧：全书总长近 50 万行，其中有 100—600 行左右用来分析羞耻、内疚、恐吓、愤怒、仇恨以及罪恶，更是有好几千行讨论抑郁和焦虑，但只有区区 5 行涉及了希望，1 行提到了喜悦，而对信仰、同情、原谅、爱等却只字未提。[9]

相比之下，有组织的宗教虽为法国大革命和十月革命的革命者以及 20世纪的社会科学家们所不齿，但他们却对积极情绪表现出了极大的热忱。犹太婚礼上的第七项祝祷词便是一个极好的例证：

愿祝福归于我们的神，宇宙之王，他创造了欢乐和喜悦，

新郎和新妇啊，愿你们喜乐、歌唱、幸福、平安、相爱相悦、彼此

陪伴。

在威廉·詹姆斯的权威心理学教材写作完成十年之后，这位比斯金纳更为开明的科学家开始接纳各种不同种类的情绪。在他的著作《宗教经验种种》中，他提到："回顾之前的教材手稿，我才惊讶地发现在书稿中我已经涉及大量不同种类的情绪。例如，各种现象让我体会到的'恐惧'或'美感'、黎明和彩虹带给我的'希望'、雷声的'怒吼'、夏雨的'温存'以及星光的'高洁'。这些情绪并不为自然法则所左右，并将继续成为宗教教义中最令人难以忘怀的部分。读者现在明白了吧，我还将继续致力于调整宗教中感受到的各要素，使其服从于理性的支配。"[10] 尽管他不太愿意承认，但是詹姆斯还是发现了自己对早期人类精神研究的兴趣。

与此类似，现代神经科学的进步让人们了解到人类大脑分左右两个半球。如果你认为观念和情绪之间有着重大区别的话，那么大脑左右半球在理解认知和情感上也存在着区别。如果你认为歌词和音乐之间区别巨大的话，那么大脑左右半球在创作歌词和音乐上也存在着区别。简单来说，左半球负责把握细节，控制语言表达和理解观念、词汇以及相关的组成部分。而右脑则负责非言语性的音乐、图像和整体（格式塔）。大脑边缘系统则专责情绪。

人类通过词汇来表达认知观念，并可以对其控制自如，这主要是由于思想观念是由"智人"大脑半球的新皮质进行强有力控制的。情绪知觉则由哺乳动物的皮质下脑部（包括边缘系统和下丘脑）控制。

　　在此，我准备首先分析一下左右脑半球的区别，接着解释哺乳动物的皮质下边缘系统，最后讨论爬行动物的下丘脑。直到20世纪60年代，"脑裂"研究证实了左脑和右脑的区别。罗杰·斯佩里更是凭借这一发现荣获诺贝尔奖。斯佩里和他在加利福尼亚理工学院的同事的研究部分得益于由于先天畸形或手术治疗癫痫导致左右半球分开的病例。斯佩里和他的学生迈克尔·加扎尼加的研究都证实了那句古老的谚语：自己的右手不知道自己的左手在干什么。

　　非言语的右脑关注空间与时间的整合，关注环境、移情和其他人的想法，以及关注面部表情辨识的格式塔。[11]掌控语言能力的左脑则着眼细节，强调因果关系（虚谈与真实之间的关系）、阐释，以及语言交流。无论是偏向精神的右脑还是偏向宗教的左脑，都不能成为真理可靠的仲裁者。与吉尔伯特和沙利文、罗杰斯和海默斯坦这样的组合一样，左脑和右脑可以配合得相当默契。

　　现代神经科学通过脑显像和神经化学，将人类大脑最后进化的中心点展示在我们面前，特别是人类左脑新皮质，它能调节语言、思想、神学、科学分析以及各种光怪陆离的宗教信仰。而与此相反，人类右脑新皮质则掌控音乐、情绪、象征和对精神整体的感觉。[12]我们大脑的同一个小区域在左脑能解读词汇，在右脑则能赏析音乐。就好像乐谱与歌词紧密相连一样，情绪与科学也是这样联系在一起的。

　　我来给大家举个例子解释一下大脑两个半球之间的区别。试将一种可用于大脑的麻醉药阿米妥钠注射到一侧脑半球，另一则不注射。如果注射在右脑，左脑还是能让人说话，但是不能唱歌；如果注射在左脑，右脑可以让你哼歌，但是不能说话。[13]如果不懂意大利语，我们肯定弄不明白伟大的意大利诗人但丁诗歌的内容；但是不懂意大利语，其实并不影响我们被著名意大利作曲家朱塞佩·威尔第的曲子感动得泪流满面。这本书里，我不断地在引用一些歌曲中令人回味的词句，用来诉说散文可能无法精确表达的观点，有时还会用上一些华丽的词句甚至诗歌。

"人类"大脑半球（即大脑新皮质）和我们哺乳动物大脑边缘系统之间的区别，与两侧新皮质大脑的区别一样巨大。由横纹肌操纵的钢琴家的手指其实是他的大脑新皮质有意识地在控制，同样，一个想法会自发地被另一个想法替代也是由新皮质控制的。想想我们看着购物单上每一个单项时的即时反应吧。然而，和人类内脏的平滑肌一样，情绪是由不具备言语能力的皮质下大脑结构有力地控制着，在这一点上人类和大多数哺乳动物都是类似的。情绪，就像人类内脏的平滑肌一样，其实是无法由人类意志有意识地控制的。这些情绪会突然冒出来，但是他们消失得却很慢，甚至有时候会与其他的情绪混作一谈。

"智人"的观念是中立的、无色的、无价值的。它们不能诱发任何有意识的感觉。相反，情绪是能够由身体感受到的，就像内脏平滑肌一样，情绪也是无法迅速扭转掐灭的。情绪要么是"好情绪"，要么是"坏情绪"；情绪要么让人接近，要么使人回避。情绪与无意识自主神经系统的活动紧密相连。消极情绪与警告性交感神经系统相关联，而积极情绪则与镇定性副交感神经的活动相关联。除了价值负荷之外，情绪其实是有色彩的：例如绿色代表嫉妒、蓝色代表悲伤、黄色代表恐惧、红色代表愤怒。总而言之，观念和情绪（无论是积极情绪还是消极情绪）都是我们赖以生存的必要条件。

❀❀❀

　　早期人类思维发展为 21 世纪现代思维的文化进化，是在哺乳动物大脑发展为现代智人大脑的生物进化完成的基础上发生的。思想观念在人类生活中的作用变得日益重要。人类不仅要在地球上生存，还要了解这个世界，于是我们开始了对这个世界的探索。约 150,000 年之前，人类形成了抽象语言；[14] 4000 年前人类发明了书写文字；900 年前的中国人、560 年前的一位欧洲人——约翰内斯·古登堡发明了印刷术。这些文化进化的成果确实令人瞩目。人们不再借助神秘的史前巨石阵太阳观测台和神奇的装饰着可爱彩蛋的波西米亚圣树准时在春天结出果实等手段去记忆耕种的时间了。随着印刷术的发明，想要知道春季播种的时间，可以查询印刷精美、精确异常的农民年历。

　　科学技术如果仅仅关注生成词汇的大脑，而忽视情绪，也会出现问题。早期人类的大脑为了生存经历了不断的进化，使得人类之间的依恋比运算能力更为有用，具有较高情绪智力的人比具有高智商的人对新环境的适应能力更强。看来，斯金纳的观点是错误的。其实情绪并非是"虚幻"的，而是人类赖以生存的必要条件。

　　人类可以感受到情感，也可以表露情绪。笛卡尔在 1649 年首次提出"情绪"的概念，并列举出六种情绪：惊奇、爱、恨、欲望、喜悦和悲伤。大约30 年之后的斯宾诺沙却只列举出了三种情绪：欲望、欢乐、痛苦。1893 年，威廉·詹姆斯承认四种情绪的存在：悲伤、畏惧、爱和愤怒。

　　查尔斯·达尔文作为使用科学手段研究情绪的最早一批科学家中的一

员,深受查尔斯·贝尔爵士的影响,提出九种情绪。[15]贝尔是一位杰出的解剖学家、面部表情研究专家,他的名字被用来命名面部神经麻痹症——贝尔氏麻痹。达尔文在贝尔的影响下列举了九种情绪:愤怒、恐惧、兴奋、惊讶、悲伤、轻蔑、喜悦、厌恶和喜爱,认为这些情绪对人类极为重要。除此之外,达尔文还证实了大多数人类的情绪与面部表情都与犬类和灵长类动物相似。科学之所以忽视情绪,其中一个原因可能是,情绪为人类和其他哺乳动物所共有,并非是人类特有的。但归根结底,只有人类拥有运算能力,这就是区别。大多数犬类都是执行积极情绪的模范,我觉得这就是为什么狗能成为"人类最好的朋友"。短期来看,消极情绪确实对人类生存特别重要。不过着眼长远,在现阶段虽然只有宗教和艺术对积极情绪有所关注,但积极情绪对人类生存发展的必要性不容忽视。

为了矫正新式的、由词汇主宰的左脑对人类行为的支配地位,几个世纪以来,佛教僧人一直坚持冥想修行,萨满教道士曾使用一种影响精神活动的药物,以此来接触并调控由情绪和形象掌控的早期人类大脑。几百年来,天主教教会像一位当代律师一样,一直严肃地抵制将《圣经》从拉丁语翻译为其他语言。他们不愿意让人们日益增强的认知理解能力削弱那些由令人费解、洪亮感人的拉丁语经文所营造的精神上的敬畏。上千年来,艺术家用音乐、绘画、诗歌甚至各种华丽的辞藻,来熏陶由词汇主宰的左脑;当然还有许多科学家一直在唱反调,认为这些感情色彩丰富的右脑活动具有误导性。简而言之,为了生存,人类大脑会吟诵耳熟能详的歌曲;为了理解,人类大脑则会选择撰写科研论文。有时,这两种选择真实存在;有时,它们却不过都是幻象。

❧

大脑里有一个区域掌管积极情绪，它的力量比右脑半球对音乐以及对那些美妙全景的模糊形象的控制力度要大得多。这一区域叫做边缘系统。

20世纪后期使积极情绪得到广泛认可这一巨变始于1878年。当时，一位与弗洛伊德同时代、被誉为神经外科之父的法国解剖学家——保罗·布罗卡，向全世界发布了他的重要解剖学发现：所有哺乳动物的大脑都拥有一个他命名为"大边缘叶"的结构。但是，爬行类动物的大脑并不具备这种大脑边缘结构（事实上，早在布罗卡发现的两百年前，就有神经解剖领域的先驱托马斯·威利斯注意到这个结构，并将其命名为"大脑边缘"，只不过他的发现逐渐被人们淡忘了而已）。[16]布罗卡还发现边缘皮质与周围大脑半球的皮质相比较，不仅神经组织分布不同，而且其进化时间应当更早。70年之后，行为科学家们特别是美国国家心理健康研究所杰出的神经科学家保罗·麦克里恩医生，开始思考积极情绪与接近行为（与回避行为相对）是否不仅仅依赖于与弗洛伊德提出的"本我"类似的下丘脑本能，同时也与边缘系统密不可分。某些柔和微妙的人类情绪如同情、喜悦、母性依恋等通过哺乳动物大脑深处的组织结构进行调整，位置大致处于大脑新皮质层之下，但在进化更早的脑干和下丘脑之外。

请试想，将人类大脑分为同心的三个部分（见图1）。位于左脑和右脑之间的是间脑和下丘脑，在最近两亿年间进化的比例相对较少，现在该区域在科学家和鳄鱼的大脑里都能完美运作。这是最原始、最本能的"爬虫类"动物脑结构，对人类最基本的自主功能起协调作用（例如心跳、呼吸、肌肉反

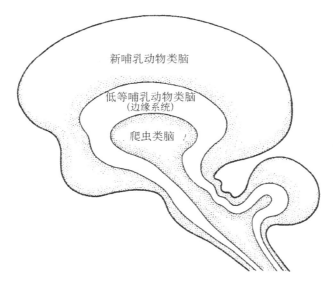

图 1　保罗·麦克里恩的"三合一"大脑

射、失眠等）。受到刺激之后，这些结构，特别是下丘脑会产生原始反应，这种反应一般被叫做"本能"。与社会情绪不一样，本能是自私的，只与自我相关联。这些原始的情绪反应一般被分为四类（four Fs）：争斗（fight）、逃避（flight）、喂养（feeding）和通奸（fornication）。虽然人脑的下丘脑只有我们的小拇指指尖大小，但无论是人类还是鳄鱼缺少这个部分都不能存活。20世纪 50 年代，当我还在医学院学习时，老师曾教导我情绪就是由这两个部位产生的。

包裹爬虫类动物脑的间脑部分的是布罗卡提出的"大边缘叶"，麦克里恩将其称为"低等哺乳动物类边缘系统"。2 亿年以来，爬虫类动物大脑仅在我们哺乳动物祖先的大脑里稳步进化。边缘系统生成积极情绪与更为微妙的消极情绪，其中包括各种不同的解剖结构，我将在下文中详细介绍。边缘系统负责合成身体传递来的信息，并将情绪与过去的记忆相联系，然后再把现在已有效价的信息传递给大脑新皮质，用以加工成思想和动机。

人类大脑边缘系统除调解我们的情绪之外，还能促成人际交往。法国作家也是法国最早的一代飞行员的安托万·德·圣-埃克苏佩里，在其著名童话《小王子》中借用狐狸的眼解释大脑新皮质与边缘系统之间的差别："只有用心才能发现真相，仅凭眼睛是看不见的。"[17]用更科学严谨的语言来表述这一差别就是：每秒钟都有一连串的感官信息经过我们的大脑；而边缘系统，即文学语言中所指的"心"，对这些信息进行挑选，并为我们认为重要的那部分经历赋予感情色彩。边缘系统帮助人类领会人和无生命物体之间的区别。你可以想想当你触碰到一位魅力十足的人，和触碰到一块煤渣砖时的感受有多么的不同。边缘系统如果受损，就相当于我们失去了选择真正想要的东西的能力。

像头盔一样覆盖在边缘系统之上的是大脑新皮质。这个部分从人类祖先开始经历了速度惊人的进化过程——在近 200 万年间，其重量增加了一倍以上。其他哺乳动物，如金毛猎犬则未见如此明显的进化。可以说，大脑新皮质使人类创造出科学、文化、观念、信仰以及宗教。同样值得一提的是，人类大脑新皮质让人类创造性地认识到边缘系统产生的各种积极情绪。

大脑新皮质是人类大脑中最后进化成型的一个部分，它与人身体的尺寸比例与其他哺乳动物不大相同。人类中心主义的虚荣心使我们在看待自己的情绪时，觉得它们不仅强大，而且具有意识和理性。其实虚荣心欺骗了我们。人类认为狗具有忠诚、希望、宽容、爱等可贵的品质，所以愿意饲养它们，并让它们陪伴在自己的左右。不过，有些杰出的科学家和神学家倒是表现得恰好相反。当一位惹人怜爱的女士正在呜呜哭泣时，黄金猎犬和两岁左右的小孩子都会不假思索地跑过去,虽然不能在言语上对她进行开导,但他们能推己及人来到她身边,本能地给予她安慰。相反,她那位受过良好教育的医生只会冷静尽责地在电话里建议她,"吃两片阿司匹林,明天早上再给我打电话"。小动物或人类婴儿与家人分离时总会大声啼哭,而我们对这种啼哭完全不能免疫,它几乎让所有人的心底都会荡起一种无私怜爱的涟漪。这种无条件的爱其实是由于人类成熟和文化进化而转变而来的一种哺乳动物的舐犊之爱,这种爱不仅包括疼爱自己的幼崽,还可能对其他物种产生类似的感情。"自私"基因的支持者经常对"无私的社会行为是可以被继承的"这种观点嗤之以鼻,认为这只是一种过分乐观的想法。然而,最近针对狒狒的研究发现,只有社会交往最为频繁的母狒狒,她的幼崽存活下来的机会最多。[18]看来,无私心的集群行为是符合自然选择的规律的。

　　人类边缘系统区别于其他哺乳动物边缘系统的原因在于,人类边缘系统的尺寸更大、集成度更高、新皮层面积也更大。在我们难过时,相较于未受教育的两岁小孩或者教育程度极高的医生,母亲和最好的朋友往往能给予我们更多的安慰,因为他们能将语言和情感更好地结合起来。

　　将积极情绪定位于哺乳动物边缘系统的特定部位是一项极为艰巨且进度缓慢的任务。直到 1955 年研究积极情绪的神经生物学诞生,这一局面才得以缓解。詹姆斯·奥尔兹是一位富有创新精神的神经心理学家,他发现相对于饥饿的白鼠按压杠杆获得食物,白鼠对按压杠杆时获得对大脑的电流刺激更加乐此不疲。更为重要的发现是,奥尔兹将 41 支电极埋入白鼠大脑,其中 35 支位于边缘组织部位,不过他发现只有两支位于边缘系统之外的电极被证实确实能导致小白鼠不断进行自我刺激。[19]

　　同样是在 20 世纪 50 年代,神经生物学家保罗·麦克里恩也在对这一领域潜心研究，起初他将这一部位命名为"内脏脑"，后改为"边缘系统"。麦克里恩指出，边缘系统控制着哺乳动物的各种能力，包括记忆（认知）能力、娱乐（快乐）能力、分离时哭泣的能力（信仰或信任），以及照顾自己的能力（爱）。[20] 除去基本的记忆能力之外，其他爬行动物都不具备其他能力，不过，所有的哺乳动物却都拥有以上提到的各种能力。自 1995 年以来，现代大脑成像学研究对奥尔兹关于情绪应定位于边缘系统而非大脑新皮质的观点也不甚赞同。[21]

尽管麦克里恩极大地推进了这一领域的相关研究，不过对某些科学家而言，他们依旧难以承认积极情绪其实真的不只是神学家臆想出来的东西；对非专业人士而言，他们同样难以相信积极情绪可能存在于新皮质之外的任何人类大脑组织中。仅在过去十年间，麦克里恩学术上的继承人、具有开创性的神经生物学家雅克·潘克赛普和他的同事杰弗里·布格多夫开始将那些妙不可言的爱和欢乐通过实证研究的方式科学地呈现在人们眼前；[22] 乔恩-卡尔·苏维塔也证实在自述悲伤的状态下，边缘环路的类鸦片活性肽分泌处于较低水平。[23]

通过让实验对象回忆某些经历过的恐怖、悲伤或欢乐情景，能测量到他们边缘系统的血流量增加，而其他许多高级大脑区域的血流量则相对减少。许多研究将人类愉悦体验（如品尝巧克力、赢钱、爱慕漂亮的面孔、欣赏音乐、享受性高潮等）的发生定位于边缘系统，特别是眼额区、扣带回前部以及脑岛等部位，这些我之后都会一一述及。[24]

在我介绍边缘系统之前，还要说点题外话。自 1990 年以来，现代神经

科学已逐步证实从神经解剖学的角度研究情绪是一个非常复杂的课题,且
边缘系统的边界远没有布罗卡和麦克里恩想象的清晰。此外,每一位研究
者都列举了不同的基本情绪,那加起来就出现了各种或属于或不属于边缘
系统的纷繁概念,而且各种概念间又有不少重叠。比如,从神经生理学角度
研究情绪的权威学者约瑟夫·雷道克斯,曾断言"边缘系统根本不存在"。[25]
就在同一本书的同一页,还记载了雷道克斯的另一句话,其中他勉强承认
"边缘系统"这一提法算是"在解剖学上对海马体和新皮质之间那块无主之
地的简便代称"。这块区域可能确实无人提及,但是这并不代表它不存在。
如果边缘系统不存在的话,我们就不会对亲爱的妈妈产生依恋了。

科学家们需要时刻留心将任何细节都做到精确。但是,对我们普通人
来说,边缘系统这个概念就已足够方便了。"边缘系统"对普罗大众的方便
程度,足以同"百老汇"一词之于纽约游客相媲美。对于地理学家而言,百老
汇只是一条街道,而它作为纽约戏剧中心的边界实难准确界定。其实,大多
数到访曼哈顿的游客其实并不太在意那些抽象的街道地图,他们热切关注
的是百老汇灵动的人文气息。对他们而言,百老汇绝不仅仅只是一条碎石
铺就的街道,他们对"百老汇"这个词的引申意义了如指掌。本书将继续使
用"边缘系统"、"音乐"、"爱"和"精神"等词汇来解释人类的精神世界,这些
词汇是不能用律师、哲学家以及神经科学家那些过为严谨刻板的遣词造句
的做法来度量的。

不过,大脑作为一个整体进行工作,向各个具体的脑区分配不同的功能
应该非常简单。例如,基于边缘系统的喜悦情绪会触发各种由大脑新皮质
调节的行为,如突然唱起歌来、众目睽睽之下公然示爱、有意识地认知到喜
悦的状态。这里,海马体作为普遍认同的边缘系统的一部分,其对于有意识

的、陈述性的新皮质记忆以及情绪记忆都是必不可少的。应当特别注意的是，边缘系统其实是人类情绪世界的中心，既不是情绪的源头也不是情绪的结果。

人类进化其实创造了包含两个独立部分的人类大脑：一是哺乳动物脑，它能让我们在百老汇剧场感受情绪、表达情绪甚至哭泣；二是现代智人脑，它让我们能说话、思考、分析，甚至在心里规划如何对角线横穿曼哈顿到达百老汇的路线。保罗·麦克里恩对这一结构了解得十分透彻，他曾写道："人类的内脏脑并不是完全无意识的，相反，它总是试图逃离智力的控制。这是由于它自身的动物性原始结构使其无法用语言的形式进行交流。"[26] 于是，大批充满激情的作家，如马丁·路德一度对理性表现出强烈的蔑视，正如 B·F·斯金纳对情绪不屑一顾一样。路德曾断言："理性是宗教最大的敌人，它从未对主观灵性的东西给予过任何形式的援助，反倒是经常与神谕作对，对上帝给予人类的一切大胆藐视。"[27]

不过，无论是路德还是斯金纳都赞同如果人类大脑的两部分之间相互排斥，人类大脑作为一个整体也是无法正常运转的。除非科学与激情携手同行，人类大脑终是无法达到均衡。"只有联结起来……"E·M·福斯特曾在它的小说《霍华德庄园》中这样呼号，"只有将散文和激情联结起来，两者才都能获得强化，人类之爱才能达到极致。"[28] 普林斯顿大学才华横溢的心理学家西尔万·汤姆金斯从学术的视野解读了福斯特的诗句："理智与情绪的联姻，促成了条理与激情的融合。缺乏情感的理智常常软弱无力，而没有理智支持的情感则盲目轻信。"[29] 这不禁让人们感觉到汤姆金斯不是在聊福斯特，而是在解读阿尔伯特·爱因斯坦关于科学和宗教的著名论断。

我们了解了人类大脑诸功能之间的细微差别，各种功能整合得如此精密,以至于无法用科学的语言对这些功能精确地加以描述。接下来,我们将用像简明旅行手册一般的简单语言继续对边缘系统的各主要部分作进一步的介绍。

　　读者熟悉的重要边缘结构应当是杏仁核和海马体。除此之外,本书还将对积极情绪至关重要的其他部分进行介绍,如脑岛、扣带回前部、腹正中前额皮质、隔区等(见图 2)。这些结构之间紧密结合、有序组织,帮助我们去寻觅和认知哺乳动物之爱和人类精神背后的故事。[30]

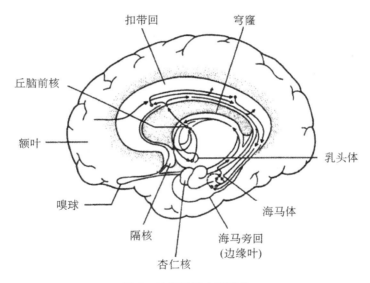

图 2　边缘系统主要部分

　　海马体负责生成视觉记忆和言语记忆。如果没有海马体,我们最亲密的朋友也会立马变成陌生人。杏仁核则负责为情感体验增添激情、凸显重要性,这种情感经历可以发生在过去或现在,可以是积极情感,但多数是消极情感。如果去除杏仁核周边的脑组织,公猴子见到任何行走的生物都想与它交配。人类大脑的杏仁核大小为其他灵长类动物的八倍，为远古哺乳动物的一百倍。[31]对昆达利尼瑜伽修炼者的功能性核磁共振研究证实冥想可以提高海马体和右侧杏仁核的活性，进而刺激副交感神经，从而使人感觉到深层次的平静。[32]

人们可能不太熟悉扣带回前部，其实它同海马体一样，也是边缘系统的重要组成部分。从隐喻的角度看（抑或神经解剖学的事实就是这样），扣带回联结着心理效价和记忆，从而产生情感依恋。海马体周边的脑区负责让你感受到过去的经历存在意义。而扣带回前部则指引我们辨别哪些人我们可以靠近，哪些人应当远离。母亲的触摸、身体的温暖、各种气味经由边缘系统，特别是扣带回前部，用以调节幼鼠行为、控制神经化学、分泌激素、形成昼夜节律。[33]

例如，在某种程度上由扣带回前部调节的婴儿与母亲分离时的哭泣显示着他的脆弱，这可以使哺乳动物与鱼类和爬行动物区别开来。小鳄鱼最不愿意做的事情，就是向其同类表现出它的脆弱无能；但小猫、小狗以及人类婴儿却生来对此乐而不疲。

对于啮齿动物而言，情感依恋主要来源于嗅觉，而人类之间的爱则主要产生于听觉和视觉。正因为此，哺乳动物的进化中，其中耳部分形成了以三块骨头（锤骨、砧骨和镫骨）构成的错综复杂的器官结构。这种中耳结构可以使啮齿动物妈妈能听见分散在各处幼崽高音调的呼喊。而捕食鸟类和爬行动物由于其听觉器官进化程度不及哺乳动物，他们是听不见这种呼喊的。这种分离呼喊预设了一种天然的情感信任，相信母亲一定会来找到你、喂饱你、保护你；而不会像爬行动物的爸爸或鱼类的妈妈一样，找到你，然后一口吞掉你。

由于边缘系统早期的进化与嗅觉依恋紧密相连，因此边缘系统最初被称为"嗅脑"。但是如果没有眼神交流或者听觉辨识,人类要产生情感依恋也很难。例如,功能核磁共振研究发现扣带回前部既不是由辨认朋友的脸、也不是由唤起性欲本身产生刺激。相反,对扣带回的功能核磁共振图像显示,当凝视爱人的脸部照片或当新手妈妈听到自己宝贝的哭声时,扣带回前部区域会产生亮点,即产生刺激。另一项研究发现,具有最高程度社会意识(基于客观计分测试)的人群,[34]其扣带回前部的生物活性最强。先天失明的婴儿与自闭症儿童拥有十分类似的症状:他们几乎完全丧失了与他人建立情感依恋的能力(他们的脑病理仍然不为人们所知)。虽然自闭症婴儿和失明婴儿同样在接受慈爱的母乳喂养,但是这于他们的症状没有丝毫的帮助。爱经由我们的眼睛、我们的皮肤,最后经由我们的大脑边缘系统产生,与我们的胃没有直接的关系。

有充足的证据证明,扣带回前部拥有更为古老的层状结构,其进化时间甚至比大脑新皮质的进化时间还要早。[35]扣带回前部协调思维和感觉的融合。如果该部位受损,一张去斯卡拉歌剧院观剧、去世界职业棒球大赛看球、或者去滚石音乐会听歌的票,对你来说无疑成为一张毫无意义的长方形卡片。从情感依恋的角度来看,扣带回前部在人类大脑皮层组织中,其多巴胺神经元分布最为丰富。这也就是为什么扣带回前部不仅能为情侣,甚至也能为瘾君子提供精神刺激的原因。

再举一个例子吧,人类如果失去扣带回前部,那将会失去自发微笑的能力,当然我们仍然能挤出空姐那样的假笑,蒙骗不少人。如果大脑运动皮层受损,空姐的脸就可能真的会按她自己的意愿变得冷若冰霜。当然,假使我们将那些无聊的乘客换成她最亲密的好友,在欢乐和愉悦的环境下,她还是会绽放出发自内心的笑容。[36]对那些笨嘴拙舌的猴子而言,扣带回前部影响他们在不同情绪下发出的声音，以及与同伴交流时不同面部表情的表达。[37]

也许，在诸多大脑组织中，人们对前额皮层进化历史是最没有把握的。前额皮层是否属于边缘系统，[38]或者是否是大脑新皮质中最后进化完成的部分，[39]对此学界依旧争论不休。但是可以确定的是，腹正中前额皮质（最靠近鼻子的大脑组织）与其他边缘系统结构联系密切。它控制人们对奖励和惩罚的判断，并在情绪对新环境的调整和适应过程中发挥重要作用。因此，额前叶在人类的情绪、道德以及精神世界中扮演着关键角色。用埃默里大学著名人类学家梅尔文·康纳的话来说，前额皮质是"情绪与思想的交叉路口，是原始大脑边缘系统与人类大脑新皮质这一伟大计算机的交汇的地方"。[40]

人类的道德不仅存在于观念领域，同时存在于情绪领域。神经造影以及相关病理研究发现，在进行道德决策时，腹正中前额皮质受情绪方面影响较大；而进化相对较晚的外侧前额皮质则受认知方面影响较大。[41]

从进化的视角来看，人类额叶在神经元数量上与黑猩猩相当。额叶由额叶白质组成，额叶中神经元之间的联结依靠的是有髓纤维，这也解释了人类额叶相对较大的原因。[42]边缘系统的这种联结性进一步印证了其自身的"命令执行"功能，该功能包括延迟满足、理解符号语言，最为重要的是能在大脑中临时排序。额叶还能将过去业已存在的记忆与"未来记忆"相联结，并将其因果关系梳理清楚。

如果大脑前皮质的内侧前额叶受损，人类可能丧失顺应社会道德风俗的能力。19世纪铁路工人菲尼亚斯·盖奇被用来夯实火药的铁棍穿破头骨的经历就是一个绝好的例子。[43]菲尼亚斯·盖奇在悲剧发生之前是一名尽职尽责的铁路工头。一次，他在孔洞中塞满黑色火药，然后用铁棍夯实，然而,意外的爆炸却让那根铁棍从他左侧颧骨穿入,穿透了他的头骨。虽然他最终活了下来,但他的内侧额叶却整个被损毁,导致他后来性情大变,其举止行为完全变得与社会道德规范格格不入。但是他的智商却没有受到丝毫影响。

与杏仁核一样,前额皮质也是从海马体中调用曾经的记忆用以协调脑干做出的反射反应,但是该功能要发挥作用很大程度上依赖于人的成熟。婴儿见到任何突然出现的或从未见过的事物,都会感到惊恐不安。对一位30 岁的女士而言,一枚意料之外的求婚戒指突然摆在面前,她可能会感到惊慌,不过她也可能感到开心以至于泪流满面,或者在某些特定的场合,这三种感受甚至可能同时出现。在人的一生中,正是由于大脑在不断地完善、人类的经历逐渐丰富、智力发育日趋成熟,我们才得以分辨出自己的各种情绪。如果切除额叶组织,对那位女士来说,令人惊喜的求婚戒指恐怕与水管工的金属垫片没有什么区别。通过功能性核磁共振观察,如果用一块木头来碰触我们的手,大脑新皮质的体感脑回部分有亮点;但如果用一块柔顺的天鹅绒轻轻地抚过我们的手,那么腹正中前额皮质部分会出现亮点。[44]

假使手术或外伤原因切除了腹正中前额皮质,一位对工作认真负责的成年人就会变成一个道德社交上的低能儿,但没有任何证据显示其智力受损。[45]许多学者认为真正的精神病患者对罪恶感和社会性交流是不会产生正常反应的。[46]与正常人不同,精神病患者在遭遇损失和灾难时,他们常常报告说“并没有什么与平常不同的感觉”。我们大多数人在经历社交性焦虑时,皮肤会不自觉地抽搐,这一反应也被用于测谎鉴定。不过测谎鉴定手段不适用于没有正常情绪反应的精神病患者。

威斯康星大学心理学家理查德·戴维森和同事们的研究支持了外侧前

额叶皮质对于人类情感生活的重要性。他们的研究成果也包括证实和拓宽了前人的相关研究：激活左侧前额皮质中的一小块区域，积极情绪便会得到强化，看到装了半杯水的水杯应当是半满的。但是如果激活的是右侧前额皮质的相对应区域，消极情绪会随之产生，只会注意到装了半杯水的杯子空着的那一半。研究发现如因实验或中风等原因，切除掉右侧额叶，受试的幽默感、希望、外向性格都会有所增强。但如果切除的是左侧额叶，人的情绪便会被失望所支配。[47]

戴维森及其同事的另一个贡献是显示深层次的佛教冥想可以提升左脑的活跃度并降低焦虑感。[48]相反，如果用蜘蛛来吓唬害怕蜘蛛的人，其右侧前额区的活跃度升高。[49]基于这一研究结果，现在已有足够的证据证明，冥想是人类寻求放松和引发积极情绪的最有效手段，当然鸦片和他人的帮助除外。[50]

脑岛是边缘系统中另外一个研究起步较晚的区域。在前文图 2 中，这一部分并未提及，甚至十年前有关边缘系统的研究文献中也完全没有出现对该区域的研究。脑岛是位于杏仁核和额叶之间的内侧皮质脑回。其实，大脑本身是没有知觉的，我们是借由身体来感受情绪。脑岛帮助我们将这些内心的感觉转换为大脑的意识：悲伤时我们感受到痛苦，爱慕中我们感受到温暖，害怕时我们感受到肚子一紧，这些情绪都是由脑岛转化为意识。

边缘扣带回前部与脑岛一样在处理幽默、信任、移情等积极情绪时保持活跃。拥有高等智力水平的黑猩猩之所以与其他哺乳动物不同，是因为黑猩猩拥有一种独特的神经组织：皮质层细胞。人类的皮质层细胞数量更是黑猩猩和大猩猩的二十倍。成年黑猩猩平均拥有约 7000 个皮质层细胞，人类新生儿的皮质层细胞数约为大猩猩的四倍多，而成年人类更是拥有约

200,000 个皮质层细胞。猴子与其他哺乳动物(鲸和大象除外)完全不具备此类特殊细胞。这种形状好似雪茄的大型皮质层细胞看起来对社会情感和道德判断起核心作用。[51] 就灵长类动物而言,皮质层细胞与边缘发声系统相连,可以帮助我们感受到人际关系,并能间接反映出或作用于这种感受。在大脑成像研究中,脑岛部分会在"人们凝望浪漫爱人、感受到不公平待遇、经历尴尬的瞬间或妈妈听到自己的宝贝哭泣"时出现亮点。[52] 皮质层细胞有可能帮助了黑猩猩以及人类将哺乳动物类边缘系统与其不断扩张的大脑新皮质整合起来。而这种细胞主要出现在扣带回前部、前额皮质以及脑岛之中。

近来,科学家们发现了在脑岛中有一种特殊的镜像神经元。[53] 人类大脑中的镜像神经元比其他灵长类动物要发达得多,它可以使人类产生移情,即对他人的情绪感同身受。我们将会在第九章中讨论同情时对这种特殊的细胞进行详细阐述。高级冥想者修习的佛教内观禅修(如每周坚持冥想六小时,并持续九年)不仅能明显使前额皮层增厚,还会使右侧岛叶皮质相应增厚。[54]

我们要讨论边缘系统的最后一个部位是隔区。这个区域其实最为有名,如果在哺乳动物的隔区安置电极并给予刺激,会让该动物心甘情愿地自我刺激直至筋疲力尽。但是隔膜的作用并不仅仅只是产生快感。那些看起来由前额皮质调节、以道德为标准的行为其实都是基于隔核的反应进行协调,尤其是当我们年龄渐长时更是如此。[55]

对大脑组织结构的大致介绍就差不多到此为止了。下面我准备简要介绍人类作为快乐中枢与道德行为中枢相连接的物种是如何变成为今天的模样的。这个过程包括三个独立的进化:首先是基因的自然选择使我们从爬行动物进化为智人;其次,文化进化带领我们从智人进化为 40 岁的阿尔贝特·施韦泽那样有大爱精神的人;最后,终身不断的进化使我们多数人达到成熟。

第 3 章　三种进化

超本能的生存策略形成了一种可能是人类特有的东西:

这是一种有时可以超越现有集体甚至种群利益的道德观。

　　——安东尼奥·达马西奥,《笛卡尔的错误》(1994),

p.126

在 1859 年 11 月 24 日的一封信中,查尔斯·达尔文就读剑桥大学时的地质学教授亚当·塞奇威克对达尔文这位高徒送给他的《物种起源》(第一版)完全不予理会,还严厉地斥责达尔文"这份礼物带来的不是欢乐而是痛苦……有机科学的巅峰与荣耀正是它最终将物质与精神联系起来,而你却对这种联系视而不见。如果我对你那一两个怀孕的例子的理解没有偏差的话,你确确实实打破了这种联系。"[1]出生在一百多年前,还没来得及受益于20 世纪末新科学的塞奇威克教授自然是不能理解物竞天择对人类来说是多么的仁慈道德。最近的进化证据显示,根本不需要所谓的"终极原因"或者"智能设计"来解释积极情绪与其进化到底是如何符合道德标准的。

　　具有讽刺意义的是,达尔文思想的传承人理查德·道金斯曾坦率地对塞奇威克教授之流的道德观提出了质疑。他写道:"可以举个例子:信仰是世界上最邪恶的东西之一,完全可以和天花病毒相提并论,而且更加难以消灭。"[2]不过,无论上帝论者和进化论者的论战如何激烈,新兴的神经科学各学科以及动物行为学并没有掺和进来。相反,他们还创立了一种统一且科学的人类进化理论,不偏不倚、毫无私心。

　　积极情绪的进化起步非常早。大约两亿年前,那些毫无信仰、脑袋愚笨、多疑猜忌、无趣木讷而且冷血的爬行类动物就开始缓慢进化为血温恒定、生儿育女、忠实诚恳、心怀希望且脑容量较大的哺乳动物,他们学会了游戏、欢乐,与其他人建立起情感依恋,而且信任他们的父母能好好照料他们,不会把他们当作美味午餐一口吞掉。

　　哺乳动物的进化始于黑暗中保护小型食虫动物免遭那些如狼似虎的昼行食肉动物的毒手。最初,对这些食虫动物而言,嗅觉和视觉一样重要,甚至更为重要。于是这些早期夜行哺乳动物具备了一种位于边缘系统且高度发达的嗅觉系统——嗅脑。在黑夜中觅食或者和伙伴联系,良好的嗅觉必不可少。有些科学家把这种嗅脑称为"搜寻系统"。[3]这里的"搜寻"指的是如何找到其他的食虫动物同伴、同样也指寻找食物或者性配偶。哺乳动物的大脑尺寸相对于他们的身体尺寸的比例,在这种需求下开始不断增加。不像恐龙和鱼类主要进化的是身体大小、牙齿或身体的颜色,这次进化的核心是大脑的复杂程度。

　　六千五百万年之前,应当有颗流星曾撞击地球,导致大型恐龙从此在地球上灭绝。其实,恐龙的大脑在那之前一亿年就已经停止进化了。恐龙的灭绝为其他小型哺乳动物的进化提供了便利。一段时间之后，有些早期哺乳动物已经进化为喜光动物，它们立体的视觉以及更为敏锐的听觉重塑了其嗅脑的反应力。灵长类动物和其他很多哺乳动物现在仍然在使用嗅脑通过声音和视觉而非嗅觉的方式来与配偶保持联系。不过，边缘系统用以表达依恋的密码仍旧无法用人类的口头语言表达出来，就像人类在描述他们闻到的某种气味或者他们喜欢的人以及喜欢的原因时，总是显得笨嘴拙舌。情感依恋一般基于哺乳动物的身体语言、气味、音色，甚至妈妈哼唱的摇篮曲，而非人类左侧大脑新皮质所操控的语言。在我们试图将捕捉到的一点兰花香、闻到的一种勃艮第葡萄酒香，或将一次改变人生轨迹的情感经历用语言描述出来时，这些都需要我们在大脑中先构想一番。

与那些巧舌如簧的宗教一样，语言也会使人类产生隔离。我们用语言来描述上帝的经历，接着与同伴争论各自表达不一的定义是否准确。相反，情绪、身体语言、面部表情识别、触碰信息素以及边缘系统嗅脑的精神性才能将我们联系在一起。我们给他人一个温暖的怀抱，便与世界自在相交，到达内心平静。通过听觉感受小猫的咪咪叫或人类婴儿的分离哭泣，我们每个人的内心都会产生一种无私的共鸣。因此，赞美诗、圣歌或情书可以唤起边缘系统，颞皮层会发出一种信息，如情绪信息、音乐信息或某种神秘不可知的信息。这种信息与黄历、科学杂志、神学论文里提供的信息是完全不一样的。

当哺乳动物进化为灵长类动物时，另外一种导致形态变化的进化发生了。在哺乳动物王国一直保持恒定的大脑与体重的比例，又一次开始拉大了。最初阶段，在远古黑猩猩的大脑进化为南方古猿的大脑的过程中，这个增加的比例变化相对较慢。这种大脑成长进化很快引发了一轮良性的循环。为了从产道顺利娩出，灵长类动物不得不在大脑尺寸尚未发育完全时就匆匆诞生。于是出生之后，他们还需要一个适宜的养育环境。下一步进化到无私的爱需要更大的脑容量，为实现这一点，儿童时期还需进一步延长。儿童期越长，父母以及该儿童所属宗族对儿童大脑尺寸以及无私程度的期待就越高。

于是，我们祖先灵长动物的大脑进化速度惊人——每十万年便增加约两大汤匙重量的大脑灰质。"待到大脑进化最终完成之时，人类大脑皮质的体积会增加一倍多。"[4]可以说，历史上再没有任何生命器官的进化速度能与其媲美。

人类大脑功能的进化对大脑生物化学成分的复杂度和种别性的依赖，与其之于神经解剖学尺寸或生物特化作用的依赖是一样的。对两台完全相同的电脑胡乱改装几个晶片，其结果要么是运行速度猛增至之前的五倍，要么是直接报废。

据说有些特殊的基因会在大脑发育过程中影响大脑神经元迁移。对于有些表现得擅长于合作或疏导同伴情绪（相互为同伴梳理毛发）的猴子，其腹内侧额叶前部和杏仁核内的血清素受体-2明显较高。而那些攻击性较强、脾气暴躁的猴子，可观察到它们的血清素受体相对较低。[5]如通过实验提高单脑肽或后叶催产素水平，会将一只性关系随便、自我中心、对幼崽缺乏爱心的山地田鼠转变为一只社交能力强、对伴侣专一、温驯的草原田鼠。[6]

在人类先祖最初存在的一百五十万年间，他们经历了由会制造工具的能人，到直立人，再到现代智人的进化过程，他们开始能用一公斤石头磨出约 10—40 厘米长的石刀刀刃。这期间，他们的大脑尺寸几乎增加了一倍。而在他们进化的最后六十万年间，可能是受地球气候剧烈变化或社会合作需求进一步提升的影响，现代智人的大脑的尺寸增加了一倍，其重量从 835 克增加到 1460 克。[7]更为重要的是，到新石器时代末期，我们人类的祖先能从一公斤石头里磨出的石刀刀刃居然达到了 2000 厘米。[8]简而言之，大脑尺寸翻倍增长，进而使得锻造工具的效率提高了近 50 倍。虽然证据有限，但我们仍可以推测即使时间推移到现代，人类社会组织结构的进化速度依然落后于工具制造领域的进化速度。

大约从 17 万年到 20 万年前，发生了一场我们常称之为"创造性爆炸"的巨变。[9]会制造工具、大脑尺寸较大的尼安德特人在约 40 万年之前就在欧洲安定下来，他们的工具制造技艺非常高超。不过，大约 20 万年之后，一支新的亚种，现代智人，即所有人类的先祖，在现在的肯尼亚和埃塞俄比亚地区开始繁衍进化。[10]根据化石和线粒体证据显示，这一变化大致发生在公元前 17 万年左右。[11]突然间，尼安德特人的非洲亲戚开始在工具制造上大显神威，他们制造的工具也变得繁复起来：除单纯的石斧、矛头、刮刀之外，还出现了掷矛器、骨针、装有倒刺的鱼钩、装饰用的石珠等，同时他们还学会了使用更加高效的方法大规模地制造石制工具。大约 4 万年至 6 万年之前，这些现代人到达欧洲并居住了下来。这些变化不仅极大地提高了狩猎的效率、增进了族群之间的合作，同时相较于尼安德特人，现代人的人口增加比例也开始迅猛增长。

对现代人"创造性爆炸"最为可能的解释是在这一变革得益于基因进化和文化进化中一项非常有意义的成果，即他们的语言发展相当顺利。我们先来解释基因进化这一部分。现代人语言能力的进化应当始于一次偶然发生的基因突变，如 FOXP2 基因，它对控制面部肌肉至关重要。人类的 FOXP2 基因与黑猩猩的 FOXP2 基因只存在两个氨基酸位点的差别，但这种差别被保留并在人类后裔中扩散，成为所有现存人类的基因正确选择。[12] 该基因突变大致发生在 10 万至 20 万年之前，与现代人类出现的时间巧妙重合。[13] 如果 FOXP2 基因出现先天性缺陷，则会导致舌头肌肉的损伤，进而影响语言能力。

MCPA1 基因的突变会调节人类大脑的尺寸，从大约 4 万年之前，这种突变在人类大脑中似乎快速增加。[14] 另外一种人类基因 ASPM 的突变，通常也被认为会调节人脑发育的速度，大致出现在 6 万年之前并在人类种群的基因中传播并保持强势的积极选择。[15] 当然，只有时间才能最后辨别这些后期进化的基因，是否对人类的发展做出真正有意义的贡献。

❧

以语言调节为基础的文化进化对人类生存的重要性，可以与为大脑复杂度调控的基因进化之于哺乳动物生存的重要性相提并论，但毕竟文化进化比基因进化速度更快、弹性更大。随着文化进化的效率进一步提高，那些通常需要积累终身的宝贵知识，不再会因为肉体的消亡而遗失殆尽。知识开始拓展，人们对周围事物的兴趣也开始增强，于是人类知识的积累开始迅猛发展。推动文化发展的能力使现代人相较于尼安德特人具备了更加明显的进化优势。这就好像人类大脑硬件现在开始准备安装软件一样。

由于人类的身体局限性以及对食肉动物的本能恐惧，现代智人变作非洲大草原上最喜欢群居的族群。现代人不仅通过"自私"的基因和适者生存的法则来保护自己，同时也会超越自身的利益去服务他人。[16]无论是养育一个狩猎者还是 21 世纪的城市孩子，都需要举全村之力或全社会之力，同时，食物分享关系的进化需要人们懂得在丰登之年将食物分享给他人，在灾荒之时才能接受别人帮助和馈赠的道理。

在最后 5 万年，人类力量和凶残本性的进化对于生存的作用越来越有限。相反，有足够的证据证明人与人之间交流方式的改进，能促使社会组织进一步扩大、组织结构变得更加复杂。[17]这些变化使得人们能够分享体积更大的猎物，并且更加主动关心和帮助身有残疾或疾病的同伴。创造力较强、身材比较纤细的现代智人更愿意长途跋涉，去几百英里之外的地方与其他族群进行交易，从他们那儿学到新的知识，或者与他们进行婚配。而那些肌肉发达、长着大脑袋的尼安德特人，其身体特质不适宜长时间步行，于是他们按照古老的生活方式选择扎根于山谷之中，于是他们的基因就被局限在他们狭小的亲缘关系网络之中了。

⁂

著名语言学家德里克·比克顿推测，通过掌握过去时态和将来时态，现代语言也为文化进化提供了极大的便利。[18]我们一天天地过着平淡无奇的日子。如果你能使用过去时态，那你可能会开始发问，我从哪里来？如果你能使用将来时态，你也可能会感到疑惑，我死之后会怎样？当现实被敬畏感所替代，反思性的精神活动便开始了。如果我们仅局限于现在时态，就难以将善行的益处讨论清楚。过去时态可以帮助你回顾过去曾领受的善行，而将来时态则可以帮你劝导他人只要愿意行善,愿意帮助他人,终究会得到回报。边缘系统支持的各种情绪,如感激、爱、同情等结果可以通过包括过去时态和将来时态的语言转化为自觉的意识。

随着文化进化和复杂程度更高的工具系统的出现,大约三万到四万年之前,另外一种进化在相隔甚远的澳大利亚金伯利山脉和法国的多尔多涅河溶洞悄然开始。[19] 现代智人甚至学会了装饰他们的洞穴,他们装饰洞穴的方式现在看起来仍然能激起人们一种精神上的敬畏,而且他们的审美观在那些生活在 21 世纪的后代身上也得到了传承。我们可能还不是太清楚其中的原因,只是我们明白创造美的能力和营造精神敬畏感的能力或许密切相关。

另外一种关于人类文化进化的推论是人类开始具备了一种不断提升的专注力。诚然,鹰的眼睛可以本能地从高空分辨出地上是小石子还是小老鼠,人的眼睛是不可能做到这一点的。狗的鼻子也比它主人的鼻子好用得多,能分辨出更多的味道。但是人类可以对这些区别进行理性分析,并能将诸如"我饿了吗?"、"我被他人喜爱吗?"这类有关情感的问题带入反思意识,以及引入其他人的意识。

有些时常对文化进化纸上谈兵的批评家可能会疑惑,所谓的文化进化到底是否存在? 是否有任何实质性的进步? 他们当然可以嘲笑现代司法处罚系统的不公平,但是在过去三千年里,通过对那些疯狂报复造成的长期影响进行有意识的反思,人们对犯罪行为威慑性的认识越来越实际而且富有同情心。后现代主义的悲观主义者也可以挑毛病说,你看美国每天发生多少枪击杀人事件啊! 但如果你细心观察基于数据的历时研究证据,就会发现事实远比想象乐观得多。在 13 世纪的欧洲,枪击杀人案的发生比例是每

10 万人中会出现 40 起；到 17 世纪左右，这一比例下降了一半；18 世纪时，这一比例再次被腰斩；差不多到 20 世纪末期的时候，欧洲枪击杀人事件的发生比例仅为 13 世纪的 2％。[20] 当然，也有例外的情况，如在底特律或其他一些第三世界国家，枪击杀人案的比例依旧居高不下，几乎与 18 世纪欧洲发生的枪杀比例相当。

在 13 世纪的法国，国王路易九世曾下令杀戮数百名法国异教徒；之后，十字军东征之时，也曾命令对大量的犹太人和穆斯林进行种族灭绝式的大屠杀。不过，路易九世仍被正式宣布为圣徒，并在整个欧洲羡慕的眼光下，被尊称为"圣路易"。[21] 是的，现在仍不时有大屠杀的事件发生，但是在 20 世纪他们会受到广泛的谴责，而且始作俑者也通常会受到严厉的惩罚，而非被尊为圣徒。当然我们不得不承认，需要改进的空间还很大。

最近一千年以来，借由文化进化的便利，宗教本身也在进化。我们不仅可以找到宗教组织严密的相关证据，同时还可以找到七千年甚至一万两千年前人们开始安居乐业的证据。宗教的繁盛也伴随着大小城镇的兴起。不过，两千年前的那些大城市——崛起，但又毫无例外地渐渐消亡。以权力、犯罪、报复和等级制度为基础的宗教是不可能长久地维持这些大都市的繁盛。乌尔城、巴比伦、摩亨佐·达罗、迦太基、底比斯、马丘比丘、玛雅的繁华城市蒂卡尔，还有中国和埃及的各朝都城，这些曾经的繁华都市无一例外地都被掩埋在沙漠、黄土还有蔓生的荆棘之中，一去不复返。

直到公元前 600 年到公元 700 年变革的一千年间，佛教、儒教、基督教和伊斯兰教才开始逐渐建立起来。尽管现代人听起来可能觉得有些不可思议，但是当时那些新建的宗教的确是以爱和同情为宗旨，而非恐惧与统治。可能正是由于处于变革的千年这一特殊时期，许多大城市得以保存下来。

与之前那些自行消亡的历史古城不同,这些更为现代的城市之所以得以成功地延续下来,是因为它们摆脱了部落之间无休无止的竞争状态,转而以一种更为平等的方式过着群居生活。例如,耶路撒冷作为世界上最为古老的核心城市一直存在下来。公元前 600 年用以分辨黑白、铁腕惩治恶人的犹太《摩西律法》被下面这位和蔼的先知充满慈爱的劝导所取代,也不完全只是巧合:

> 要止住作恶,
>
> 学习行善;
>
> 寻求公平,
>
> 解救受欺压的民众;
>
> 给孤儿伸冤,
>
> 为寡妇辩屈。
>
> ——以赛亚书第一章:16—17 节

在公元前 600 年至公元 700 年这近 1200 年时间里,宗教领域的圣人们和先知们将有关积极情绪的认知领悟和情绪规律进行了整理和发展,使边缘系统固有的积极情绪可以用来对抗外来思想的入侵。这些世界上最伟大的宗教将有关移情的修行转移到现实生活中,使人们天生固有的、常常引发部落之间暴力冲突的仇外情绪和狭隘的领土观得到舒缓和平息。

凯伦·阿姆斯特朗曾担任罗马天主教修女,后来长期从事自传文学的创作,是仍然健在的最重要的宗教比较研究专家之一。在她的权威著作《大蜕变》中,她跟随德国哲学家卡尔·雅斯贝斯 1948 年提出的理念,将公元前 9 世纪至公元 2 世纪这个时期命名为"轴心时代"。她的划分比我对这个时代的认知在时间点上稍微前移了一些，但是主要观点我是认可的。用阿姆斯特朗的话来说："轴心时代将人类意识的边界进一步向前推移，发现了在人类本质核心范畴中的一个超然维度，虽然他们不一定认为这是超自然的存在。如果佛陀或者孔子被问及是否信仰上帝，他一定会稍稍退后一步，并谦逊地向你解释：你这个问题有些不合适呢。"[22] 对孔子、苏格拉底、耶稣以及以赛亚来说，真正重要的不是你信仰什么，而是你如何行动。不要光说，要做给我看。"上帝"并不是一个全知全能、妄下论断的坏脾气家长，他引领的是一种充满慈爱和同情的情感体验。

对进化中的人类而言，轴心时代还反映了瑞士发展心理学家让·皮亚杰的观点，皮亚杰后来将类似的概念命名为"形式运算"。形式运算指从观察到的具体内容中提炼推论出抽象普遍的规律。如果没有形式运算，科学和成熟的道德将无从谈起。阅读宗教文献需要挣脱那些清规戒律字眼上的桎梏，用心来分辨隐喻和纯粹虚构的神话之间的区别。除此之外，如果系统地进行内省训练，人性中最广阔的人格个性就会被唤醒，悄悄藏匿在他们思想观念下的某一处隐蔽的地方，人性已然完全自我觉醒。[23] 林林总总的原教旨主义宗教遭遇悲剧的命运在于他仍旧像一个三年级的小孩一样纠结于具体的宗教戒律，还没有上升到十年级学生运用形式运算推断抽象概念的阶段。

普林斯顿大学心理学家朱利安·杰恩斯曾在他 1990 年出版的著作《二分心智的崩塌：人类意识的起源》中曾不乏浪漫地提到：公元前五世纪时发生了一次巨变，人类从之前需要依靠外界的道德训示，如摩西看到的燃烧着的荆棘或荷马史诗中听到上帝之音的幻觉，转化为开始从内心世界寻求道德感和责任感的阶段,在这一转化过程中富有责任感的自我反省功不可没。[24]上帝并没有被派往奥林匹斯山或常驻天堂,他一直与我们同在。

公元前15世纪,经历过文化进化的人们不再为信仰的神明贴上概念化的标签,如希腊和阿兹特克人的神明会像爬虫动物一样,一口吞掉自己的后代[参考希腊神话中宙斯的父亲克罗诺斯,他因害怕子女推翻其统治,于是吞下了妻子雷亚(Rhea)所生的儿女],则不会被人们敬仰。那时人们的精神偶像是苏格拉底、佛陀、晚一点出现的耶稣,这些人是无私的爱的缩影,呼唤着人们以他们为榜样并效仿他们的行为。在变革的千年期间,人们认为他们必须要以平等的眼光对待极大扩充了的人群。"部落"整合成了王国,最终以欧洲的古罗马和亚洲的中国成为登峰造极之作。当排外意识、种族意识强烈的罗马人学会将几百万"外邦野蛮人"真正当作"公民"的时候,不仅各大城市得以存续,整个王国也得到了延续和发展。今天,对犹太教徒、基督教徒、印度教徒、穆斯林信徒而言,这种挑战依然存在,他们需要学习如何将其他不同种族的人作为完全意义上的人来接纳。因特网作为一种文化发明,可能会有助于改变这一现状。

使徒保罗向异邦人传播基督福音,其布道之旅经过了许多希腊城市,这些城市和部落间的争斗逐渐消失、开始和平共处,这应当不是偶然。古希腊作家埃斯库罗斯曾亲身参与了萨拉米斯海战,这次波斯人远征希腊的战争,最终以希腊的胜利而结束。八年之后,埃斯库罗斯写下了著名的悲剧《波斯人》,这位希腊的剧作家在剧作中并没有因为本国的胜利而沾沾自喜。埃斯库罗斯没有像荷马一样,大肆歌颂希腊的战争英雄;相反,他希望读者能为波斯人感到遗憾和惋惜。

> 失去丈夫的新娘从婚床上起身，
>
> 心里萦绕不去的是丈夫伟岸的身影，
>
> 象征青春爱恋的饰物被随手扔到一旁，
>
> 对爱人的思念愈发无法抑制。[25]

直到 1944 年联合国在旧金山成立，人们对国家之间团结一致的愿景才最终变成了现实。埃斯库罗斯曾这样描述希腊和波斯这对死对头之间的关系："她们是同族的两朵姊妹花，美貌优雅无瑕。"[26]

春秋战国时期的中国，种族纷争激烈，在这一背景下孔子（公元前 551—479）创立了儒家学说，比基督教的《新约》要早 500 年，比施韦泽和甘地的思想更是要早 2500 年。孔子之"道"引领的不是前往天堂之路，也不是指代耶和华的恩泽，而是一种"大仁大义"。[27]这种思想无疑促进了当时中国的统一。如果人们能够收敛自己的私心，对他人的痛苦和欢乐可以做到感同身受，那么这就领会了"神圣"的内涵。在西方，人们提到孔子，只知道他提倡儿子服从父亲、女儿遵从婆婆这一层次的内容，而在《论语》中还记载了其他诸如比赛见到对手应"揖让而升"，且"君使臣以礼"，即君主对待臣子时也应当讲究"礼"。另外他还曾提到"己欲立而立人，己欲达而达人"来描述人与人之间相辅相成的关系。[28]

释迦牟尼年轻的时候，希望通过瑜伽禅定和苦行来修习仁慈之心。据传说记载，之后，释迦牟尼突然得到了佛陀的自觉。他曾回忆说，他小的时候跟随父王去参加春耕仪式，这个敏感的小男孩注意到农夫犁田从土中翻起的草根和因这个仪式失性命的虫蚁。他起初感到深深的痛苦和悲伤，随之而来的是一种精神上的释然，紧接着又体会到一种纯粹的快乐。年幼的悉达多问自己："我正在悟道吗?"可能,除了瑜伽的禁欲修行,通往极乐世界也可以通过温柔仁慈地对待每一个生灵的心来寻求。"从那时开始,他便开始顺应人的本心,不与它背道而驰。"[29]

　　阿姆斯特朗之"千年大变革"发生之前,还有一次影响巨大变革重塑了新石器时代人们的头脑——文字的发明。自文字发明之后,母语开始进化,然后书写方式也发生了变化,继而人类发明了印刷术,所有这一切使得人类左脑的认知能力超越了控制乐感和直觉的右脑,取得了支配地位。随着具有仁爱之心的宗教文化基因在世界范围内广泛传播,识文断字的本事也在这两千年里迅速为人们掌握,使精神世界成为了科学技术逐步发展和进化的牺牲品。前文已经提到,前人一直认为受边缘系统支配的积极情绪应附属于受左脑新皮层支配的科学技术,这种观点直到近五十年才得以改观。

　　我们必须承认,书写方式的变革和五百年之前印刷技术的发明,为人类文明的发展作出了巨大的贡献。它们应当是人类借以了解世界最为有效的工具。有了文字和印刷术,现代人不再需要像新石器时代的人们一样,将那些对于自己生存至关重要的信息注入满满的敬畏和情感,才能成功地传递给下一代。而那些重要却不掺杂个人情感的回忆则被他们赋予形象的编码,以分享给彼此。在那个尚无文字出现的年代,所有的知识都必须通过口述的方式代代传承。在狩猎采集为主的社会中,其技术进步虽然比尼安德特人发展得快,却还是发展得相对缓慢。不过,书写方式的变革加速了整个发展过程。例如,在文字出现之前,《伊利亚特》这一重要的古希腊文学作品,只存在于少数几位杰出的、富于戏剧天赋的说书人脑海之中。再看看现在,从阿拉巴马到桑给巴尔岛,任何中学生只要愿意,随时可以找到一本价格便宜、印刷质朴的《伊利亚特》小册子来读。只是荷马原文中的音乐韵律有时可能会在翻译中流失了。

当然也有消极的方面，文字发明在促进科学技术进步的同时，也给人类带来了一些禁锢自己的教条。文字诞生的这两千年来，识字的人们甚至忘记了自己是如何使用大脑进行思考的。人们对理性依赖越深，就越疏远与生俱来的情感精神世界。启蒙运动以来，这种情感与理性的分离，早已在许多西方人身上根深蒂固了。就像我之前提到的，直到近五十年，神经科学、文化人类学、动物行为学才被引入到文化这一领域。在此之前，积极情绪完全被人们抛弃了，没有人认为对积极情绪的探讨是体面的科学研究。

启蒙运动以来，像卡尔·罗杰斯和理查德·道金斯这样的人文主义者，往往忘记了庄严肃穆的宗教仪式是有助于人们记忆重要事件的。在那些识文断字、精通科学，甚至会绘制地图的英国殖民者抵达澳大利亚之初，他们对当地的土著人相当地蔑视。他们觉得土著人肮脏，大脑也不好使，或许根本算不上人类，他们的宗教也是世界上最愚蠢的。即使英国人不把土著人的"梦想"精神世界看作是极其危险的存在，也不会认为它是健康、合理的存在，相反，只会认为它是些小孩子的把戏。

1800 年，这些已经"开化"的英国人怎么也想不到，这个"劣等"民族，在DNA、智商甚至十万年前的先祖等诸多方面，都和他们自己一模一样。他们绝不会想到，这些土著人的祖先创造的洞穴艺术，几乎与那些肤色更为苍白的英国人老祖宗在拉斯科岩洞和奥尔哈米拉岩窟壁上创造的艺术岩画一样古老。[30] 这些在文化接受上极为拘谨的英国人，直到现在依然认为在某些土著人的语言中没有专门用以指示"时间"的词汇，而且花费了好长时间才勉强承认土著人右脑控制的直觉在认路方面很有一套。没有现代的认知神经技术，那时的英国人还没有领会到汽车保险杠上贴纸上那句"不要总是相信你脑袋里想象的东西"警示语的真谛。

最终，英国人不得不惊讶地承认，虽然英国殖民者带上了地图和指南针，他们还是会因为在澳大利亚广袤的内陆沙漠中找到不到水源而渴死，不过当地土著人却总能找到水。这真是个难解之谜！英国人接受了正统的科学启蒙，却因缺水而死；土著人大字不识一个，也不懂得如何判断时间，他们却能存活下来。直到最近，人类学家才推断出，那个澳大利亚土著人构想出来认为万物有灵、充满绮丽幻想的、神秘莫测的精神世界，可以让他们在头脑中形成一幅对大自然充满敬畏的生存地图，多数时候这种直觉都是无意识的。虽然没有书面语言，也没有理性先进的地图绘制技巧（这与掌握文字书写能力一样需要左脑控制），土著人还是能凭借具有丰富情感和精神意义的各种小故事来记忆他们居住环境里的每一块岩石、每一条溪流，以及每一处水源。这些小故事虽然看起来毫无道理可言，但极具情感意义，让土著人能够一代又一代在沙漠中最终找到生命之泉。如果用更加刺激英国人的话来说就是，其实土著人"梦想"的精神世界其实早已传达了白种人印刷体圣经和科学地图所表达的一切。"耶和华是我的牧者，我必不至缺乏。……领我在可安歇的水边。"（圣经：旧约：诗篇 23）

值得一提的是，查尔斯·达尔文 1859 年出版了《物种起源》，这本书的影响力足以与印刷术发明相媲美，两者都极大地促进了人类文化的进化。查尔斯·达尔文和阿尔弗雷德·华莱士认识到，就像地球并不是宇宙的中心一样，现代智人其实也不是宇宙的主宰者。人类不过是依旧处于进化过程中的哺乳动物的一种。和基督一样，达尔文在彰显人类精神世界智慧与谦逊方面又往前迈进了一步。

在达尔文之后的一个世纪，在人类能用科学的眼光解释积极情绪之前，有两位进化生物学家大胆地勾勒了人类集体进化的前景。第一位生物学家便是皮埃尔·秦亚尔·德·夏尔丹（中文名：德日进），他是一位法国天主教耶稣会神父，而且是发现北京人的著名古生物学家。一方面，天主教会禁止他继续从事教学工作，因为作为进化论者，他的言论过于直白；另一方面，他又受到其他进化生物学家如史蒂芬·杰伊·古尔德等人的责难，觉得他是有神论者，和他们不是一路人。不过，德日进却有一位极富远见的同事——朱利安·赫胥黎爵士，他是奥尔德斯·赫胥黎的兄弟，托马斯·亨利·赫胥黎的孙子，被称为"达尔文的坚定捍卫者"。朱利安·赫胥黎应该是一位无神论者，不过确切地说，他是世界野生动物基金会奠基人，第一届联合国教育科学文化组织总干事。朱利安·赫胥黎曾为德日进最著名的作品《人的现象》作序，这本书写作于 1938 年至 1940 年之间，直到 1955 年才得以出版。[31]（德日进和伽利略一样，在他去世 50 年之后才被天主教会恢复名誉。）

无论是无神论者赫胥黎还是有神论者德日进，他们都坚信人类对进化的觉醒能够促进人类的进一步进化，并且，如果深层次的进化真实地发生了，它应当会被融入合作愈发紧密的社会组织结构中。德日进使用旧词"人类圈"（noosphere）指代新的意义："人类不过是经由进化，最终形成的自我意识。"宇宙中最高层次的意识须得要与较高层级的心理社会组织相搭配。[32]这个梦想在达尔文的时代可能不可想象，但是在近 50 年来，联合国教科文组织和世界野生动物基金会的建立和蓬勃发展证明了这不再只是个梦想。在 21 世纪，互联网发挥的强大的沟通作用，以及对人类基因组解码之后得到的令人惊讶的结果，进一步佐证了赫胥黎和德日进有关人类有潜力掌控自己集体进化进程的观点。

这个世界依旧处处充满危险,但是我们对积极情绪的理解在与日俱增。最近这几十年,科学技术的进步使我们更加了解和走近我们的精神世界。例如,本书中引用的大多数用以支持积极情绪的科学研究成果,其诞生的时间都不超过十年。过去十年间,美国的各大医学院和生命科学研究一直在致力于避免精神研究这个小宝贝被人在泼宗教教条这盆洗澡水时连带着抛弃了。[33]在哈佛大学,最近有一门最热门的课程就是关于积极情绪研究的。[34]

近一千年来,神学家们,当然大多数是男性,他们认为精神应该涵盖一些最为基础的问题:"我是谁? 我为什么在这儿? 我死了之后会怎么样? 怎样才能让上帝开心?"这些呆板的、认知性的问题统统是关于父权的上帝和"我"之间的关系。在过去的一个世纪里,文化人类学家(如玛格丽特·米德)、动物行为学家(如珍妮·古道尔),以及神经科学家(如安德鲁·纽伯格),他们都认为精神反映的是与边缘系统相关的问题,如爱、共同协作、积极情绪,以及"天人合一"的感受。

自启蒙运动以来,在我们创造的理性、后现代、尖端精密的雷达屏幕之下,人类精神依旧持续进行着文化进化。阿尔弗雷德·诺贝尔通过向世界各国出售炸药而赚得盆满钵满,不过他的后代就像特洛伊战争的废墟一样,被世人逐渐遗忘。只有诺贝尔的精神遗产——诺贝尔奖,通过褒扬美丽、真理、和平,历经世代传承下来。你不需要将时间往前推移太久,就可以找到那个各部落种族之间互相争斗曾让整个世界都饱受苦难折磨的年代,这种痛苦现在依然存在于非洲。过去两千年间,越来越多不同种族的人们开始学会如何和平共处。从中国经历了两千年前战国时期的诸侯国互相攻伐之后得以统一,到 21 世纪的欧洲联盟将欧洲各国联合起来,我们可以看出,人类是朝着神奇的"统一"方向发展的,而这也与忘我的精神密不可分。希望、原谅、同情在其中均扮演了重要的角色。

21世纪的联合国，虽因"放牧群猫"带来了诸多麻烦，却依然坚持在各国之间斡旋以达成谅解和合作。这算是一个新现象了。像塞缪尔·约翰逊赫赫有名的小狗仅用后腿走路一样，我们也不应当对联合国在发展过程中的步履蹒跚给予过多的苛责，相反，我们应当为联合国每一步都迈得不容易报以热烈的掌声和鼓励。一百年前，人们恐怕很难想象世界卫生组织能正常运作，这就像看到一架喷气式飞机能起飞一样感到不可思议吧！

这里还有一个更有说服力的例子，我想这个有关于柬埔寨现代历史的例子应当可以揭示精神存在的价值。从1975年开始，红色高棉成为柬埔寨的执政党，出于唯心主义、认知方面以及"马克思主义"等各种原因，它开始采取系统的行动，试图废止佛教和家庭之爱。波尔布特坚信对家庭成员的那种感情用事的依恋和修建庙宇导致的经济上的极大浪费都阻碍了社会理性、快速的发展。他甚至用死刑来惩戒人们，以此摆脱这种无效的依恋（甚至不仅仅只是穆斯林或基督徒这些宗教人士会因为传播异端邪说而被处以极刑，无神论者胆大妄为同样也是不可饶恕）。波尔布特的唯心主义政权妄图割裂幼童与家庭的关系，给他们灌输一种对简单化农业生活的依恋，并创造出一种完全不受堕落的城市、懒惰的僧侣甚至万恶之源——金钱的邪恶记忆污染的理想社会。梭罗、杰斐逊和莫汉达斯·甘地可能会赞许波尔布特的改革成果，但不会苟同他使用的高压、强硬手段。

1979年，在红色高棉政权被颠覆之后，许多柬埔寨的儿童虽然成了孤儿，却依然保留着对他们原生家庭强烈的依恋，而且佛教也迅速地在农村重新占领了精神的制高点。柬埔寨乡村从灾难性的毁灭中又重新兴盛起来，并不是由于计划经济的优势，而是人类大脑生就具有爱的能力和精神上的弹性。诚然,《蝇王》所披露的故事情节有一定的道理,少年杀人犯的确存在,但数量上远远赶不上对爱与丰富精神世界的向往远胜于理性、残忍、处处计划周密社会生活的柬埔寨儿童。自启蒙运动以来,在我们理性的世界观之下,人类精神的文化进化并没有停止脚步。

那是否正如德日进所暗示的,这种人类进化的奇迹真的是由于孤单慈爱的上帝耐心等待而最终出现的神化人性?[35]我们是否真的命中注定会变为神?我个人对此持怀疑态度。或早或晚,科学的发展会让人们认识到这些感人至深的信仰究其本质还是一种隐喻,是强调强大真理的隐喻。我们有时能理性地控制左脑的自由意愿,将那些美味的夹心奶油蛋糕、冰爽的可口可乐和马丁尼酒都收拾起来,换成对健康有帮助的各种富含纤维的食物、水煮西蓝花以及四种基本食物组合。如果能这样坚持一段时间,我们可能会将严肃的科学、冷静的人文主义或者来势汹汹的负面情绪全部替换为那些为人类内心世界带来温暖的积极情绪。然而,长远来看,人类的存在依赖的不仅仅只是内心的"善念"、精明的算计、毒品、性爱或者摇滚,保证生命和精神营养的各种基本规律其实更为重要。科学和宗教当然也可以让我们存活下去,但是如果像红色高棉政权一样缺失了同情和谦逊,恐怕也难以长久。

除基因进化和文化进化之外,还有第三种随着人类精神的成熟不断发展的进化形式——成人发展。我们对积极情绪的把握其实也是随着我们身心的不断成熟而日渐完善。在描绘了近千年来人类积极情绪的发展演变史之后,让我来继续从个体发生学的视角来对人一生中积极情绪的发展过程进行一下梳理。

人的身体器官在青春期就已经基本发育完成了。事实上，在 20 岁之后，我们身体的每一个器官都在无情地衰弱。只有人类大脑会进一步发育直至 60 岁左右，[36]因此人类完美整合散文和激情的能力也随年龄的增长不断得到增强。

约翰·牛顿的例子可以完美地证明人是如何在成年之后在道德观上不断发展的。[37]牛顿是著名赞美诗《奇异恩典》的作者，他早年加入海军，放荡堕落，经常写一些亵渎上帝的诗篇，但随着年龄渐长，成为船长的他开始不能容忍手下的海员对上帝的丝毫侮慢，甚至对其鞭打以示惩戒。约翰·牛顿本人年轻时也曾遭受过被拴上手铐脚镣被贩卖为奴的羞辱，但在"三十岁"之后担任船长期间，他反而开始从事往返殖民地贩卖黑奴的不道德交易，却没有感到任何精神上的冲击。

之后，他抛弃了之前那些粗俗下流的青春期情诗，开始写圣诗。和那些撰写《独立宣言》的宗教作家一样，约翰·牛顿用圣诗记录了他对上帝的感恩："上帝对我这样的混蛋也不离不弃。"对已人到中年的约翰·牛顿来说，他和人到中年的托马斯·杰斐逊一样，认为如果你的肤色不对或者是一件贵重的商品，生命、自由以及对快乐的追求几乎就与你无关了。

人类大脑和人类文化一样，其进化到成熟是需要时间的。一方面，这一成熟过程经过了英国启蒙运动的文化熏陶，另一方面需要经历他自身中枢神经系统的发育过程。这位曾经的奴隶、后转化为虔诚的基督教徒的海军船长、现在的教士约翰·牛顿，他在老年时期已成为一位坚定热忱的废奴主义者。对他而言，这个发展过程经历了 40 年！成熟和精神世界的发展同步进行，尽管进程比较缓慢。

波士顿大学精神分析学家安娜·玛利亚·里祖托进行了一系列非常有意义的实验,她希望通过研究儿童如何构建他们心目中上帝的形象,来绘制前语言时期精神意念的发展过程。"大约三岁左右,儿童就已经在认知上成熟到可以考虑因果联系中万物有灵的概念了……通过提问题,他希望能找到最终的答案,而且对所谓的科学解释一般都不太满意。儿童希望弄明白谁在推着白云走,而且是出于什么原因?如果大人告诉他,是风在推着白云走,那么他又会问那风为什么会动呢?这类问题往往循环不断,而且一般会以某种类似'超自然存在'才能终止各种原因。"[38]

在现代社会一个三岁的小孩身上,依然可以找到新石器时代那种万物有灵论的影子,而且他会对此深信不疑。我兄长现在是一位理智冷静的外科医生,孙子都有好几个了。三岁的时候,他住在纽约,一到晚上,他就觉得整个纽约城变成了高楼塔尖和恐怖怪物的精彩世界。晚上害怕的时候,他就想着用克莱斯勒大厦的塔尖,把那些夜晚围着他卧室乱飞的可怕的怪物钉在天花板上。

里祖托曾就此提出自己的观点,她说"我们脑海里虚构的那些人和事(如那些具有创造性的艺术家)对心理功能的潜在规约影响,其实和我们身边活生生的人施加的影响是一样多的。这些空想的经历会因为心灵现实主义的抑制而逐渐消失殆尽,心灵现实主义的束缚会严重摧毁人类思想的创造力,会使人生的活力随之消逝"[39]当我们成熟之后,我们往往会遗忘自己脑海中曾经如此清晰的上帝的面容。里祖托通过温柔的鼓励,让成年人画出他们心目中上帝的形象;但是对大多数儿童或不识字的人来说,不用鼓励他们也能画得出来。当然,他们画出的形象各不相同,好些画中的形象与他们的家人有几分相似。

识字对儿童信仰发展的影响与字母和印刷术的发明对于人类发展的影响大致相同。儿童在幼儿园开始接受教育，让他们不再相信万物有灵，不再随便哭闹。自此，儿童的大脑不再为右脑"大权独揽"。在新石器时代那些目不识丁的狩猎采集者和后现代时代三四岁小孩的头脑中，那些质朴的、超自然的、神秘的、富于宗教意味的形象，曾给他们以吉兆或凶兆的提示，让他们感受到令人敬畏的惊讶，这些东西都随着年龄的增长而逐渐淡化。等上了小学，孩子们曾经笃信的圣诞老人也自然而然、不可避免地像《爱丽丝漫游仙境历险记》里那只咧着大嘴笑的柴郡猫一样，失去了其不可思议的神秘光彩。倒是诗人、梦想家、萨满教道士或者有些宗教神秘主义者，借助文化的帮助，有时还能保留将自己的思想观念倒退回三岁儿童时的那种单纯境界的本事，于是他们便能偶尔摆脱左脑的理性操控，重新又恢复那种幼年时非言语的创造能力。这些实实在在的空想主义者的经历，能帮助我们更加透彻地理解人在宇宙中其实是多么的渺小和脆弱。

各种整合的仪式是成人发展中非常重要的组成部分，但也有其负面影响。人类情绪发展的一个缺陷便是我们心底本来充满生气的东西，只要一套上文化中那些呆板的规约格式，我们对它的感觉立马变得麻木起来。还记得维多利亚时代女性曼妙的身体是如何被束缚在那副带子捆绑的紧身胸衣里吧，那个时代甚至钢琴腿都要穿上裙子，以免激起人们不正当的性幻想。

当然，成人发展自然也有它的好处。随着精神的进一步成熟发展，我们的积极情绪更倾向于为更多的人谋取福利，而不是仅仅为自己打算。在 20 世纪 30 年代一项针对成年人"愿望"的研究中，在 25 岁这一年龄阶段的受试中，有 92％的愿望是直接与自己相关；而在 65 岁这一组中，只有 29％的愿望直接与自己相关、32％直接与家庭相关,而另有 21％的愿望则是关于全人类的福祉。[40]那些曾经历过"大萧条时期"、自我中心的 25 岁年轻人随着时间的推移慢慢成长起来,直到有一天,他们看到自己的孩子居然成为了20 世纪 60 年代那批自我放纵的"嬉皮士",他们内心的震撼可想而知。和所有的青少年一样,60 年代的"嬉皮士"口里高谈要无私、要利他,但是实际上他们自己却做不到。有史以来,在所有 50 岁的中年人眼里,那些 20 几岁的毛头小子都是自私狂妄的。不过,50 岁的大叔,你们也别忘了,其实自私是青年人自我发展中的必经阶段。发展主义论者卡罗尔·吉利根曾指出,如果我们从一开始就不"自私"的话,哪有"自我"让我们去"无私"地给予呢?[41]

这项关于"愿望"的实验是由加州大学伯克利分校著名教授埃尔斯·弗伦克尔-布伦斯维克组织的,她曾是艾利克·埃里克森的老师,埃里克森后来也在伯克利分校任职,只是后者名气要大得多。埃里克森将人格发展分为八个阶段,其中从青年进入中年的时期被他命名为"生育期",他发现在这一阶段人们生活的重心逐渐转移为哺育后代。换个角度来说,我们不再对芭比娃娃和驯鹿在屋顶上扣响的蹄音着迷,我们已将童年的这些绮丽梦幻转化成成为自己的孩子们用礼物填满圣诞袜的喜悦和满足。16 岁以后,人类的性能力已经开始逐步下降,人类的肌肉力量则从 25 岁开始走下坡路。但是,人类大脑中那部分除了照顾家人外还要照顾其他人的能力却在终身发展和完善中。这是成年人进化中的大脑基因决定的,但是这种个体的社会心理发展须有文化进化的支撑才能得以实现。

另外有一种能力也是随着个体成熟而不断得到提升,即调节和辨别消极情绪的能力。例如,我们学会了辨别何时的眼泪是由生气而来,这时我们会推开一切靠近我们的人；而何时的眼泪是由于悲伤所致，这时我们会渴望温暖的怀抱。许多老年人对这种区别了然于胸，而 20 几岁的青年人则常常对此摸不着头脑。

瑞士伟大的儿童发展心理学家让·皮亚杰曾指出，儿童的道德感与宗教教化没有直接的关系，它会经历从最初的自我中心，首先转化为规约条件下的虔诚，而后真正进化为成熟的利他主义。[42] 这一个体心理成熟过程与种族信仰进化到城市信仰的成熟过程非常相似。皮亚杰还用儿童玩弹子游戏的例子，对儿童如何从三岁时那种自我中心的非道德状态进化为有道德规则的阶段进行了解释（非道德状态的例子很多，如上帝总是站在大多数人这一边，或全能的宙斯可以和他挑中的任何人上床）。大约在 6 岁和 10 岁之间，弹子游戏的规则如"摩西十诫"一般，深深地印刻在儿童的心里。皮亚杰把这一心理发展阶段叫做"具体运算阶段"。在这个阶段的儿童看来，只存在一种玩弹子游戏的方法，其他所有的方法都是错误的。如果他人违反规则，一种具体的、报复性的心理会立刻凸显出来。适用于早期部落发展的旧约中的复仇法（如以牙还牙、以眼还眼）等规则再次占据了上风。公平赢过了关爱，比如那些扎尔克马达的异教徒一般的越南村落，必须以"拯救"的名义加以全部毁灭。

青春期阶段，边缘系统主宰的情绪和大脑新皮层控制的对理智的不兼容，开始在皮亚杰的"形式运算阶段"认知发展的作用下得到控制。青少年会发现其实有很多方法玩弹子游戏，而输了游戏的人也值得同情和鼓励。动机和原因在这个阶段变得重要起来。故意摔坏一个杯子应当比无心摔坏十个杯子受到更严厉的惩罚。皮亚杰还指出，这种道德的成熟得益于校园教育的熏陶和儿童生理的发育，而非主日学校的宗教训示。因为，只有成年人才能真正对零和博弈的愚蠢行为产生概念。

正如伽利略的望远镜和弗朗西斯·培根的实验方法让那些虔诚的基督教徒不得不放弃一些他们秉持的理念,进而使启蒙运动得以诞生一样,皮亚杰观察到当儿童长到十几岁的时候,他们对抽象规则的把握能力已超过了他们的具体思维能力。这可能意味着要接纳地球其实并不是太阳系中心这一事实,这也同样意味着明白上帝、真主、耶和华和由于感受过无私的爱而产生的敬畏是一回事。

形式运算阶段让我们从具体思维转向了抽象思维。黄金定律为我们提供了一个这样的例子。与黄金定律一样,处理形式运算的能力其实是在人类发展史的后期才完成,同样也出现于个体发展进化过程的后期。形式运算能力让我们将巴勒斯坦伊斯兰教原教旨主义运动的哈马斯成员和波士顿茶党成员既看作自由主义战士,也看作恐怖主义者。那些驾驶 B–17 和 B–29 轰炸机、用生命摧毁德国汉堡和日本东京的英勇机组人员,他们是爱国英雄,同时也是恐怖主义者,因为成千上万无辜的妇女和儿童因他们的自杀式袭击而丧命。请记住,写下这段文字时,我已经是一位 72 岁高龄的祖父了。20 岁的时候,这种异端邪说式的想法从来不会在我爱国的心中闪现。35 岁的时候,我才惊讶地发现,当我那帮出生在 60 年代后期的孩子们在玩牛仔和印第安人游戏的时候,他们的立场其实是站在美国印第安人这一边的。

我们用以成熟地规划和行动的能力极大程度上受到额叶部位的影响。额叶一般被认为是大脑新皮质中进化最晚的部分,但最近对大脑神经结构和功能的研究显示,脑额叶脑回与人类情绪最为相关,特别是腹侧脑回,它不仅保留了最初边缘系统的大部分组织,而且也是经历了大脑新皮质最新发展扩张的部分。[43]

随着我们大脑不断成熟，额叶部分与边缘系统其他部分的关系更为稳定。用更为科学的语言来表达即是，连接神经束的胚胎学髓鞘化直至 60 岁才结束。[44]神经纤维髓鞘化的传导速度加快，使得大脑新皮质不仅能控制更为原始的情绪中心，同时也受情绪的调节，进而感受到更为细致的情绪。所以，随着成人大脑的不断成熟，规划与激情能更为和谐地联系起来，我们的行为举止也摆脱了青少年的稚气，表现得更为成年化。18 岁的时候，"私奔"是一件浪漫和激动人心事情，但是想要婚姻生活长久的话，用一顿完美的婚宴换来各位亲戚朋友的谢意和祝福远比他们挥之不去的怨恨更加令人愉快。而且朋友们带来的新婚礼物也会让新婚生活顺利步入正轨。我们可以为目前做计划，也可以规划未来，这都是由大脑的额叶部分控制的。

当然，成熟不可能在一夜之间完成。如同信仰宗教的人们一样，青少年寻求的是身份的认同感和整体的一致感。十几岁的少年需要的是教条。如果你不认同现在的身份是你唯一的身份，那么你便没有身份认同感。宗教团体或青少年小团体，基本上都是由同类型的人组成的。这些团体会自发地排斥或攻击其他团体。所以，英国著名的进化论拥护者理查德·道金斯认为那些不太宽容的宗教的文化模因，像所有年代那些青年爱国者具有的激进好斗因子一样，都是非常危险的毒素。[45]不过，青少年身份构成同时也证明了成人发展其实是非常必要的。

华盛顿大学圣路易斯分校发展心理学家简·洛文杰以及埃默里大学发展心理学家和神学家詹姆斯·福勒，他们都用毕生的精力致力于将皮亚杰思想进一步向前推进，并将其应用于成人发展中。[46]洛文杰认为，信仰可进化为信任，而虔诚则进化为宽容。洛文杰将成人发展分成了三个连续的阶段：

墨守成规阶段、良心道德阶段以及自主自发阶段。在墨守成规阶段中,用以评价道德的标准是具体的外部因素而非情绪。如果你送给一个女人一枚订婚戒指,那么你应当是爱她的。如果你已领取了结婚证,那么大家就会相信你一定还会要一个小宝宝。如果你在 1942 年 1 月应征入伍,加入了美国海军,那么你的品德一定十分令人钦佩。在你的眼里,俄罗斯是"邪恶帝国",而美国士兵则英勇无比,一定会战斗到底,美利坚的旗帜永远不会褪色。大多数的法律和宗教教条都在这一层面起约束作用。世界上所有国家中那些虔诚爱国者的思想也反映了这个阶段的特征。如果你不是我们中间的一分子,你就是我们的敌人。

随着人脑进一步成熟,我们进入洛文杰提到的第二个阶段,即良心道德阶段。在这个阶段,爱意味着你会将伴侣的需求置于你的性欲之上。你只有在拥有了照顾婴儿的能力之后,人们才会相信你生育后代的时机已经成熟。你开始学会接受:在 1942 年如果有人认为宁愿去坐监狱,也不愿意服兵役来谋杀无辜者的性命,这样的人也应当受到敬佩。在这个阶段,你应当会看重常规的宗教活动,或者有时候你也会愿意牺牲本国利益,支持联合国的某些着眼于大局的决议。你学会了分辨自己的情绪,并掌握了皮亚杰提出的"形式运算"能力。

我也同意洛文杰的观点,认为有一些成年人,虽然数量不会太多,他们会最终进化到第三个阶段,即自主自发阶段。在这一阶段,人们开始自发地信任彼此。有人感觉到饥饿的时候,你不会简单地送给他一条鱼以解燃眉之急,而是会耐心地教导他如何自己学会捕鱼。对爱下定义在这个阶段变得更加有难度,因为这不再是一个黄金规则的问题,而是涉及一个悖论,即两个在需求上有所差异的爱人必须努力找到让双方都满意的相处方式,即使这种满意有时候意味着分离。你如果拒绝服兵役参加第二次世界大战，你还是可以为你那满腔的爱国热情、志愿参加"解放"伊拉克战斗任务的孙女，感到自豪和骄傲。换句话说，自主自发阶段涉及道德推理上意义深远且具有移情能力的一种更高层次。散文和激情，服从和欲望完美地衔接在一起。在这个阶段，你能自主感知到的情绪差别越来越细微、种类也越来越繁多。

在老年时期，认知能力继续发展可能会超越皮亚杰提出的"形式运算"阶段，进入哈佛大学心理学家米歇尔·康芒斯定义的"后形式运算"阶段。[47] 后形式运算阶段涉及对反语或悖论的理解和赏析。就"悖论"而言，我指的是学习去相信这个充满悖论的世界，在这个世界上，不确定性原理应当是量子物理学的基本原理；在这个世界上，善与恶同时存在；在这个世界上，无辜的儿童死于腺鼠疫；同样也是在这个世界上，有些必须舍弃而你却恋恋不舍的东西。就量子物理学而言，确定性是不存在的，只有信仰和信任才能留存。大脑额皮质作为社会道德的载体，可以同时是边缘系统和大脑新皮质的组成部分。罗马天主教经历了两千年的文化进化，梵蒂冈教皇约翰·保罗二世个人经历了 80 年成熟发展过程之后才掌握了这一悖论，且最终达成犹太人和穆斯林都是"兄弟"的认识。如果坏消息是人的成熟发展过程耗时较长，那么，好消息则是我们高兴地看到，学习骑自行车或认识到男女生而平等一样，一旦学会，便永远不会忘记。

一份关于成人发展的问卷研究曾请教过一位 75 岁的长老会牧师这样一个极为挑衅的问题："对淫秽、裸露、婚前性行为、同性恋以及色情的禁忌看来早已废除或失效了。您看这是好还是不好呢？"牧师在回信中给出了这样的答案："无所谓好坏。人类需要对他们的行为加以限制，同时也对他们认知真我的想法给予自由。我们真正需要的是一种对限制和自由之间平衡点所处位置的社会共识。我个人认为限制和自由以及他们之间的平衡点是随着文化的变迁而变化的。"这位老先生充满智慧和道德感的回答充满一个又一个的悖论。

随着年华的逝去,这位牧师已然拥有了一种超越双眼、用心观察世界的能力。在他的理解中,与情绪相关的问题是不能通过套用教条来分析个人观点的对错。例如,红州和蓝州,你说谁对谁错呢?他还将孩子眼里对上帝公正裁决的依赖转化为成年人对群体道德所具备的价值的信任,不过他也认识到不是所有群体共享的群体道德都能最终达成一致。当我们成熟之后,我们便能理解阿尔伯特·爱因斯坦的观点,赞同时间是决定现实形状的一种非常重要的维度。但是,别忘了,这位牧师是在他 75 岁的时候才写下了如此智慧的话语。对生命相对性和复杂性的深入理解让不成熟的观点转化为了成熟的信任,而且让呆板的宗教理念转化为了精神上的移情。或者将观点转化为圣保罗大教堂的华美祝祷词,或转化为英王钦定版圣经里的句子:"当我是孩子的时候,话语像孩子,心思像孩子,意念像孩子。既成了人,就把孩子的事丢弃。我如今仿佛对着镜子观看,模糊不清。到那时,就要面对面了。"(圣经新约:歌林多前书:13 章:11—12)

在结束这一章之前,我还要给读者提个醒。在我看来,看重人与人之间的信任和积极情绪的信仰比其他仅由干瘪的字词、严肃的禁令、呆板的教条构成的信仰要成熟得多。我有说清楚这两者的优劣吗?让我来试试我自己的方法吧!我来画一个圆,把我自己框进来,其他人都排除在外。蝴蝶其实与毛毛虫有差别吗?爷爷、奶奶与他们疼爱的孙辈有差别吗?蝴蝶不过是毛毛虫成熟过程中的一个不同的阶段而已;情感和激情也不过是散文和信念的另外一种表现形式，它们是由大脑不同的部位激发而已。那我们来试试将散文和激情联系起来吧！这才是人类发展进化的真谛。

随着时间的推移，正如科学技术的发展能更好地保护还依然处于进化状态的人类免受无常的饥荒和婴儿无辜夭折一样，信仰的传统虽一度依赖惨兮兮的恐惧和装腔作势的义愤这些消极情绪为其提供保护色，但现在也纷纷让位给诸如信仰、爱、希望、愉悦、宽恕、同情、敬畏等这些积极情绪了。在下面的章节中，我将会针对这些积极情绪的生物学基础对它们一一进行说明。

第 4 章 信仰

自旧石器时代开始，生活在这个星球上的绝大多数男男女女都是拥有信仰的。

——威尔福德·坎特威尔·史密斯，《信仰和信念》（1979），第 6 页

对我而言，你的信仰可能不过是让我有些好奇，但我不会把它放在心上。对你而言，我的信仰可能也只是一堆令人难以置信的信念的杂合。不过，对我而言，我的信仰反映了我对宇宙万物的信任，我相信你的信仰对你而言应当也是这样。信任是我的主宰，而信任又反过来让我能主宰我的生命。我应当再也不能变回那个建立起对这个世界的信任感之前的我自己了。但我在这里想要说的是，我所谓的"信仰"，其实指的是情绪上的信任，而非认知概念上的信念。

我们来看看玛利亚的例子吧，她就是那位电影《音乐之声》中的女主角。

这位见习修女离开修道院，顺着小径一路走到了冯·特拉普上校的大宅子。我们把她当作一个严肃的例子放在这里，不仅仅是因为她说过的那些令人印象深刻的话，而且还因为她本身具有的不可动摇的信仰：她唱着的那句"对阳光有信心，对雨水有信心"。（理查德·罗杰斯，奥斯卡·汉默斯坦，"我有信心"，《音乐之声》，1965）

当然，信仰有多种意思。我们可以将信仰定义为我们可以为之争论一整个下午的不同的认知现实；或者我们同意玛利亚的观点，她将信仰描绘成信任和信心，这种想法让她在后半部电影中的人缘都相当不错。甘地曾对他的一位英国朋友这样说过："我认为你们基督教的教义不怎么样，不过我挺喜欢基督的。"[1]换句话说，甘地不能认同基督教的观点信念，不过他却信任基督的行为。这个例子展示给我们两种不同的信仰：宗教教义意义上的信念，也许会发展为以残酷迫害异端著称的西班牙宗教裁判所。另一种信仰是：口述内心的信仰并积极践行之，玛利亚就是这样的人。

信任是对这一章将要讨论的信仰的一种理解。哈佛大学著名神经病学家格雷戈里·弗利昂曾这样解释信任："信任是一种人际关系的典型特征……基于信任的活动才是无私和真爱的必要因素。"[2]大多数宗教传统都发展出各种神秘的或以冥想为形式的宗教仪式，如静默、祈祷、舞蹈、服用圣药，或禁食以强化关于信任的各种情绪体验。有一项严格控制的实验，测试的是人与人之间的信任"投入"。参加者被分为两组，一组使用被称为"拥抱荷尔蒙"的催产素滴鼻，另外一组则使用没有任何作用的安慰剂滴鼻。[3]实验结果显示，使用催产素的一组表现出更为强烈的对伴侣的信任。催产素其实是作用于哺乳动物边缘结构，而非智人的大脑新皮层。

我们所说的人类"信仰"，指的是人类的信仰传统：它是一种人们宗教信念、文化传统以及他们对万事万物在情感上信任的综合体。"信仰传统"
的定义比我们在这一章中要讨论的主题更为宽泛,本书中的信仰传统是我
们曾受教的宗教观点的个性化阐释,对本书的神经生理学视角加以辅助
说明。

　　我想用的是"信仰"这个提法,它涉及对世界确实存在意义或慈爱良善
确实存在这些观点基本的信任感。这种信仰应当是人类与生俱来的权利。
无神论者也有信仰。完全没有信仰的是虚无主义,而非不相信字面提法中
上帝存在的无神论。佛教并没有在经文记载上否认印度诸神的存在,不过
在精神上,这些神已然废止了。但是没有任何人否认佛教徒有信仰。虚无
主义者不会爱人、也不曾被人爱过,不在乎事实真相也不会欣赏美,他们对
生活失去了希望,所以也尝不到生命的滋味。最糟糕的是,虚无主义者找不
到任何人生的意义。正如艾利克·埃里克森所说的一样,如果没有基本的
信任,那么这个世界必定是一团糟。基督期待我们能感受到我们生活在爱
的怀抱中,而非用理智思考这个问题。对于没有神祇的佛教而言,由于有佛
法的存在,由于道德之于佛教徒是一种天然的存在,所以人生对于他们来说
是有意义的。佛祖教导我们:"就像母亲用生命来呵护她自己唯一的孩子一
样,请用你心中无尽的爱来疼惜普天下的众生。"[4]这就是佛陀的信仰,他花
费了他生命中 42 年宝贵的光阴,用双脚丈量了印度的每一寸土地,将他的
信仰分享给途中遇见的每一位路人。

　　在希伯来语和拉丁语中,"信仰"并不是一个单数的用以描述状态的名
词,而是一个表示主动行为的动词。我们始终在体验、践行信仰,而不仅仅
是拥有信仰。当我向一位朋友抱怨主日学校不过是教导一些无聊的宗教教
条时,她干脆地反驳了我,"你错了,乔治。对我来说,主日学校是一个非常

美妙的地方。"她有的不是我们通常所说的信仰，而是一种扎根于内心的认同和信任。这种基本的信任，就像"上帝"这个词一样，不是一个名词，而是一种经历。

　　信仰可以通过三种不同的方式展现出来。第一种，信仰可以通过植根于文化的各种象征、信念、仪式或祈祷书等种种表现形式，使具体的文化传统得到支撑。和信仰一样，语言和文化等也可以通过这种方式传承。第二种，信仰可以通过对善行或者群体建设建立起一种富有责任感的承诺来实现。这也是那些热情的传教士、基督和佛陀曾用以传达信仰的方式。最后，信仰可以通过对积极情绪的感知来实现，感受个人的内心世界、敬畏、对圣贤的渴求。这是圣徒保罗在去大马士革的途中感受信仰的方式。

　　我们的信仰传统时常将宗教给予我们的信念与情感深度，以及我们自己的精神世界给予我们的或那些爱我们的人给予我们的宇宙万事万物结合起来。"宗教"和"信念"一般都是直白的概念。但是"信仰"、"精神"则像所有用以形容情绪的那些概念一样，都不太容易用语言来定义。据我所知，对信仰作为一种积极情绪，其最为准确的定义是由阿尔贝·加缪在他伟大的长篇小说《鼠疫》中提出的。[5]一个孩子在感染了腺鼠疫病毒之后，经历了极大的痛苦和折磨，最后还是不治夭折。帕纳卢神甫和里厄医生就这一悲剧是有意义还是无意义，进行了以下争论：

　　　　帕纳卢神父喃喃地说："我明白。这超过了人类能承受的限度，所以令人不快。不过，对于那些不能理解的东西，我们也应该要学着去爱啊。"

　　　　里厄慢慢地站直了身子，强忍疲惫，打起精神，凝视着帕纳卢，

摇了摇头说："不，神父。我对爱的看法和你的不一样。我怎么也
不会去爱这些让孩子们饱受折磨的坏东西。"

帕纳卢神父的脸上闪过了一丝不安。

"啊，医生，"他悲伤地说，"我这才懂得什么叫天主的恩惠。"

神父宗教意义上的"恩惠"用更为通俗的语言来表述就是信任。不过在
这个时刻，他们俩除了作出选择，其他什么也做不了：是失去信心还是继续
保有我们前面提到的玛利亚对世界万物的信心？孩子们夭折的时候，我们
非常无助。那么到底是神父的信仰，还是医生的愤慨拥有更为强大的治愈
伤痛的能力呢？我觉得要视具体情况而定。其实我是想用这个例子来解释
信仰是对世界万物建立信任的基础。

信仰同时也凸显我们对积极情绪拥有战胜消极情绪的强大力量的信
任。我们再来读读安东尼·德·圣·埃克苏佩里那个关于小王子、狐狸和
飞行员的寓言故事吧。在《小王子》的结尾部分，圣·埃克苏佩里提到了这
样的一种交换：

于是，小王子驯服了狐狸。当小王子与狐狸分别（死亡）的时

刻越来越近的时候——

"啊，"狐狸说，"我都要哭了。"

"这都怪你自己，"小王子说。"我从没想过要伤害你；而你却

反而希望我驯服你……"（作者按：你希望我教会你来爱我，教会

你对我有信仰，或者用圣·埃克苏里佩里的话来说就是要"在我们

之间建立起某种纽带。"）

"是的，就是这样。"狐狸说。

"可是，这对你没有任何好处啊！"小王子回答。

"当然有好处，"狐狸说，"因为我知道了麦田是金色的啊！"[6]

在这段对话的前一部分，狐狸曾告诉过小王子："我从不吃面包。所以麦子对我毫无用处……这真是可惜啊！可是你有一头金色的头发……麦穗同样也是金色的，它会勾起我对你的思恋。我会喜欢聆听麦田里的风声。"[7]爱着小王子的狐狸学会了将小王子放在心里——这只哭泣的狐狸由此产生了这样一种信仰，即小王子将永远活着。这就是信仰带来的差别——继续爱着见不到的爱人留下的痕迹，或将得不到的东西放在心里。

※

我不准备再试着给"信仰"下一个文字上的定义，因为即使我这么做了，你也未必认同。不如举一个例子吧。这是"成人发展研究"学会一位化名为"比尔·格雷厄姆"受试的例子，关于他的研究一直持续了 60 年。他在没有任何关爱的条件下，还是倔强地长大了。在比尔·格雷厄姆 68 岁的时候，曾被问及他的童年状况，他告诉采访者："我对童年没有任何美好的回忆"，而且进一步解释道，他的童年生活充满了"虐待、饥饿、冷漠和孤独"。回头看看 50 年前对他童年时期的档案记录，你会发现他没有丝毫的夸张。

在他三岁半的时候，比尔·格雷厄姆的母亲就将他放在了寄养家庭托管，他长到 12 岁时，已经记不得母亲长得什么样了。在那些缺乏同情心的寄养家庭中，没有任何一个人想过给他一张母亲的照片。他对 6 岁之前住在哪儿完全没有印象，不过他记得他 6 岁那一年他的父亲因为罹患梅毒性精神病被强制送入了州立医院。6 岁到 11 岁这几年，他住在波士顿南部的一户寄养家庭里，经常挨打。在小小的他看来，这些寄养家庭对州政府下发的寄养费比对他更感兴趣。"我总能猜出来家里什么时候要来客人。因为只有在这个时候，他们才会给我点吃的，把我收拾干净。"

格雷厄姆这样回忆："我那时还太小，时常把裤子弄脏。常常因为这个，我被他们从楼梯上提溜着扔下去。我记得他们经常打我，还不给我饭吃。"他还解释道，"对我而言，最难受的事情是没有人关心我，没有人愿意管我。"当被问及这些悲惨的童年经历对他的成长有何影响时，时年 68 岁的他这样回答："我从中学会了更加宽容……人确实时不时会踩到狗屎，跨过去就好了。"看来他从童年的阴影中已经走出来，恢复得挺好。不过他是怎么恢复的呢？答案很简单：他花了 50 年的时间才从阴影中走出来。

在格雷厄姆 47 岁的时候，记录他案例的研究人员曾写道："他的童年生涯是我见过所有的人中最为悲惨的。不过，在这种完全没有爱的环境中，他竟然能坚韧不拔、继续向前，努力给自己塑造一个丰富和充实的人生。我见过其他几位受试就全然没有格雷厄姆对待人生的那种热情。"但为什么格雷厄姆和其他人不一样呢？其中的奥秘就在于他拥有一段二十多年的幸福婚姻生活。

虽然他从一个完全没有希望的环境中成长起来，研究者认为他可能会沿袭原生家庭带来的所有负面影响，但十分幸运的是他的婚姻生活非常美满。通过婚姻生活带给他的神奇的强烈归宿感，格雷厄姆最终寻找到情感上的皈依。他的妻子比他大 10 岁，给予了他足够多的温暖。格雷厄姆 25 岁结婚的时候，研究者能看出来他为能找到这样的妻子感到十分骄傲和自豪；而他的妻子同样认为格雷厄姆相当不错，甚至女方的父母也对这个女婿非常满意。人生中第一次，格雷厄姆感受到他有了一个真正的家。

值得一提的是，在格雷厄姆 25 岁的时候，他对宗教的信仰并不太虔诚。他只是偶尔参加一下礼拜活动。45 岁的时候，他更是完全不去教堂了，因为，他找到了另外一个能给予他更多能量的途径，那便是充满爱和安全感的家的港湾。45 岁时，比尔·格雷厄姆曾这样形容他的妻子："她将一切都贡献给了我和这个家庭。她无私、友善、慈爱和宽容。"他被妻子的理解深深打动，更加认同她是一位有担当、善解人意的完美的家庭主妇，与他小时候寄养家庭里的那些女人截然不同。

大约 47 岁的时候，他的大爱行为表现得更为明显了。即使他那位罹患精神病的父亲从未照顾过他一天，不过在格雷厄姆成年之后，立即将父亲从精神病院接了出来，与他生活在一起。而且在他母亲晚年孤单无助的时候，他也定期去看望这位多年前曾对他弃之不顾的女人。童年时期，格雷厄姆没有感受到丝毫的爱与宽容，那他后来的大爱行为又是从何而来呢？ 自然不会是在童年时期习得的，也不会是从主日学校习得的，应该是他妻子对他无私的爱的内化表现吧！ 爱是不会通过教化而习得的，你只能伴随着呼吸，一丝丝地感受爱并吸纳爱。如你所见，爱应当是边缘系统的自主反应，而非理智的行为。即便格雷厄姆幼年时父母对他疏于照顾，格雷厄姆作为成年人依旧承担起赡养双亲的责任。

令人惋惜的是，在比尔·格雷厄姆 53 岁的时候，与他相濡以沫的 63 岁的妻子罹患癌症去世了。在接下来的 7 年里，格雷厄姆把自己的生活过的一团糟。妻子离世后不久，他曾这样对研究者表达他的哀伤：

我失去了我的妻子,你明白吗?"我失去了我的妻子"这句话说起来太容易了,但是没有经历过的人不会懂这有多么难受。任何人都不会好过。我告诉你,不按意义和重要性进行排序的话,我不仅失去了一位朋友,还失去了我的情人,失去了我的母亲,失去了我的姐妹,我失去了一位医生、一位保姆、一位老师、一位金融专家,甚至是一位斗士。我失去了所有这些人,而这些人的化身只有一个,那就是我的妻子。这对我来说很重要。很多人认为她不过就是一个人,不过就是我的妻子。但是如果你和她这几十年一路走来,你就会明白,突然有一天我要一个人要面对所有这些事情的时候,我是多么的无助。

之后好多年,格雷厄姆都无法从丧妻的悲痛中走出来,他觉得人生从此失去了意义。5 年之后,也就是格雷厄姆 58 岁的时候,他被发现像托马斯·默顿一样陷入重度抑郁之中,不得已被送入医院接受治疗。他不仅失去了爱的能力,而且也迷失了希望和信仰。他出院之后,又因为背部问题导致瘫痪在床。这时,他在心理上、身体上、精神上完完全全地陷入了绝境之中。他几乎被消极情绪耗尽了生命:愤怒、恐惧、绝望、疼痛,甚至饥饿一点点地在蚕食着他。

时间再往后推移 10 年,在比尔·格雷厄姆 68 岁的时候,他开始转变了,他重拾开心,而且在精神上变得更为虔诚和坚定。这些年里发生了什么呢?虽然他信仰天主教,但他告诉研究者"我发现宗教对我意义不大"。在他 60 岁的时候,他再婚了。第二段成功的婚姻缓解了他的心脏疾病。而一位把自己称为"精神治愈者"的天主教神父则帮助他治好了背部疾患,这让他从病床上重新站了起来。

各种形式的心灵治疗都有一些共同点：移情、周围的人充满爱心、可以自如地感受和表达情绪、有人可以分担痛苦、对生命而非个人充满敬畏。这样的"福祉"可以帮助降低血压、减轻疼痛、舒缓肌肉紧张感甚至延缓死亡。[8]

格雷厄姆希望能学习更多有关这种"精神治愈"的方法，于是他开始了自己从事精神治愈的旅程。刚作为"治疗师"开始工作时，格雷厄姆便发现了生命中新的目标。自此，他迈进了"人生中最快乐的时光"，因为，在精神治愈的过程中，治疗师自身的收获往往比接受治疗的人还要大。比尔·格雷厄姆将他的工作比喻为"散播希望的部门"，而希望正是这十来年里他一直求而不得的。

格雷厄姆曾解释道，抚摸头顶祝福礼可以唤醒身体里的一种自然治愈的能力。他坚信这种治疗是有效的，但是他也承认他自己并不明白为何这种信仰治愈的方法得以奏效。而且他也没有想过要将这种爱的治愈方式用文字表达出来，他认为没有这个必要。虽然格雷厄姆非常享受帮助和救治他人的过程，但他从不希望因为帮助别人而居功自喜。相反，"人们要相信，其实我没有做什么，这点很重要。我会告诉他们：'不要感谢我……去赞美上帝吧。'"不过，在我看来，他要是这么说就更好了："不要感谢我，要感谢就去感谢无私的爱吧！"

比尔·格雷厄姆的故事，和本书开篇的那位母亲挽救了谋杀自己儿子的少年犯一样，和曼德拉、马丁·路德·金、甘地一样，为积极情绪压倒消极情绪的存在意义进行了完美的诠释。在比尔·格雷厄姆的故事里，唯一的不同是他将积极情绪化作了精神力量。

❀

从字面上看,信仰是鼓舞人心的意思。就像"spiro"与呼吸的对应关系一样,我对那些看不见的东西也有所依赖。信仰总是与吸收密切相关,只不过信仰相比认知能力更为强调由心而生。信任植根于爱、依恋以及感激等情感体验。从神经生物学的角度来看,信仰应当发端于因哺乳动物婴儿时期的分离啼哭而产生的信任。我相信,如果我跌倒之后大声啼哭,一定会有人来把我抱起来——"一旦我走丢了,一定会有人把我找回来;或者一旦我失明了,总有办法让我重见光明。"

对有些人而言,信仰只是观点的集合;而对另外一些人而言,信仰意味着信任,只是这两者之间存在着重要的差别。依靠语言来推动文化进化的代价就是各种经历变得物化,而许多妙不可言的精华被固化成了具体的文字。例如,"manufacture"(制造)一词的本意应当是"手工制作",而"belief"(信念)一词的本意则是"珍惜,视若珍宝",这个词原本应当在意义上最接近爱(lieben)以及性欲(libido)。[9] 但是,现今的词语早已遗失了其词义的根基。现在那些基督教信仰具体教条中毫无弹性的信念,时常会一不小心或者刻意惹怒那些秉持其他信仰的人。现代人对信念具体化让我想起了一句老话。如果想要申请加入保守的新教教会,就会有人问你是否相信洗礼。"相信洗礼?"申请人多半会弄不明白这是什么意思。"见鬼!我只见过洗礼啊。"边缘系统控制的精神信仰往往要比文字上的表述更加强烈一些。

优秀的律师和邪教那些极具煽动性的狂热领导人都会用他们三寸不烂之舌让我们相信他们;而善良的母亲、圣人和积极情绪则会帮助我们产生信任。信念有时如此具体，让我们在合计账单的时候都忍不住想要加上它。而信任则是一种善行，其回报不过是内心萌生的信仰而非逼迫你签订的契约。"相信我说的话"与"不要信任我说的话，要信任我做的事"这两者之间的差别何其明显！

将信仰定义为一种积极情绪还是一种具体信念的问题，人们对此一直争论不休，但是我们可以通过古代沙漠教父阿巴波依曼讲的一个基督教小故事来对此进行解释。[10] 有几位教堂的元老来到阿巴波依曼面前，直接问他："如果我们看到有兄弟在做礼拜仪式的时候打瞌睡，我们要把他们叫醒，让他们认真听讲吗？"神父阿巴回答："要是我碰到这样打瞌睡的兄弟，我会把他的头轻轻搁在我的膝盖上，让他好好休息。"

认知科学是 20 世纪末兴起的一门新的学科，该学科认为物理学提出的相关规律只不过是"我们大脑神经系统折射出的教条式的理念，是大脑与进化相关联的人工途径"。[11]

在成人发展的过程中，认知方面的宗教理念更倾向于向情绪精神化信任这一方向进化。但是这个问题不是简单的认知与情绪的对抗，而是不成熟与成熟之间的对立。不成熟的信仰会画个圈把自己的人框进来，而把其他人排斥在外。而成熟的信仰则是画一个圈将所有人都框进来。正是借着坚守信仰的名义，科顿·马瑟残忍地吊死了"女巫城"塞林小镇那些所谓的"女巫"，西班牙宗教裁判所托尔克马达严刑拷打并烧死了那些所谓的"异教徒"，最近的一位司法部长甚至大胆宣称，"美国只有一个国王，那就是耶稣"。坚持"顺我者昌，逆我者亡"的观点是虚幻和幼稚的。

弗吉尼亚大学著名精神病学家肯尼斯·肯德勒进行了一项针对双胞胎的细致研究，发现高层次的个人奉献精神（如经常参加教堂礼拜，祈祷，寻求精神上的安宁），与年龄增长呈明显的正相关关系。[12]他还发现，随着人们逐渐年长，他们的宗教保守主义信仰逐步减弱（对圣经字面意义的理解或相信上帝自会奖惩等），进而在精神上变得更为包容。换句话说，当人更为成熟时，那种满足神的期待从而取悦于神的父权模式让位给了更具宽恕和无条件爱的母性精神。

幽默是一种积极情绪，但却算不上是精神层面上的情绪。信仰和幽默一样，都让我们在保有希望的条件下思考我们所经历的痛苦。我有一位近期丧偶的英国好友，她希望能从一位圣公会神父的身上找到安慰。她告诉神父在经历丧夫之痛时，她惊奇地发现自己能更加理解其他人的感受了，开始同情那些艾滋病患者，能对他们因同性恋行为所遭受的白眼和痛苦感同身受。不过，牧师坚持己见，直截了当地告诉她，"不，你错了！"对于牧师而言，同性恋行为是违背上帝旨意的罪行，圣经明确记录了对这种行为的谴责。牧师的话深深刺伤了她的心，还处在丧夫之痛之中的她倍感悲伤。她希望为自己对普通民众所遭受的痛苦表示的同情以及自己愿意支持他们的信仰进行辩护。最后，牧师再也无法继续容忍她的开诚布公，暴跳如雷地告诉她："很明显，你太自由散漫了，不配做一位基督教徒。"这位牧师对教条僵化坚守，拒绝我这位朋友希望从慈爱的信任中寻找一丝安慰。就像系统科学一样，成熟的信仰也能帮助我们建立起全局观，避免只见树木不见森林。要是按那位牧师的观点来看的话，恐怕耶稣基督也太过"自由散漫"，不够资格当一位"基督徒"了吧！

我们的信仰来源于三个基本途径——其中一种是有意识的（源自大脑

新皮质），另外两种是无意识的（源自边缘系统）。这三种途径分别是，我们对确定性的认知需求，我们对集体生活的社交需求，以及我们对信任的情感需求。信仰的第一种来源是：面对不确定和神秘的现实时，人们有意识地希望能寻求到一种貌似真实的、其实多数是虚构的或者是依赖教条的一种确定性。不确定性使我们感到焦虑，确定性让我们归于平静；至少是在最开始的时候，其实我们并不在乎这种能缓解焦虑的确定感真实与否。我们一般将第一种来源称为"信念"。穴居人有信念，卡尔·马克思有信念，西格蒙德·弗洛伊德也有信念。所有那些宗教伟人都拥有信念。他们都用一种科学无法解释的对世界万物的确定性来抚慰自己恐惧懦弱的灵魂。

当我们所爱的人离世时，我们相信终有一天我们会再次见面。不过，其中的危险在于自我安慰性质的信任和自我安慰性质的错觉这两者之间的边界并不太清晰。精神病、脑毒素、洗脑、耳聋，甚至恐惧都可以引发精神错乱的状态，进而导致个别人的大脑会将一些错误的知觉重组，变成一种用以缓解焦虑的妄想或偏执的确定感。例如，为了缓解一位暧昧对象带给我们的不确定感，我们可能会长途跋涉来到国外某个陌生的城市，去拜访一位预言家以寻求解答；或者揪下一片片小雏菊的花瓣，嘴里念叨着"她爱我，她不爱我，她爱我，她不爱我……"，来揣测对方的心意。

信仰、错觉，尤其是被害妄想等情绪具有消极影响，并且这些情绪极容易感染他人，因此我们对那些没头脑的领导人和"宗教信念"的危险体系常抱有一种盲目的信仰。能有效辨别这种牢不可破的信念带来的负面影响的方法就是直接考察一下，看他们在情感上是推己及人还是过分猜忌。希特勒的心理投射，是认为德国国内所有的社会弊端都是由犹太人造成的，与他截然相反的是马丁·路德·金著名的觉醒式梦想和值得信任的信仰："我梦想有一天,我的四个孩子将生活在一个不以肤色来评判他们的国度里……
这就是我们的信仰。我怀着这种信仰回到南部……因为我们知道,终将有
一天,我们会获得自由。"简单来说,深层次的精神信仰对心灵和理智的依赖
是一样的,都摒除了心理投射和错觉的桎梏。

　　世界末日的认知视角认为只有少数被选中的人才不会被世界末日毁
灭,圣经《启示录》中也记载了这一点。这一说法使得许多宗教教派随之诞
生,而且它与积极情绪和精神信仰毫不相关。马丁·路德·金那充满希望
力量的信仰挽救了成千上万人的性命,而摩门教约瑟夫·史密斯充满妄想
的信仰则使许许多多的人因此而丧命。[13]不过,在当时,实际上几乎所有的主
流宗教都是这样处置异教徒的。

> 我们是主选中的少数人,
>
> 让剩下的那些人下地狱受罪去吧。
>
> 反正地狱里有足够大的地方等着你,
>
> 我们可不希望天堂里也变得那么拥挤。
>
> ——19 世纪浸信会赞美诗

　　浸信会并不是一个发展得非常繁盛的教派。相反,马丁·路德·金则
获得诺贝尔和平奖。摩门教的长老相对来说比较明智,他们懂得如何从前
人的经验中学习。他们并没有在约瑟夫·史密斯和杨百翰的多配偶制问题
上与美国政府发生争执,反而他们接受了大多数人的意愿,放弃了多配偶
制。在一段时间内,摩门教的团体精神(而非他们的认知信仰)使犹他州成
为美国最遵纪守法的一个州。即使是现在,犹他州依然在美国保持着因醉

酒驾车引发的恶性事故的最低比例，该比例比其他州要低得多。看看他们的成果，我们就应当能够理解他们了。

虽然我们并没有完全意识到，信仰与信任的第二种来源其实就是我们对温暖的团体生活的需求。必须承认，爱最初是因为要帮忙照看令人生厌的小孩，进而在哺乳动物之间产生的亲密关系带来的。爱也是因为我们需要来安抚自己能排上大用场、但却时常不听使唤的消极情绪而产生的。不过，与爱相关的社会力量大多来源于基于信任的、受文化调节的各种规则，如婚姻、儿童教养、医疗机构等。在这些亲密关系中，我们创造了许多与移情和无私相关的寓言和格言，让人们意识到自我保护也可能是非常自私的。由意识激发的那些社会规则，如家庭依恋、感恩节这类的团体聚会，对人类这一物种的存续非常重要，而这些规则能够帮助我们在半意识状态下借由我们的信仰将团体生活继续下去。当然危险同时也存在，那就是这种充满爱的传统会变为僵化的宗教理念。

信仰和信任的第三种来源便是我们大脑的边缘系统。我们一般把这第三种来源称为人的内心启迪，它涉及无意识的情绪、狂热状态，以及各种神秘体验。内心启迪可由内在的神经刺激引发（如濒死体验）；也可以由外部的神经刺激产生（如由意识控制的冥想修行）。

如果内心启迪要发挥作用，它就不能完全以自我为中心。我们以直觉为例，感同身受的移情，是将直觉与其他人的感受连接起来，它的价值长期存在；但是心理投射，是基于纯粹自我的直觉，往往是有害无益的。虽然认知信念经常可以经由争论来进行修正，但是由内心启迪或妄想偏执而形成的认知信念却能对各种争论完全免疫。这也是宗教有时变得非常危险的原因。就像一个疯子的妄想一样，由边缘系统推波助澜的信仰完全可能发展为理智的对立面。英国著名神经病学家安东尼·斯托尔这样认为："我们看待热恋中的情人所需要的机智与我们看待和我们持不同宗教信仰的人几乎是一样的，甚至与我们看待疯子的那些荒唐的错觉所需要的机智也是相同的。"[14]有时候，想要区分青年人对爱情的迷恋与宗教狂热分子的荒谬信念还真不是一件容易的事情。

无论是由内心生发还是受外部刺激，无论是由癫痫引起还是受神圣眷顾，或谨遵冥想苦修、呼吸练习、禁食规约、祈祷习惯，这些神秘的边缘系统的信仰体验都是独一无二的。它们与其他任何深刻的情绪体验一样让人警醒、一样让人难忘、一样真实可靠。这些边缘系统的情绪体验可以在内心深处产生一种深刻的、可以信任的平静感，这种平静在后面几章我讨论欢乐、爱以及敬畏的时候也会提到。和其他积极情绪一样，信任与信心会刺激我们的副交感神经，而非能产生移情作用的神经系统。而产生移情作用的神经系统是参与分解代谢的，也就是说，要么战斗、要么逃跑的生理反应会耗尽身体的各种资源。副交感神经系统则是参与合成代谢的：信仰、希望以及拥抱都能增进身体的各种资源。

但是我们从何得知这些神秘的边缘系统信息，到底是来自上帝还是来自魔鬼呢？我们又如何得知那些几十年来帮助构建信仰和信念的神圣信息和信念到底是为善还是为恶的呢？是为了实现充满爱心的信任还是为了实现卑劣的贪欲？用更为科学的话来说，我们如何才能可靠地区分移情和心理投射，仁爱的神秘体验和精神错乱？多数时间，我们都不得而知。毕竟，无论是移情还是心理投射，它们都坚持"我知道你的感受，也知道什么才是对你有益处的东西"的理念。了不起的初中教师和任性的恋童癖者都相信他们的爱对孩子们有好处。那么，我们又如何将精神上的灵感从直白的幻觉中区别开来呢？特别是在天主教的宗教秩序下，这也是一直困扰忏悔神父的问题，它与宗教信念给遗传学家理查德·道金斯、哲学家丹尼尔·丹尼特和山姆·哈里斯所带来的困扰恐怕差不多。

真实情况是，有时仅仅建立在内心启迪基础之上的信仰是非常危险的。因为在这种情况下，没有任何手段可用以控制和平衡随之而来的自我中心主义和可怕的错觉。这种暗藏危险的信仰和没有任何证据支撑就盲目确信信仰的倾向，可能会使一些精明的宗教批评家将婴儿连同洗澡水一起泼出去。山姆·哈里斯曾宣告："除了信仰之外，我们再没有其他的敌人。"由于担心人们不理解"敌人"一词，哈里斯用斜体再次阐明他的观点以加强大家的印象。"我们唯一真正恐惧的恶魔，其实是那些潜伏在我们自己大脑里的愚昧、仇恨、贪婪，而我认为*信仰*一定是恶魔的代表作。"[15]

杰弗里·萨韦尔和约翰·拉宾最近进行的一项实验，使区分神秘体验和精神失常的标准更为清晰。[16]就神秘体验而言，幻觉常常以视觉的形式出现，持续时间一般为几分钟或几小时。而就妄想型精神分裂症而言，幻觉则是以听觉的形式出现，而且可以持续好几年。精神分裂症病患最常见的症状就是会感受到恐惧，而精神分裂型的宗教幻觉则总是相信自己拥有无限的威力、无所不能。就神秘体验而言，人们经常会体会到喜悦或狂喜，并且个体宗教幻觉并不是以拥有力量为特征，而是常常表现为对拥有更强大力量的人的谦卑。神秘体验可以轻易地用语言来描述，也会产生社会性移情。而精神分裂症患者的语言则奇异怪诞、难于理解，且不适用于社会交往。圣经《格林多后书》的语言非常直白、温和、通俗易懂。《启示录》的语言就相对怪异、令人恐惧，对很多人来说不太好理解。

一位喜爱思考的学生曾经问我："为什么那些渴求精神交流的个人团

体，经常会设立一些残酷的制度呢？"每一种信仰传统都应当思考这个问题，而这个问题的答案通常是一致的。当心理投射替代移情的时候，残酷制度便产生了。为了追求思想上的统一，宗教时常忽视了团体建设，忘记了像爱自己一样爱他们邻居的宗旨。极权主义和统治的私欲替代了无私的爱。西班牙宗教裁判所之所以不热衷于对天主教信仰进行改革和复兴，是因为这会加速王权下西班牙和墨西哥的统一进程。逊尼派穆斯林和什叶派穆斯林之间针对伊拉克问题持续不断的流血冲突，其根本并不在于是否在精神上统一古兰经这个问题上。当信仰仅仅局限于自私的政治问题，或当心理投射替代了移情，就可能发生灾难。就妄想狂而言，自私就是不受他人观点的影响。这样，真正危险的其实并不是信仰，而是缺乏移情以及那些宣称自己有信仰人的错误信念。为了安全起见，内心启迪也必须以正确理解他人为前提。

心理健康和精神成熟有两个重要的共同点。它们都会将现实和其他人放在自己的考虑范围之内。心理疾病和精神不成熟一样，一般都忽视直白的现实，或无视他人的感觉。与精神病患的适应性功能一样，有关宗教信仰的一些错误的信念也会通过假想一些虚幻的朋友或虔诚的门徒来减轻悲伤和与世隔绝带来的痛苦。妄想，无论是出于精神疾病的原因还是宗教的原因，都会通过贬低他人来维持自尊。总之，任何时候一旦对内心启迪的爱的追求转变成"唯我独尊"的狂热的信念系统，其结果注定是惨败无疑。无论是当代美国"争取道德多数运动"、阿富汗塔利班、《申命记》中生杀予夺的"犹太律法"，还是天主教宗教裁决所都表现出对信仰的不宽容，他们对权利自私的追求和渴望比亿万真正信仰宗教、信任世界有爱的普通人要强烈得多。

如果想知道我们如何分辨有爱的信任和对宗教教条的信念，由此进一步分辨心理投射和移情，我们只有通过冷静科学的实验环节来实现。爱的启示千百年来都是激发信任的重要途径；而狂热的信仰则常常不会长久，即使在其存续期间，狂热的信仰也需要暴力来维持。臭名昭著的美国琼斯敦的吉姆·琼斯，活跃于美国韦科和德克萨斯的大卫·考雷什，以及活跃于印度蒲那（后转移至安蒂洛普、俄勒冈）的薄伽凡·室利·拉杰尼希，这些人都是孤单偏执的宗教首领，他们需要用武装护卫来防止那些"虔诚"的信徒逃离他们的教派。[17]就像我那位朋友在主日学校的经历一样，信任是精神的、而且是持久的。而信念、宗教首领以及各种宗教，和青春期的爱情、甚至科学一样，可能会被证实是错误的。

简而言之，我相信让我们能接受爱和留下爱的边缘神经连接系统，也能让我们在爱人不在眼前时，依然对其保持信任、得到慰藉。那些说话粗俗的男生嘴里说着"我不在乎是下雨还是结冰，在耶稣的怀里我就是安全无忧的"的句子，其中的深刻含义是他们这个年纪不可能理解的。那位生活在三千年前的智慧长者曾说过，"永恒的上帝是你的庇护所，他永远向你展开温暖的怀抱"。深深的信仰帮助我们去相信爱，即使爱人不在眼前爱也不会改变。即使最尖刻、最受欢迎的无神论者山姆·哈里斯，也不情愿地承认："信仰让我们以一种平和镇静的心态忍受生命中的艰难困苦，这在纯理性的世界几乎是不可能的。"[18]

此外，在坚持信仰和内心启迪这种积极情绪状态下人们获得的个人资源和能力是不会轻易失去的。[19]神圣的爱和欢乐强烈而又神秘的体验消失之后，人们对这个世界更为宽阔、更富有同情心的态度依旧会持续下去。我们的信仰在此刻变成了一个不断注入积极情绪的蓄水池，未来某一天碰到危机时便可以随时取用。跪着领取圣餐时、匍匐在清真寺里或在莲台前静思冥想时，过去的积极情绪和对父母之爱的回忆会一股脑儿地奔涌而来。祈祷常常也会将过往旧事构建成我们私人的"亚瑟城堡"，在这里"日落之后才会下雨，早上八点晨雾必须消散得无影无踪"。

⚶

德国著名的神学家鲁道夫·奥托（1869—1937）曾创造了一个多音节表达（mysteriumtremendum et fascinans），用以描述深层次信仰为我们带来的对奇事奇观以及人际关系的怪诞、难以言表、令人赞叹的感觉。[20] 威廉·詹姆斯认为，科学技术为了把握信仰的能量和现状所付出的努力，几乎可以与在以五十英里每小时的速度飞驰的货运列车上想要看清一组照片的尝试相当。同样，我们那发育依旧十分有限的大脑将犹如太阳内部原子聚变那种难以想象的强烈体验，降低到了如同观赏日落时赋予人们灵感的体验。

> 荣耀之父四射纯洁的光辉，
> 宝座前，天使无不掩面侍立，
> 我们向你赞美，使我们领会，
> 只是神圣光华今将你隐蔽。
>
> 不能朽，不能见，独一的真神，

住在不可迫视的光辉之境，

最可颂，最荣耀，万古永长存，

又全能，又全胜，赞美主大名。

沃尔特·查尔默斯·史密斯（1867）

第5章 爱

⚜

　　当代动物行为学和神经科学证实，所有的哺乳动物都是生而具有爱的能力。在地球上所有的动物群中，现代智人从根本上而言是最为依赖爱、依靠爱而存活下来的。因此，动物行为学家康拉德·劳伦兹认为爱是"千万年进化过程中最为美妙的产物"；精神分析学家埃里希·弗洛姆也相信"没有爱，人类连一天也活不下去"；圣徒保罗总结道"在现存的信仰、希望和爱这三者中间，最为伟大的就是爱了"。[1]

　　哺乳动物之间的爱涵盖了具有选择性、持续性、甚至明显无私特征的依恋。如果你爱的人离开了，那么随之而来的悲伤其实也具有选择性和持续性。虽不是所有的哺乳动物都具备这种情感依恋，但是其中多数都有。希腊哲学家们却不懂得这个道理。他们理解的神对世人的普遍、无私的爱不具有选择性；他们眼中的性欲和性本能不具有持续性。一旦浪漫的行吟诗人的性欲得到了满足，便立刻对泄欲的对象失去兴趣。霍华德·休斯就是一个典型的不能维持爱恋关系的人。他与那个年代许多最漂亮的电影女明星都有过短则几个星期、长则几年的"非爱情"的桃色关系。[2]只是在发生性关系之后，休斯便不再对她们有所留恋。相反，母熊却非常愿意与它的幼崽相伴度过一天中的大多数时间,哪怕分开五分钟都觉得难受。

在进一步讨论爱的重要性之前,我想用一个例子来解释本书中依恋和精神进化的相关概念。汤姆·默顿(化名)童年凄惨,成年后又罹患抑郁。在 268 名参加了"成人发展研究"实验的大学男生中,默顿在人格稳定性方面是排名最后的八个人之一。并且默顿童年生活的悲惨程度又是这八个人中最糟糕的一位。其他七位童年生活不幸的男生在成年之后过得也不顺心。其中有五位没有活到 75 岁,而另外两位则身体残疾。与他们相反,默顿不仅在 80 岁的时候还精力充沛、乐观开朗,而且还时常参加软式墙网球比赛。他是如何做到这一点的呢? 是什么拯救了他? 或者说,是谁拯救了他?

当时,研究人员发现他常将冷漠掩藏在乐呵呵的脆弱假象之下,便将他纳入一项针对大学男生心理状态的实验研究之中。大学期间,他时常表现出一种难以掌控的疑心病,这使得那位极具同情心的大学校医也抱怨连连:"我觉着这个孩子开始变得精神不正常了。"一位精神病专家则这样评价默顿:"他冷漠、多疑、漫无目标,而且非常顽固。"汤姆·默顿曾这样对他的研究者解释过他这种状态的根源:"我和爸爸的关系一直不好……我觉得一个父亲应该为孩子做的事情他一件也没有做过……母亲也没有完全弥补父亲的失职。"在这一点上,该研究的社会调查员也认可了他的描述。她曾将默顿夫人描绘为"我见过的最容易紧张的人,非常擅长自欺欺人"。

家人对汤姆·默顿的教养方式完全是错误的。他小的时候,父母会雇佣司机送他去学校,不让他与邻居家的孩子一起玩耍。父母对他保护过度,但却并没有亲自照顾他。直到 6 岁,默顿还是一个人孤单单地在游戏室吃饭。40 年之后,他曾悲伤地证实有关他童年家庭生活的描述确实是真实的,并用一句话概括了他的家庭关系:"我从不喜欢也不尊敬我的父母。"从医学院毕业时,他曾一度想加入其他七位不受家人喜爱的研究对象的行列,即他也想结束自己的生命。以至于在接下来的 7 年里,他这个缺乏自信的大学毕业生并没有为成为一位独立的医生和负责任的丈夫的目标而真正地努力过。

　　不过,在他 33 岁的时候,他迎来了一次蜕变的机会。在未婚妻弃他而去之后,汤姆·默顿罹患肺结核,在医院住了 14 个月。无论是什么原因支持着他,我们看到 34 岁的汤姆·默顿最终从病床上站了起来,成为了一名独立的医生,结婚生子,成长为一位负责任的父亲,并将自己的诊所办得有声有色。很多年之后,我本人第一次亲眼见到默顿医生时,我惴惴地问起他住院那段时间的情形。因为对大多数年轻人而言,在他们 30 岁这个阶段长时间的卧床不起对其未来的影响可能是毁灭性的。但是默顿却是个例外。他这样形容那段住院的日子:"那是装在套子里的一年啊。日子很纯粹,我在床上躺了一年,想做什么就做什么,而且不会因此受到惩罚。"接着他坦承:"很庆幸那段时间我病了。我那从未得到过满足的依赖感在那段时间终于找到了可靠的港湾。"

　　对默顿而言,更为重要的可能是,他的疾病为他打开了一扇重生的大门。他卧病在床的时候,他曾亲眼见证耶稣进入他房间的景象。他这样写道:"名字首字母是'S'的那位护士负责照顾我,这让我兴奋得想要发疯。在天主教,这应当是'上帝的恩惠'。"同样经历了悲惨的童年生活的著名剧作家尤金·奥尼尔也曾描述过类似的感觉。得到对的人的照料,即使是病痛缠身也会让人产生被爱的感觉。

　　"套子里的那一年"让默顿开始学习如何与爱他的人接触。帮助他的第一步不是宗教，而是精神疗法。50 岁时，默顿曾写信给该项目的研究人员，信中提到"我从来不去教堂，我讨厌那些有组织的宗教"。除开在医院的相关宗教经历，默顿从 40 岁到 60 岁一直坚持的精神分析疗法替代宗教，成为他信仰的来源。"精神分析就是我的家园和教堂。"不过，精神分析与主流宗教其实是有相当大的区别的。精神分析学家一般都不太认可积极情绪的作用，他们避免目光接触，鼓励病人进行类似"关注自我"的精神分析。从这种疗法的积极作用来看，精神分析法与其他疗法不同，它能让病人从移情和情绪的角度感觉到"被关注"，他们的痛苦得到了尊重和认可，而非用抹布一擦了之。

默顿医生的分析帮助他回忆起，在他 5 岁的时候，曾有过一次与照料他的保姆亲密接触的经历。66 岁的时候，当他再次回想那段经历，他是这样描述的：

> 她是我在克莱因时期（即 1981—1982 年接受精神分析疗法治疗期间）回想起的一位在幼年时期曾照顾过我的保姆。我绝对相信这位保姆是一位热情的女士。不过母亲提到她的时候，总是叫她"珀尔，那个脏兮兮的姑娘"。不过，在我的记忆中，我能找到的关于她的片段与鲍鱼和珍珠贝母的形象相关，所以我对她应该是充满了好感。无论她在我印象中是什么形象，或者在她之后我信任的那些人是什么形象，我还能确定的一点是我对童年时的老师们也是充满喜爱之情的。有些老师对我非常关照。在学校，我得到了真正的照料，我学会了什么是爱的真谛。

很多年之后，默顿写信给我描述了他对幼年时期的回忆：

　　是重新找寻到爱的经历对我产生了影响吗？或者说现在正是
再次庆贺我拥有的这些情感纽带的恰当时机吗？我的头脑中又出
现了一个形象——用作烛台的空酒瓶。酒可能象征着生命最初的
温暖，不过一旦酒喝光了，剩下的就只有冷冰冰的空酒瓶。直到我
们点亮了那支欢愉的蜡烛，蜡油一滴滴滑落下来，于是它又转变为
了新的温暖的象征，这种温暖以不同的形状、不同的颜色出现，是
一种新生的温暖。早前的爱之所以"流逝"了，可能是因为人们将
它视为当然，再没有通过不断的温习来强化它。回忆和复述能让
我们把爱看得更加清楚，爱也相应地变得更为真实。

在写这封信之前，默顿刚经历过一次令他十分痛苦的婚姻破裂，他的情
绪也相当低落。他不仅失去了妻子，还失去了毕生储蓄、他的工作，甚至还
有他作为职业医生的关系网络。"就像是一瓶蓝黑色的墨水泼进了我的脑
子，我不能思考。"默顿再一次要求住院，这一次他住进了精神病院。就是这
段时间，他在大学毕业后第一次重回英国圣公会教堂。60 岁时，他这样描
绘他重回教堂的情形："最初就像是在梦游，不过一点点地我开始融入进去
了。我感觉到有某种东西注入到我的身体里，我的身体里以前从未有过这
种东西。"在接下来的 20 年间，默顿成为教众中最受欢迎的成员。重拾圣公
会的信仰，对他将自己的生命完全贡献给他人的转变起到了重要作用。

默顿从一位卧病在床的年轻人逐渐成长为身体健康、精神饱满的耄耋
老者，其中最为重要的诀窍可以从他对我提出的一个问题的回答中窥得几

分——我曾问他："你从你的孩子身上学到了什么呢？"他眼含热泪，脱口而出："你绝对想象不到我从孩子们身上学到的是什么——我学到了爱！"我相信他的话。同年，汤姆·默顿在他写给一位朋友的信中提到，"我就是从一个畸形的家庭中成长起来的。就像《绒布小兔子》（一本描绘一只绒布小兔子在孩子爱的温暖下获得生命的故事书）里温柔的描述一样，只有爱才能让我们变得真实。我童年时没有这个机会，其中的原因我现在才弄明白，我花了好多年才又寻求到替代的情感源泉。"用神经生物学的术语来表述就是，我们大脑中负载情感的海马记忆中关于过去的依恋，帮助我们感受到自己存在的真实感。

又过去了 10 年。在默顿 77 岁的时候，我对他又进行了一次访谈。在这个年纪，他仍然十分热衷于参加社区活动。同时，他爱上了园艺，打理了一个漂亮的小花园。在他的椅子旁边，放置着那些曾教会他爱的儿女的近照——一张是他女儿和女婿的照片，另一张是默顿和儿子去提顿山脉爬山远足时的照片。他在教堂活动中也表现得相当活跃，尽力想让宗教活动成为社区生活的核心。他参与精神关怀工作并担任感恩祭主持人，也会去探望因身体原因困在家里的人群并与他们聊天。他仍然在参加墙网球比赛，只是他现在的对手年纪比他都要小得多。在墙网球球场上，再没有与他同龄的球友能赶上他的水平了。访谈结束时，我非常有信心地认为，他应当是整个研究中自我调试进化得最好的人了。

在他 77 岁的时候，曾经绝望抑郁的汤姆·默顿把刚过去的 5 年当作他人生中最开心的一段时光。这就是爱的力量。有爱的、选择性的、持续性的情感依恋让这位被剥夺了童年幸福的人获得了重生。不过，科学家依旧觉得这种爱是一种难以名状的情感。

෴

　　人类是一种十分聪明的物种。我们能驾驶轮船或者飞机独自环游世界。但我们却不能凭借个人力量时时让自己获得满足，甚至想在自己的背上挠个痒痒也时常也做不到。霍华德·休斯不仅是一位实业家，还是一位电影大亨、高尔夫零差点球员、出色的飞行员，他凭借着财富和独特的个人魅力，吸引了众多喜爱他的人。不过就这样一位传奇人物，却在度过了 20 年郁郁寡欢的独居生活之后孤独地离世。为什么会出现如此大的反差呢？这是因为霍华德·休斯不允许自己爱上别人，也不希望自己感受到被人爱。[3] 被爱是无止境的，我们需要学会吸纳爱，并学会付出爱作为回报。但这两点休斯都做不到。不过汤姆·默顿却可以做到。很神奇吗？其实这是大多数人类大脑与生俱来的能力，并不神奇。

　　想要理解爱，那些常被认为有用的途径统统帮不上忙，如古希腊人、诗人甚至心理学家都无能为力。他们对性欲过于看重，殊不知就连爬行动物也清楚地显露出这种本能呢。

　　古希腊人和历代著名诗人也从未对哺乳动物之爱有过透彻的理解。为了理解无私的爱，我们就必须仰仗神经生物学和动物行为学这两门学科。动物行为学家通过对黑猩猩、进化人类学家通过对依靠狩猎采集为生的原始人的研究给我们展示了真爱到底是什么。他们的研究例证充分，绝非空谈。自然，爱也绝不是只言片语能描绘清楚的。爱是通过说话人在选择词汇来表达思想时显露出来的情感依恋、音乐感，或那一刻身体散发出的气味，甚至是精神上不由自主的兴奋状态。当然爱还包括很多其他的东西，神

也可以被涵盖在内。"神就是爱。住在爱里的人就住在神的心里。神也住在他的心里。"（约翰一书：4：16）

新约全书中这句"神就是爱"背后的精神其实在《古兰经》和《薄伽梵歌》中都可以找到。在犹太教、佛教、道教的经典著作中也能找到。甚至自我标榜为"无神论"的《苏联大百科全书》也曾对此有所涉及："爱就是所有那些对立的因素如生理因素和精神因素、个人因素和社会因素、私人因素和普遍因素等相交融的节点。"[4]

一位朝圣者曾这样描绘他前往麦加途中体会到的欣喜若狂的情绪："当你蜿蜒接近卡巴神殿时，你成为了朝圣人群中新的一分子。卡巴神殿就是世界的太阳，它光芒万丈的形象吸引着你进入它的轨道。于是，你化为了一粒尘埃，在它的温暖中逐渐融化和消失。这就是绝对之爱的极致。"[5]

性本能，由人类的丘脑下部所激发的本能而产生，一般只关心自我需求，并将维持"自私"基因作为首要任务。性本能常会激发消极情绪，如妒忌和嫉妒。与此相反，深度依恋则会激发积极情绪，如感恩和宽恕。由边缘系统产生的无私的哺乳动物之爱都是利他的。"爱神奇地践行了'爱人更甚于爱己'的理念。"[6]不过，慈爱的母亲们对这一理念的透彻理解何止千年呢？

灵长类动物相较熊类在哺乳动物之爱方面进化得更完善一些。灵长类动物会在一天中花上好几个小时来哺育后代，即使照看抚养的孩子是孙辈，它们的爱也丝毫不减。它们还能在满足了彼此的性欲之后，在接下来的时间为对方梳理毛发。而人类之间无条件的爱更是这种哺乳动物之爱的进化升级。因为人类大脑新皮质懂得如何将散文和激情联结起来，成熟的认知能力也可以帮助我们将哺乳动物无私的母爱推己及人，让越来越多和我们不一样的人也能接受并效仿。当然，黄金犬自幼年时期开始就掌握了无条件的爱这种能力，对它而言这也是一种与生俱来的爱的能力。

　　石溪大学的海伦·费舍尔和亚瑟·阿隆共同运用神经影像学技术对大学生进行了有关爱的研究。[7]该研究发现在恋爱初期的几个月，注视恋人的照片会使得更为原始的大脑奖赏回路出现亮点；但是在恋爱关系持续两年以上之后，大脑扣带回前部和岛叶皮层则会通过其镜像细胞和皮质层细胞表现出相当高的活跃度。由此可见，随着时间的推移，"自我中心"的性本能已逐渐进化为移情依恋。

　　爱与同情有所不同，同情既不具体也不持久。读者可以参见第七章，其中讨论了同情是一种挽救他人脱离痛苦的欲望。那么具体、持久的人类之爱与神对世人的爱又有何区别呢？请试想将一块石头掷入池塘的情景吧。最靠近核心的第一波涟漪代表的是孩童对母亲炽烈的、率性的情感依恋。而荡出最远的那一波涟漪则是对所有生灵的无私的付出和关爱，即神对世人的爱。在想象中，我们将它归因于耶稣、佛陀、艾伯特·史怀哲医生等心怀的大爱。而大多数成熟的成人之爱是居于第一圈和最远的一圈涟漪所代表的情感之间的。

　　为了描绘爱，历代的诗人们所遭遇的困难一点也不比古希腊人少。他们往往沉湎于自己主观的心神悸动之中不能自拔，将爱与欲望混作一谈。在《皆大欢喜》中，莎士比亚这样描绘青春年少时的爱情——"叹息就像炼炉，专为情切的娥眉作悲歌"，只不过这并不是爱的真容。诗人将主观体验刻画得过于鲜艳生动，模糊了他们对事实本身的感知。例如，如何准确区分深陷爱情之中的少年所秉持的爱的信念与疯子的妄想之间的界限呢？世界上这些伟大的诗人所赞美的永恒的爱情中又有多少是最终坚持了十年之久的呢？莎士比亚作为一位行为研究的高手和伟大的诗人，他曾警告世人：

"爱情是盲目的。恋人们绝对看不清他们做过的那些甜蜜的傻事。"(《威尼斯商人》2.6.36)真正的爱会在恋爱双方看来都是可见的，而且是可把握的。

但如果诗人对爱视而不见的话，那么心理学家就会被吓到哑口无言了。几十年来，心理学家们对"爱"这一字眼完全不敢触碰，他们有意地忽略它。1958年在美国心理学会主席就职演说中，生态学家哈利·哈洛曾无奈地宣称："心理学家们，至少是那些撰写教材的心理学家，不仅对爱恋的起源和发展没有表现出丝毫的兴趣，而且还想妄图忽略爱的存在。"[8]

理论心理学向来无法解释孩童表现出的对父母的那种炽热、无以言表的渴求，对于母亲之于孩子不可动摇的付出、与伴侣之间维持近半个世纪的无坚不摧的情感纽带也是无力解读。[9]直到最近，才有心理学家认为这种爱的能力是后天习得的，而非生而具有的生物潜能。于是，爱被定义为一种习得反应，是"一种由文化生成的情绪，而非人类的天然需要"。[10]爱来临的时候，其他任何人都只是"二级强化物"。[11]在这种观点看来，中世纪的行吟诗人是把爱传播到欧洲的功臣。不过我们也要知道，任何事情都不可能脱离真相而存在。

当社会科学家最终开始勉强承认爱的存在时，他们对爱的评价也不太高。行为主义心理学家约翰·华生认为爱是"由性欲发生区的肌肤刺激而诱发的一种本能情绪"。[12]为了表现得不偏不倚，精神分析学家对待爱的态度也是不甚鲜明。虽然西格蒙德·弗洛伊德对一些其他人不愿提及的情绪（特别是悲伤和性欲）给予了一定的关注，但他却刻意地回避了人类情感依恋。弗洛伊德甚至曾轻蔑地将爱比作是"一种目的受到压抑的性欲"。如果要支持弗洛伊德的观点，那就是弗洛依德流派在潜意识里努力避免在精神分析学家和他们的病人之间发生发移情作用。神也不会允许我将这类感情归结为"爱"的一种吧？精神分析学家和行为学家约翰·鲍尔比曾因为强调情感依恋的重要性，在很长一段时间里受到其他学者的各种排挤，论文无人问津、观点无人引用、对他本人也是视若不见。[13] 即使是现在，大多数当代神经分析学家对爱的认识不过是一种"物体关系"，认为深度情感依恋非常枯燥单调。不过，哪一位新手妈妈是为了某些"物体"而强打着精神半夜从暖和的被窝里钻出来喂奶端尿？又有哪一位寡妇是为了某一件"物体"在墓碑旁殷殷哭泣的呢？

　　和诗人一样，早期的精神分析学家也将爬行动物类似性欲和饥饿的本能与哺乳动物的积极情绪混为一谈了。人类情感依恋对孩子的重要性可能比他们对母乳的渴求还要强烈，这一事实可能很难为精神分析学界所接受。安娜·弗洛伊德曾这样描述婴儿之爱："婴儿会因为他对乳汁的需求建立起一种对食物的依恋，进而发展出对喂养他的人的依恋。这样，对食物的爱就演化为对母亲的爱的基础。"[14] 和他女儿一样，西格蒙德·弗洛伊德也错误地认为婴儿与母亲之间的情感纽带是经由嘴里的味觉和胃里的饱足感而来，与眼神交流、听觉感受以及皮肤触觉没有关系。不过，这也可以理解，因为在弗洛伊德所处的时代，神经科学的发展还不足以让他认识到婴儿的大脑与其皮肤之间的联系远比身体其他器官要来得紧密得多。

　　哈利·哈洛对恒河猴的相关研究才正式将爱这一主题引入了心理学的研究范畴。如与约翰·鲍尔比对婴儿进行的真实的而非理论意义上的观察性研究相结合，哈洛基于动物行为学而非精神分析学的相关研究，确实可以证明弗洛伊德关于情感依恋的判断是彻头彻尾错误的。哈利·哈洛指出，在小猴子和猴妈妈分开之后，实验者给它提供两个代母，一个由触感非常舒服的毛巾做成，但不能哺乳，另一个则是用冰冷坚硬的铁丝编成，可以哺乳。

小猴子与前一个代母的关系明显要亲密的多。由此可见，爱是基于眼神交流和温暖怀抱的，与饥饿和性欲无关。

也许我在这样嘲弄诗人和心理学家时，我应当先审视一下我自己。对我们大多数人来说，爱和欢愉一样，有时也令人难以承受。爱会让我们感觉到自己如此脆弱，以至于害怕接纳别人给予我们的爱。

亚当·卡森医生（化名）是一位"成人发展研究"协会会员，也是一位非常有爱心的人。他在和我细致讨论他的性生活时，丝毫不会感觉到尴尬。不过，他却在认知对爱的感受上遇到了困难。在我最后一次和他进行访谈之前，他的妻子曾写信给我，信中这样说：

> 对我而言，亚当是我见过的最优秀、最有耐心、最体贴的男人。他的直觉非常敏锐。你应该能懂得我的心情吧，我真心感觉自己非常的幸运。他对他的病人、朋友以及家人的付出真是太多了。

几年之后，我和亚当进行了我们最后一次的访谈，这位时年 78 岁的医生和我坐在他位于马萨诸塞州多佛镇漂亮的花园阳台上，一直聊到夕阳西下还意犹未尽。这时，气温开始有些下降了，卡森医生突然停下了他的话，问我："乔治，我去给你拿一件毛衣外套，这样你就不会像上次一样一直在心里盘算着是不是该加衣服了。"其实上一次访谈是在 1967 年，也就是差不多 30 年前的事了。我身穿着他的羊绒毛衣，心里暖暖的，再次感受到他的病人和妻子，为何会对这位擅长移情的男人爱得如此深刻了。

同时，他也证实了我的两点直觉。第一，他的病人确实是爱他的；第二，他对病人们给予他的爱从主观意识上不懂如何接纳。聊着聊着，卡森医生突然脱口而出：“不然，我来给你看一个小收藏吧。”之后，他就进屋拿出来一个用丝绸包裹、缎带仔细绑好的展示盒，脸色有些腼腆。盒子里装的原来是一百多位心怀感恩的病人的来信。他告诉我，在他 70 岁生日的时候，他的妻子偷偷找到这些长期找他看病的病人的地址，拜托他们给这位深受爱戴的医生写一封信，来纪念他们在这位医生的陪伴下走过的漫长岁月。这些信里都是满满的情谊，而且在信末还附上了大家的近照。妻子背着他将这些信收集起来，作为他 70 岁的生日礼物。

卡森医生给我展示了这些珍贵的信件并告诉我，“我不知道如果是你，你会怎么处理这些信，不过乔治，我真的从来没有读过这些信。”他眼里噙满泪水，哽咽着说，“一提到这件事，我就有点受不了”。他的感情如此真挚，他对病人的依恋如此明显，让我深受感动。当然，我也确实没有料到，他真的是完全没有办法承受去品尝那些病人回报他的爱的滋味。看来，我们不仅需要在悲伤时互相扶持，我们还要相互支撑学会如何承受爱之重。

☙

依恋并不像早期精神分析学家认为的那样存在于人的胃里，也不像哲学家和神学家期待的那样存在于主宰词汇、理性的新皮质大脑之中。切除母仓鼠的整块大脑新皮质，她虽然在走迷宫时会变得迷迷糊糊，但是对小仓鼠的爱和哺育丝毫也不会改变。但是如果母仓鼠的边缘系统哪怕只受到丁点的损害，她可能依旧会是一位闯迷宫的能手，但却再也不能胜任一位母亲的责任了。

爱同样也不存在于下丘脑部位，这一部分其实是弗洛伊德“本我”的源

头，为那些血气方刚的诗人们激情赞美的"性本能"提供动力。爱在大脑中
真正栖息的地方是嗅觉、关爱以及记忆交汇的地方，这就是边缘系统扣带回
前部。边缘系统及其周边颞叶的存在，使得在理智的中立立场之外，我们还
能有温暖的承诺；冷静的分析之外，我们还有浪漫的偶遇；本能的色欲之外，
我们还有性灵的结合。

　　简单来说，与精神和悲伤一样，爱是存在于"嗅脑"之中的，这一部位能
帮助鼠妈妈即使在黑暗中也能凭借特殊的味道，找到她的鼠宝宝们。进化
让哺乳动物拥有了情绪协调和眼神交流的能力，这种能力可通过一种合作
式的爱的呼应，弥补同伴的生理缺陷、调整和增强同伴微弱的神经节律。[15]一
种紧张性刺激会让一只独处的动物的血浆皮质醇（一种对压力的衡量指数）
水平提高50%左右，但是对一只在熟悉的同伴陪伴下的动物的血浆皮质醇
水平则丝毫没有影响。[16]

> 如果音乐是爱情的食粮，那么奏下去吧……
>
> 啊！它飘过我的耳畔，就像微风
>
> 吹拂一丛紫罗兰，发出轻柔的声音。
>
> 一面把花香偷走，一面又把花香奉送。
>
> 　　　　　　　——莎士比亚，《第十二夜》，1. 1. 1，5—7

　　就人类而言，原始夜行哺乳动物的嗅脑/记忆脑已进化成了视觉或听
觉/记忆脑，这也是为什么悲伤的电影和歌曲能让我们在回忆起那些消逝的
爱情时潸然泪下的原因了。当然，一丝旧时的香水味、失去的恋人遗留在枕
头上特殊的体香也会产生同样的效果。作为哺乳动物边缘系统典型印记的

分离哭泣,与移情、同情和友情紧密相连不可分离。罹患亚斯普杰氏症候群(一种自闭症)的人几乎在所有的人类心理活动中都表现正常,除了移情和依恋。相反,患唐氏综合征的儿童,虽在智力上有所缺陷,却能对周围的人产生深度而有意义的情感依恋。

　　我们可以通过死记硬背来记下自己的电话号码和乘法运算表,这只是一个认知过程,没有任何情感介入。我们能快速而有意识地提取这些记忆,因为它们储存在认知心理学家认为的"外显记忆"之中。我们能熟练地背诵出这些词汇,只不过随着年岁的增加,它们会被逐渐淡忘。相反,我们对人、气味、旋律以及所经历过的危急时刻的记忆是通过"内隐记忆"的方式来完成,就好像小狗凭借独一无二的气味来记住谁是它的主人一样。又如,一部电影会突然勾起一段我们对旧爱的回忆,使我们不由自主地伤心哭泣。就像习得语法规则和学会骑自行车一样,除非哪天我们真的变成了痴呆,否则有关爱的记忆很难从记忆中抹去。

　　虽然我们对嗅觉的意识需要长期的积累,但一旦形成记忆,即使你把味道的源头拿走,这种记忆也依然挥之不去。同样,对长期维系的情感关系或对人伤害巨大的情感关系的记忆也能无意识地冒出来,缓慢地、不可避免地对我们的心态造成影响。这些记忆可以由气味、音乐和符号诱发,但却不能被强制激活。遗憾的是,即使我们是诗人,却也时常无法用语言来清晰描述我们记忆中的爱人。不过,即使那串曾经脱口而出的电话号码我们可能会遗忘,但爱人身上特殊的香水味却长留在我们的脑海之中。虽然婴儿的外显记忆(即对事实的语言描述)还不完善,但他却能轻而易举地从众多不同的母乳中辨别出自己妈妈的奶香,而且绝不出错。我曾见过一位患老年痴呆症的女士,她的意识已经模糊,但有一次她偶然听到了一位已经去世了

50 年的男子的名字，她于是开始惊呼："哦！约翰！我以前是多么的爱他啊！"

　　当语言无计可施之时，歌曲又一次前来解围。奥斯卡·汉默斯坦为《南太平洋》所做的名曲中有这样一句："你触摸到我的手，于是我的臂膀变得坚强。"音乐可以直入人的心灵，而语言则常常为思维所局限。这应当也是为什么赞美诗和圣歌常常比枯燥的布道更能抚慰人心的原因。简单来说，我们用积极情绪来装点我们爱的人的形象，让他们成为我们想要的模样，这样我们就能将他们带入内心深处，成为血肉的一部分。就像汤姆·默顿一样，一旦我们将爱人放入我们的心里，我们就再也不是曾经的我们了。

🕉

　　那么为什么自然选择会创造出无私的爱呢？如果我们来看看一两百万年前非洲热带稀树平原上的故事，我们就会对人类无私的爱这种天性有更深刻的了解。身体上并无毛发的人类先祖在这片稀树平原上繁衍生息，逐渐进化。这片平原上，还生活了数量众多的其他食肉动物，只不过我们的人类先祖跑起来没有羚羊快，挖洞也没有兔子灵巧，爬树比不上长臂猿，更不会像火烈鸟一样飞翔、像大象一样强有力地还击对手。所以，如果人类不团结起来，他们是没有办法在这片土地上生存下去的。人类甚至都没有像猿那样的厚实皮毛让幼崽可以紧紧抓握，相反，人类母亲必须腾出双手来抱住婴儿。为了生存，人类有时必须要牺牲自己的食欲和性欲来服从一种与生俱来的利他型社会组织的发展。这种亲密的社会关系，会进一步衍生出持久的情感依恋，也才能让他们的婴儿能安全地存活下来。在稀树平原上，一头幼小的羚羊完全可以依靠其"自私"基因让自己活下来，因为它一生下来就会走路。但如果不是诞生在一个利他型的族群中，智人婴儿注定会变成这片平原上某些食肉动物的一顿鲜美的午餐。

　　不断增长的大脑容量和对人类进化的更强的依赖性，这两者之间是相互促进的。无条件的爱和宽容的爱对人类的生存至关重要，但是这两种情感依恋并不是死板的或是本能反应的，如鹅宝宝对鹅妈妈的印刻现象，或蓝知更鸟妈妈对幼鸟一成不变的养育方式。与它们不同，灵长类动物的爱更加依赖基于情感的各种选择，选择的方式即使算不上"自由"，也是非常灵活的。所以，与鹅和蓝知更鸟不同，人类在进化过程中发展了其宗教模因，来强化和约束他们对后代的看管行为。而所有这些其本质上都需要有一个不断完善、体积不断增加的大脑。

　　简而言之，人类依靠错综复杂的社会关系而存活，包括无条件的依恋、宽容、感恩和满含深情的眼神交流。自我消耗的各种消极情绪如厌恶、愤怒、恐惧和嫉妒等都会让人类个体与其他人保持距离，或为了一己私利而利用他人。而积极情绪如爱、欢乐、希望、宽容、同情以及信任则会让人们走得更近、相互扶持，更好地生活下去。当然，恐惧也会让人紧紧抱团，但这种状态下的抱团是没有分享意识的。

　　边缘系统的进化将性欲打造成了持久的、有固定对象的情感依恋。仅有两种黑猩猩和智人这三种哺乳动物会在喂养后代时与他们有眼神的交流，而倭黑猩猩和智人则是仅有的两种能在性交时进行眼神交流的哺乳动物。[17]而且唯有雌性智人才拥有明显的性高潮，并且是少数常年都能进行性交的雌性哺乳动物之一。

　　进化使得下丘脑不断发育，将人类之爱从反射性神经内分泌主宰的状态下解脱出来，并发展为基于相对灵活的动机驱使下的配偶选择和情感关系。青春期单纯的下丘脑冲动被额叶激发的具有"道德感"、成熟且具备因果判断能力的心理状态所替代。而随着人类进一步的成熟进化，移情依恋也会取代性贪婪。

&&&

爱，和我们心中受到崇敬的神的形象一样，不会随着时间的流逝而淡化。小说家劳伦斯·达雷尔让我们明白"世上最丰富的爱是可以经得起时间检验的"。圣徒保罗则告诉我们："爱是持久的，是仁慈的。爱能孕育一切、信任一切、寄望一切、包容一切。"（哥林多前书 13：4：7）相反，色欲则让你感觉奇异非凡，呼吸也愈发急促。一夜激情的对象第二天早起可能看起来非常的无趣而且丑陋，不过那个夜晚却是那么的美妙！

如果我们来一篇篇细读一位拥有四段婚姻、五位情人的男子写出的情书和情诗，那么这些文字可能要放到他丰富的人生旅程中才能被解读得透彻。而另一对老夫妻在他们金婚典礼上的爱的感悟，听起来可能无聊老套，但是只要我们将 50 年的时间维度考虑在内，就会发现句句都饱含精华。一位智慧的编辑告诉我，"乔治，我们要记住离婚不是一件坏事，而相爱的人长相厮守是多么的美好。"一位年届八旬的法官曾对我说，他在上 11 年级的时候就爱上了他的妻子，65 岁的时候，他发现他对妻子苏茜的爱"比最初爱上她的时候要深刻得多"。又过了 12 年，也就是在他 77 岁的时候，他向研究人员吐露心声："我剩的时间不多了，所以我对苏茜的爱更加强烈了。"

不过，爱的增长就像时针一样移动缓慢。爱的进化缓慢到你几乎看不到它的发展过程。冰川移动、花儿盛开，我们深深相爱，所有这些细微的变化过程我们几乎都觉察不到。没人能够否定很多孙辈对祖母的爱保持了一生，而这种爱绝不会是在一秒钟内发生的。相反，那种一见钟情的爱情确实可能得之毫秒，却也可能失之毫秒。在我看来，在由一见钟情而进入婚姻殿堂的群体中，至少有一半人的婚姻维系时间不超过一年。一见钟情的发生多是基于性欲、幻想、移情和自恋，不过是丰乳艳唇的诱惑，或在对方的身上寻到了自己的影子。在安德鲁·马维尔的名诗《致羞涩的情人》中，诗人这样规劝我们："如果我们的世界够大，时间够多，小姐，你这样的羞涩真算不上罪过。……可是我总能听见，在我背后，时间这辆带翼的马车正在疾驰而过。"不过，这里描述的是性欲，而非爱。而且我们也必须承认，性欲令人欢愉，但性欲是以自我为中心的。

沃尔特·惠特曼却在他纪念亚伯拉罕·林肯辞世的诗歌《当紫丁香最近在庭院中开放的时候》中描绘了隽永真挚的爱。"当紫丁香最近在庭院中开放的时候，那颗硕大的星星却从西边的夜空陨落了，我只有哀悼，并将伴随着一年一度的春光永远地哀悼下去。"我多少有些怀疑是否真有人会在一夜之间爱上亚伯拉罕·林肯，毕竟他既不英俊也不风趣。我只能说真爱是需要时间积累的。

与当代西方的婚恋风潮格格不入的包办婚姻，其历史不仅比"为爱结婚"悠久得多，而且包办婚姻持续的时间也更长久一些。一位经历了包办婚姻的印度老寡妇，她在丈夫火葬柴堆旁痛苦悲伤的程度，一点也不会比美国斯卡斯代尔那位新时代"为爱结婚"的寡妇在郊区豪华殡仪馆悲痛欲绝的程度少上一分一毫。人类的情感依恋是需要时间来沉淀的。

✌

　　那么，我们如何学习去爱人？又如何变成传播爱的人呢？主日学校不行，因特网也不行，甚至仅依靠文字也不行。我们是通过神经化学、基因和身份认同的途径学习爱的。

　　一方面，持久的、对象固定的爱是由基因促成的。而自闭症患儿与外界社会关系完全隔离的症状则完全是基因的原因。由于某些现在暂未可知、但是可高度遗传的原因，自闭症患者没有接纳爱的能力，也不能回馈别人给予的爱。另一方面，人与人之间持久的爱同昆虫之间的爱也是完全不同的。昆虫拥有一种基因信息交流系统，可以控制那些有时表现得异常复杂的"利他行为"，但是这种行为既不是昆虫发明的，也不能靠昆虫间互相学习而获得。蜜蜂的摆尾舞和蚂蚁的嗅迹都包含某种象征元素，而它们的利他表现和含义也是与生俱来由基因决定的，后天学习对此并没有什么影响。与人类同情心不同，由基因调节的昆虫的"利他行为"并不是经由文化传播的。

　　一方面，持久的、对象固定的爱是由化学因素促成的。神经化学为非语言交流提供了精巧的模型，促进了积极情绪非自主机制的形成。在哺乳动物生产时，大脑会分泌"后叶催产素"。后叶催产素能让哺乳动物跨越自然的厌弃感，使极度亲密成为可能，因此它也被称为"拥抱荷尔蒙"。就像前文提到的一样，如果基因决定了不能分泌后叶催产素，单一伴侣的、富有爱心的雌性草原田鼠会完全转变为另外一种物种——无情无义、淫乱多伴侣、甚至虐待幼鼠的山地田鼠。我们可以看到，如果没有后叶催产素，父母抚育子女的合作关系和责任感也随之消失了。[18]在人类新生儿身上，会在短暂的时

间内存在大量的后叶催产素受体。[19]它会因为人类青春期的到来和青春期迷
恋的发生而升高。将一个新生婴儿放入妈妈的怀抱中，或一对夫妻在性生
活中双双获得性高潮时，大脑分泌的后叶催产素也会增加。

大脑中枢会释放富含后叶催产素的多巴胺，它也是人脑边缘系统中一
个核心部位。野鼠类的前脑伏隔核、老鼠的中脑腹侧被盖区，以及人类的扣
带回前部都被证明在维持持久的哺乳动物依恋关系上具有重要作用。这些
部位都对神经递质多巴胺有着极其强烈的依赖。有趣的是，这三个部位同
时又包含着鸦片受体，而且与海洛因毒瘾有所关联，而这种致命的"爱"的替
代品也常常有固定对象且相对持久。鸦片是唯一能让动物幼崽在与母亲分
离时给予它安慰，缓解分离焦虑的化学物质。就像一位多年的瘾君子描述
的那样："有了海洛因，你就再也不会孤独了。它就像是你的爱人。"[20]

另一方面，持久的、对象固定的爱是由身份认同促成的。不像蜜蜂生来
就会跳舞，人类生下来很多事情都不会。如果说人类之间的爱恋就像跳舞
一样，那么也要两个人才能凑成舞伴；而且在练舞初期，这两个人中还需要
一位经验丰富的舞蹈教师。于是，化学因素、基因因素和适者生存的规则只
是一部分原因而已。从鱼到冷血的爬行动物，再到哈利·哈洛研究中充满
爱心的猴子，这一进化过程反映了基因力量为爱打下的坚实基础。为了让
持久的哺乳动物依恋关系得以产生和存续，有爱的环境和对他人的认同必
不可少，它们甚至和化学因素一样，对塑造大脑有着至关重要的作用。

如果就像乔·凯布尔中尉在音乐剧《南太平洋》中唱到的一样，"你需要
有人教你去学会仇恨和恐惧"，你也需要有人教你如何去爱。所以，与爱相
关的行为自我调节并不是从大脑中孤立地产生，而是在大脑进化的过程中
由对爱人的依恋逐渐转化成型。在孤立环境中成长的猴子在大吃大喝之后

会蜷缩在角落自己打发时间。它们一般不会和其他猴子嬉戏玩耍，相反会时常殴打它们，且下手极为狠毒。它们也从未真正掌握性爱的诀窍。这些孤立于猴群之外的猴子，它们的整个人生都在接受"自然的安排"。但是只要这些孤单的猴子接下来能被母猴或其他兄弟姐妹抚养一段时间，哪怕只有一年，它们就会学会如何与其他猴子嬉戏打闹；懂得在获得社交主动权的时候要适时优雅地收手；还会学会如何灵活地协调体位以便让母猴成功受孕。很明显，就像汤姆·默顿的例子一样，成年之后持久稳定的亲密环境会帮助削减童年时期的孤独带来的负面影响。如果没有恢复关于童年时期疼爱他的保姆的记忆，如果没有自己的孩子对他产生的协调作用，汤姆·默顿医生恐怕永远也学不会如何给予爱和接受爱。父母早亡的列夫·托尔斯泰曾经是一位冲动的、极度自恋的人，直到他遇到了他的妻子索菲亚，他的人生才开始发生改变。

就像寓言、赞美诗还有世界上那些伟大的宗教中那些令人振奋的故事里描绘的那样，爱情生态是可以由社会道德规范加以催化的。弗吉尼亚大学心理学教授乔纳森·海特和他的学生们进行的一系列设计独特的实验能够很好地证明这一点。给新妈妈播放有关爱和感恩的视频，她们漏奶的情况就会增加，哄孩子的动作也会更加频繁（该研究结果证明了爱能促使后叶催产素的分泌）。但是如果给新妈妈放映的是幽默的或者不带任何感情色彩的视频，之前出现的两种情况则不会那么明显。在另一个实验中，海特和他的同事们给大学生放映那些英勇的利他主义者的纪录片和从奥普拉·温弗里的脱口秀节目中节选的关于感恩和无私的爱的片段，让学生们感受到一种平静、温暖的感觉，同时产生一种想要帮助他人的冲动。而这些大学生在观看了不带任何感情色彩的视频之后，他们的反应却不明显。[21]

爱,特别是无条件的爱,对给予爱的人和接受爱的人拥有同样的治愈效果。接受爱是具有变革效果的。在接受了一位美丽仁慈的公主的亲吻之后,难看的青蛙变成了王子。弥留时的百岁老人浑身插满了各种管子变得难看吓人,不过整个画面却能因为临终关怀护理人员紧握着他的手重又变得温情美好。爱和其他积极情绪一样,是一种完全没有任何副作用的宗教。

具有治愈效果的爱,时常需要设定适当的边界。母亲与孩子之间的那种眼神交流和肌肤接触,必须与性欲和自私的性本能区别开来,否则对方就会感觉到被亵渎。那位好心的临终关怀护理人员、那位坚定的教区教士、那位全身心投入的社会工作者或你最好的朋友,他们都需要明白的是:我们最亲爱的祖母而非那些拥有神赐能力的救生员,才是创造出具有治愈效果的爱的最恰如其分的榜样。祖母通过团结、热情、承诺以及为人生设定明智界限将其创造出来。这种具有治愈效果的爱更多是与见证相关(即让他人感受到被关注),而非救助。[22]

此外,后叶催产素,即"拥抱荷尔蒙",在某种程度上它本身就具有明显的治愈效果,因为它是以爱为基础的。从长远来看,后叶催产素发挥的效果其实与"战斗还是逃跑"的那种消极情绪截然相反。如果长期处于恐惧、焦虑、压抑等消极情绪之中,人对疼痛的阈值就会降低,皮质醇水平和血压就会处以一种慢性、对身体有害的状态缓慢升高。相反,如果大脑能持续分泌后叶催产素,皮质醇水平和血压就会相应降低,人对于疼痛的阈值就会升高,转而进入一种平静、放松的精神状态。[23]最近针对公开演讲中皮质醇水平和压力之后的焦虑状态进行分析后发现,鼻内滴入后叶催产素或者提供相应的社会支持会缓解压力,而且两者结合效果更佳。[24]这也能解释了为什么用爱和同情对待卧病在床的人,能帮助他们尽快康复。

英国精神病学家迈克尔·鲁特爵士针对人类发展过程中爱的转化力量的相关研究，应该是该领域迄今为止最为科学的研究成果。他和同事戴维·昆顿合作开展了一项长达 20 年的指导性实验研究。[25] 他们的实验对象是 91 位出生于缺陷家庭、两岁之后被孤儿院收养的妇女。鲁特和昆顿希望通过该研究发现在这些幼年被收容在社会福利机构的妇女中，有哪些人能够成长为称职的母亲，能够将她们幼年没有享受过的爱和关怀给予她们自己的孩子。实验结果也不出意料，所有这 91 位实验组母亲比控制组母亲的表现要糟糕得多。不过，在这些实验组对象中，研究者也发现了两个重要因素，可能会帮助她们之后成为成功的母亲：第一，激发语法学校教师对她们的赞赏和照顾的能力；第二，能嫁个有爱心、会体贴人的好丈夫的福气。鲁特和昆顿进一步证明能提供支持和关怀的婚姻并不是女人既有的心理稳定性的因变量。换句话说，这种婚姻关系在婚配选择中并没有特别的作用（事实上，你只有自身变得更加有爱心了，才会嫁给一位体贴仁爱的丈夫）。相反，提供支持和关怀的婚姻关系所带来的积极效应其实应当归功于这种有爱的婚姻本身。这些幼年缺少关爱的女孩子们，和汤姆·默顿和比尔·格雷厄姆一样，凭借爱的力量才获得了改变自己的机会。

在"成人发展研究"项目中，我的研究对象主要是缺失爱的男性，但我得出了和鲁特和昆顿一致的结论。[26] 我从 456 位居住在市中心的青年人中选出了 30 位作为研究对象：他们的童年极为悲惨，这段经历对他们的成年发展没有任何益处。童年时，他们中的每一个人都具备一种或几种被儿童发展问题专家认为不可能让他们健康成长的特征。可惜，儿童发展问题专家的预言是正确的。在他们 25 岁的时候，这 30 位受试的人生仍然是一团糟。不过，到 50 或 60 岁左右时，他们中有 9 位成为了各自领域的成功人士，拥有了非常丰富的人生。与鲁特和昆顿的实验结果一致，最终挽救这些人的关键事件是他们都找到了一位富有爱心的妻子。从宗教教义中，我们是学习不到如何去爱的。我们只有通过基因、生物化学因素，或者从那些爱我们并让我们同样回馈他们以爱的人的身上学到如何去爱。

成功的人类发展包括：首先，吸纳爱；其次，相互之间分享爱；最后，无私地将爱散播出去。所有伟大的宗教、我们的朋友、我们的家人、我们的基因和大脑化学成分都共同协作，引领我们在学会爱、给予爱的道路上前行。当然，爱叠加之后就会产生神奇的效果。就好像莎士比亚笔下的罗密欧这样向朱丽叶表白："我的慷慨就像无边的大海，我的爱情像大海一样深沉；我给你的爱越多，我自己就越富有，因为给予爱和获得爱都是没有穷尽的。"无怪乎有些人将上帝当作爱的同义词了。

第6章 希望

希望是人生最伟大的力量，也是唯一能战胜死亡的利器。
——尤金·奥尼尔[1]

　　在第二章，我们讨论了哺乳动物的进化过程，分析了分离哭泣并解释了这种行为本身传递的人类母亲绝不会同类相食的信念。希望代表的其实是更进一步的进化阶段。希望让人们能将源于边缘系统、关于过去充满爱与情感的回忆与"对未来的记忆"相连接。这种能力植根于人类大脑最后进化的额叶部分。额叶尺寸的扩张是从解剖学上区分智人与其他灵长类动物最为明显的特征。我们能预见未来、提前哀伤、播下种子或者计划筹谋，所有这些能力都是基于额叶功能的。不过只有将各种能力整合起来的大脑才能希望农耕能真正养活自己，才会期盼阴冷的春天播下的种子能在秋天结出丰硕的果实。这就是希望的力量。

　　智人对未来报以希望的能力，以及比"回忆过去"更加强大的"记忆未来"的能力都在不断进化。这种能力与 15 万年之前石器时代制造工具的那种开拓创新齐头并进,而且这种创新在当今的电脑和机器人技术发展中依然存在。原始社会依靠狩猎采集为生的人,只需要记住去年曾找到吃食的地方就足够了。正是拥有了记忆过去的能力,尼安德特人才能沿袭着与石器时代相同的制造工具、搜寻相同的浆果和草根果腹,以这种狩猎采集的方式谋生,40 万年不变。可突然某一天,人类萌发了新的希望,开始了新的尝试,希望能找到新的工具和食物。我们的智人祖先尝试着用动物骨头磨成骨针;用头年饱满的小麦种子播种以获得来年更大的丰收;如果头一年收成不好,就用象牙雕刻丰产女神祈求来年风调雨顺。萨满教法师作为创意十足的农夫,为这世上增添了好些从未有过的元素。要预见未来可是需要相当大的心智能量,所以将他们称为那个时代的艺术家也不为过:需要有心来相信播下的种子一定能丰收,相信祈祷和宗教仪式能让家里添丁。在我看来,这是人类这一物种进化中不可阻挡的成熟过程,在这个过程中早期智人开始将那些有用的生活物件用以陪葬,使他们成为一种特殊的哺乳动物:即秉持生命或至少对生命的回忆一定会超越死亡的希望。

苦难与希望被打破的感觉类似,苦难甚至超越了痛苦的感受:因为这是一种失控的状态,弥漫着绝望的气氛,看不到希望。不过,如果失去希望让痛苦变成了苦难,那么重拾希望就会将苦难重新变成可以掌控的痛苦。苦难是自主权的丧失,而希望可以让一切复原。所以春日里的各种庆祝仪式,如复活节、逾越节,以及纪念丰饶女神得墨忒耳将宙斯之女珀尔塞福涅从冥王哈德斯身边救回的节日,都能将绝望转化为希望。

在一个晦暗的周五,我依然翩翩起舞;

要知道受恶魔控制时，跳舞是多么的不易；

他们将我埋葬，以为我已死，

但我的舞蹈却永不止息。

他们把我击倒，我却纵身而起，

我就是生命——那永不逝去的生命；

若你住在我的心里，我便也在你心里；

他说：我是舞蹈之王。

——西德尼·卡特（1915—2004），《舞蹈之王》（1963）

想要界定"希望"需要这一整章的篇幅，我可不指望用一两句话就能把它解释清楚。我的读者们该抗议了："快别瞎说了，语言是万能的，一定可以说清楚。"可惜，读者们的这种看法确实不对。还记得中国古代圣人说过"一画胜千言"吗？那些了不起的文字工作者又何尝不曾在心里呐喊"不要光说，要做给我看"？所以我在第一章定义"精神"时，我们并没有援引诺亚·韦伯斯特词典中的权威定义，而是引用了一段祈祷文、一个故事、一首歌，还有三位典型人物莫罕达斯·甘地、马丁·路德·金、尼尔逊·曼德拉的传奇事迹。要给"爱"和"希望"下定义，我需要调动你的整个大脑，而非仅仅操控你的语言中心，也就是说你需要用心去体会，仅靠才智是远远不够的。我希望在这一章结束的时候，你能真正懂得我所说的希望是什么意思。

首先,我要来界定一下什么不是希望。希望应与愿望区别开来。愿望是基于语言,并受左脑控制的。相反,希望是由各种形象组成的,且植根于右脑。对着星星许个愿望毫不费力。这就像我曾说过的,如果愿望是匹马的话,就连乞丐也能毫不费力地驾驭它。然而,希望通常需要付出极大的努力才能拥有,而且对现实生活有直接的影响。希望反映了我们想象现实中瑰丽未来的能力。就像我们见证新婚夫妇订立结婚誓词的那个瞬间,他们的信仰涵盖的只是过去的时光,彼此之间的爱让他们在这一刻迈出这神圣的一步;而有且只有希望才能让他们走到一起、畅想未来。希望使我们拥有各种情绪、充沛的精力并且不断强化,而愿望则是被动的、认知的,而且逐渐削弱。

祈祷的治愈功效常取决于对希望和愿望的明确区分。如果我暗自祈求上帝,让他保佑你能从癌症的病痛折磨中早日康复,或我自己能中彩票发大财,那么我善意的祈祷效果估计和向着一片四叶的三叶草许愿的效果差不多。不过,如果你能体会到我的祈祷是爱的化身,我诚心希望能与你分享我的力量和希望,那么就算你的癌细胞不会因此而被消灭,你的痛苦也很可能会减轻。匿名戒酒者协会的赞助者告诉那些参与者:"除了我的经验、我的力量和我的希望,我再没有别的东西要给你们了。"而这些参与者也就信了。

希望与信任和信仰之间也有区别。信任的反面是不信任,而希望的反面则是绝望。信仰可以让孩子与那个需要他而且对他来说非常重要的人,建立起具有安全感的依恋关系。但是希望则可以让那些没有父母关爱的孩子依旧相信未来。没有信任,我们会变得警惕和猜疑。但是如果没有希望,我们就会感受到深入骨髓的绝望和抑郁。信任的反面可以解读为"人们可能会伤害我"。但是希望的反面则应当解读为"我注定失败,我将一事无成"。偏执和抑郁是两种症状不同的病症。没有信仰的人缺失了过去,而没有希望的人则看不到未来。

　　拥有希望，我们就能预见从现在的绝望抽离、实现未来各种可能性的变化。相反，无论是爱还是信仰都是不包含对未来的诠释的。所以对于孤儿而言，其发展顺序应当是：我失去了我的信仰，不过我希望能再将它找回。

　　希望来自于哺乳动物一种不自觉的本能需求，这种需求能帮助哺乳动物在遇到恐惧和挫折时从容应对。我们将这种具有安慰效果的情绪源泉称为希望，当然发自内心的祷告也能起到类似的效果。希望让我们相信明天会比今天更好。"使人绝望"这个动词源自拉丁语词"disperare"，意为"没有希望"。绝望是用来描述情绪的词汇，希望同样也是。真正的希望由心而生，从歌声中来，同时也植根于认知系统。例如，听到下面与希望有关的这句话，就会有高昂的赞美诗音乐在脑海中浮现："在内心深处，我真的相信，有一天我们能战胜这些困难。"这与认知信念无关。

　　和信仰一样，加缪的牧师里厄神父时常能创造希望，新的希望又能修复之前的信仰。在尤金·奥尼尔那部描写母亲的戏剧结局篇中也解释了这一点。在这部自传性质的戏剧《进入黑夜的漫长旅程》中，母亲玛丽·蒂隆责怪她的儿子，当然还有其他所有的亲戚，是她吸食鸦片上瘾的根源。[2]在奥尼尔的一生中，他确实时时疑惑自己是否真的是母亲鸦片上瘾的罪魁祸首。当他真正回头寻找母亲毒瘾源头的相关线索时，他也只能追溯到他自己出生时给母亲带来的痛苦，再不能往前。但是在尤金出生之前又发生了什么呢？奥尼尔传记作者在这一点上比奥尼尔自己知道得更清楚。[3]

　　艾拉·昆兰在与詹姆斯·奥尼尔结婚之前，就不太喜欢笑。后来，艾拉发现自己无法照顾自己的两个孩子，而且其中一个甚至由于她的疏忽大意而过早夭折，这时她的绝望和无助变得更为强烈了。她只好找来自己的母亲帮忙照顾孩子,而且开始避孕。母亲去世的时候,艾拉不在她身边,也没有办法参加她的葬礼。母亲的去世让艾拉非常伤心,但之后不久,艾拉又开始愿意和奥尼尔继续生育孩子了。在《进入黑夜的漫长旅程》中,奥尼尔的母亲曾说过:"在我怀着尤金的时候,我整天都提心吊胆。我总是觉得有什么不好的事情马上就要发生。我明白我不够资格再次当母亲,如果我真的生下这个孩子,上帝一定会惩罚我。"但是在戏剧中,当然有可能现实中也是这样:艾拉之后并未提起过她的母亲,也不曾提及她对无人来帮忙照顾这第三个小宝宝尤金的恐惧。她失去了母亲,相当于失去了"更为强大的力量",这才是艾拉产后疼痛的根源,也是她丧失希望的真正原因。

剧中,玛丽·蒂隆将她感知绝望的时间推后了,认为所有这一切都从尤金降生时才开始:"医生知道的就是我生完小孩之后浑身疼痛。他想要帮我止住这疼痛很容易。"之后,她把吗啡当作"一种神奇的药物。我必须用吗啡,因为再没有别的药能帮助我止住这疼痛——我能感受到的所有的疼痛。"我们还记得,鸦片是唯一能止住小动物与母亲分离时所产生的痛苦的药物。

在《进入黑夜的漫长旅程》的前半部分,玛丽·蒂隆也曾告诉我们她失去了信仰。她大声呼号:"如果我能找到我遗失的信仰,那我就能再次向上帝祈祷了。"玛丽·蒂隆没有承认因为失去母亲她承受了极大的痛苦,相反,她紧紧抓住了自己的婚纱,就像莱纳斯在连环漫画《花生》中紧紧抓住自己的毯子一样。她痛苦哀嚎:"我到底要找寻什么? 我只知道那是我失去的东西……我心里急切想要找回的东西。"当该剧快要结束的时候,她甚至产生了幻觉:"我和伊丽莎白修女谈了一下,知道自己罪孽深重,但是我对她的爱甚至超出我对母亲的爱。因为伊丽莎白修女总是能明白我的想法。"但是玛丽·蒂隆还是没有找寻到希望。绝望和临床抑郁症很相似，都可以要了人的命。全剧终时，玛丽·蒂隆已陷入了精神病态的幻想中，她开始畅想自己的未来。"我去到圣地，开始向圣母玛利亚祷告。我重新找回了平静，因为我知道圣母已经听到了我的祷告。只要我一直保持对她的信仰，她就会一直爱我，保护我不受任何伤害。"这其实就是希望，而非错觉。

1914 年，在《进入黑夜的漫长旅程》中描述的故事发生之后两年，美国颁布了《哈里森毒品法》，艾拉的医生给她开处吗啡的行为从此开始被认定为违法。为了戒掉已是违禁药品的吗啡，艾拉·奥尼尔被送到女修道院住了近半年。修道院是一个处处弥漫着希望的环境，这恐怕也是天意保佑吧。在修道院里，艾拉·奥尼尔的希望终于梦想成真了。她找到了值得去爱和守护的真正的修女。她也找到了真正能替代她母亲、给予她滋养的情感依靠，比她的婚纱、她的酒鬼儿子和丈夫，以及她自己自闭的幻想更能给她安全感。在修道院里，艾拉·奥尼尔不仅是找到了一个可以依靠的机构，还找到了她一直寻觅的情感上的代母，而且重拾希望。

1919 年，艾拉·奥尼尔开始学习微笑，学习如何对未来抱有希望。离开修道院并成功戒毒五年之后，她曾写信给他的儿子尤金，那时正好是尤金的儿子出生刚两天的时候，信里这样写道："有个这么可爱的宝贝孙子，我真是今晚纽约最开心的老太太了！不过，怎么也比不过你小的时候啊，尤金。那时候你可是有 11 磅重呢，而且乖得很！随信附上一张你三个月大时的照片。希望宝宝也长得和你一样好看。"[4]

她现在也能跟上剧作家儿子的脚步，开始理解欣赏他不断发展的职业生涯，为他感到骄傲，并设身处地地为儿子着想。[5]未来对她而言重新有了意义。这就是希望在信仰、爱与节制的帮助下迸发出的力量。

✿

50 年前,美国托皮卡精神病专家卡尔·门宁格曾在一篇为《美国精神病学杂志》撰写的关于希望的文章中这样描述他的研究结果:"《大不列颠百科全书》中有很多条目是关于'爱'的,关于'信仰'的条目更多。但是'希望',可怜的'希望'！在其中甚至完全没有被提到！"[6]据我所知,在此之后,这本杂志上再没有出现任何明确讨论希望的文章。乐观主义者,就好像歌剧《南太平洋》里那些"荒唐的乐观主义者"们一样,他们可能是"不成熟或极端幼稚的"。但希望是成熟的,而且希望所见的都是真实的。卡尔·门宁格甚至还写道:"我们心中秉持的希望可以作为衡量我们成熟度的标尺。"[7]

和幽默、创造性甚至春天一样,你不能使用客观或理性的眼光来看待希望,就像你不能量化蝴蝶的美、五岁小孩的优雅程度一样。然而,所有这些东西又是真实存在的。更为重要的是,希望能拯救人们的生命。病人心中虔诚的宗教信仰所带来的希望的力量能帮助他在接受了心脏手术之后坚持活下来。[8]就像约翰·霍普金斯大学神经心理学家库尔特·李克特多年之前的研究所揭示的那样,如果让老鼠先游到筋疲力尽然后再给它救起来,那么下次它一定会比那些未曾被人施以援手的老鼠在水里坚持的时间更长,而且绝不会被淹死。[9]

在心理学家马丁·赛里格曼的实验室里,玛德琳·维辛坦娜更具戏剧性地复制了李克特的实验。[10]她研究了那些遭遇过且无法逃脱惊吓(即习得性无助)的老鼠的生存状况,并将其与那些同样经历过惊吓,但却可以自行终结惊吓的老鼠的情形进行对比。(经历过习得性无助的老鼠只有在其他老鼠也同样经历过无法逃脱的恐惧之后才愿意与其结为伴侣。)维辛坦娜还计算了如何在一组老鼠身上注射适量的癌细胞,使得其中恰好一半数量的老鼠会因此死亡。她在三十只曾凭借自己的力量成功逃离痛苦惊吓的老鼠身上注射了这种癌细胞,同时在另外一组三十只经历过同样的惊吓却无力逃脱的老鼠身上也注射了同样的癌细胞。实验结果显示,只有27％的充满希望的老鼠最终死于癌症,远低于预期的50％;却有高达63％的无助的老鼠死于注射的癌细胞。

在成人发展研究项目中,我们曾以一种不太精确的方式对希望的力量对于人类死亡率的影响进行了观察。[11]城市人口的存活率,虽然受智商、父母的社会阶层、种族渊源以及家族问题成员等诸多因素的影响控制,但与受教育年限成明显正相关。换句话说,社会地位低下家庭中的孩子(不考虑特权阶级和父母教育程度),如果在成长过程中不断被灌输未来是值得自己打拼的这种观点,那么这种拥有希望的人,寿命更长。这就是希望的力量。

꧁꧂

必须承认的是,就像海森堡研究电子一样,我们越想要集中钻研希望,希望反而变得越发难以琢磨。圣徒保罗曾这样解释过其中的奥妙:"我们得救是在于希望,但是所希望的若已看得见,就不是希望了。"(罗马书 8：24)我们能寄予希望的其实是那些不确定,而且存在于未来、我们看不见的东西。不过,希望之于我们的生活,是极其重要不可或缺的。

要理解这一点,我们试试用音乐的希望来涤荡你的心灵。二战时期有一首非常流行的歌曲"(暴风雨过后,必定有蓝天)多佛白崖",这首歌写于

1941 年的英国，那时整个世界都处于最黑暗的时刻。这首歌提醒英国人，这种没完没了的空袭，这种在比利时、挪威、非洲等地英国人遭遇的无望的失败，必定会在某一天，以某种方式宣告结束。其实这首歌并没有说谎。当我们去关注到底是哪一天时，它就会将公众的注意力引向对希望中"某一天"的概念的理解和揣摩，并更加坚信"某一天，我们一定会胜利"。

斯蒂芬·桑代姆和伦纳德·伯恩斯坦在音乐剧《西区故事》中也传达了对希望和群体关系的类似想法。玛利亚和托尼在鲨鱼帮和火箭帮恶斗不止的背景下唱的那首歌，不正是希望的化身吗？所以，蒙塔古家和卡布利特家之间的斗争，什叶派穆斯林和逊尼派穆斯林之间的斗争也会孕育这种希望。

> 某一天，某一处，
>
> 我们定会找到新的生活方式，
>
> 我们定会找到方法原谅彼此。

但如果你的脑海中并没有和着这歌词，回响它的旋律的话，你的感触可能不会那么深刻。可能与霍马克贺卡上的祝福语一样，对你而言，这只是一句客套话。因为颞叶才是过往记忆、爱、音乐和精神的栖息地。贝多芬第九交响曲的旋律让我们联想到希望，所以也无怪乎以色列的国歌要以"希望"（Hatikva）来命名了。

ॐ

希望不是认知的，也不是理性的，同样也不会过时。希望是我们哺乳动物情绪遗产的一部分。

艺术家、儿童精神病学家、成人发展研究专家艾利克·埃里克森将希望的价值放置于生命之初，认为它是人生中"出现最早也是最不可或缺的美德"。[12]对埃里克森而言，希望是人类所有发展的基石。希望为埃里克森所指的"基本信任"或我认为的"信仰"提供持续的动力。此外，希望对埃里克森提出的所有不同时期心理发展的八个阶段都非常必要。希望是掌握人生主动权的基础；希望能保持青春期爱情的忠诚；希望也能使成人之间变得更加亲密。通过重新建立起人们对下一代的信心，希望为人类的进一步成熟繁殖增添了意义。最后，通过在老年时期强化埃里克森提出的"完善"这一理念，希望为我们自己和我们的子女带来了对于未来的承诺——让我们在平静中逝去。希望于是成为了永恒的源泉。

꧁꧂

希望是来自内心深处的信念，坚信所有的苦难都会过去，坚信明天或者后天一定会更好，坚信如果你耐心等待，一定会在冰雪融化后迎来春天。所以，希望不仅仅是一种认知防御机制，希望本质上是一种积极情绪。希望与格特鲁德·劳伦士在《国王与我》中扮演的那个角色在害怕时吹上一曲欢乐的曲调来转移注意力的状态完全不同。希望也绝不是斯嘉丽·奥哈拉凝望着白瑞德·巴特勒的背影，怔怔地陷入深思，口里还轻声地咕哝着"我明天再来想这件事"时的自我否定。希望让我们敢于直面死亡，坦然接受艾滋病的事实，平静地承受破产的厄运，对逝去的爱情轻声说再见。在匿名戒酒者协会里，参与者要完成"十二步"蜕变。首先，他们要坚强地承认自己无力控制酒精。接下来,他们希望能找到比自身更为强大的力量来修复他们的心智健康。这并不是毫无根据的妄想,和世界上其他地方不一样,他们的身边总是有那些从酗酒的状态中摆脱出来、心智恢复正常而且好多年滴酒不沾的前辈陪伴左右,给予鼓励。这样,他们学会了节制。

令人惊讶的是,苦难越深重,希望的力量就越发强大。卡尔·门宁格在《爱与恨》中给我们讲述了一个在布痕瓦尔德集中营灰心绝望的环境里,那些被囚禁的医生和工程师——通过行贿、智谋,还有希望——偷偷地组装一台 X 光机的故事。[13]其中花费的力气远比简单的许愿要大得多。在巨大的努力和强大的希望的支撑下,他们在极其危险的环境下组装的这台机器挽救了许许多多关在集中营里注定一死的人的生命。可能会有人会问了,既然死亡无可避免,为什么要费这个力气在死囚营里,组装一台 X 光机呢?回答只有一个词——希望。其实我们可以找到证据证明他们所秉持的希望绝不是所谓的祝福、幻想或者荒唐的乐观情绪。该证据是基于一个简单却不乏美丽,却又具有科学道理的事实。当布痕瓦尔德纳粹集中营最终被解放时,有些参与组装 X 光机的医生幸存了下来,并向解救他们的美国军医介绍了这一非凡的创造,传递了弥漫在集中营里不屈不挠的希望。

不过,除了这些感人的轶事之外,还有其他支持希望的证据吗?我们又如何确定虽然死亡必然出现,但希望才是生命的绝对永恒呢?答案应该是这样吧,每年我们都会重新温习一遍:冬天过后必定是春天。当我们将花朵扔向墓穴时,我们知道这种哀痛终将会过去,我们希望我们对爱的记忆会永远长存。在每年寒风刺骨的冬日里,虽然花园里花草凋零,但终归会在春天有万物复苏的一天。需要重申的是,我谈的并不是形而上学,而是最直白的生物学事实。

如果一个孩子因为某种致命的疾病在死亡线上垂死挣扎，那么在这一刻帮助他的父母想象他们的孩子定会安然无恙是没有任何意义的。这不过是良好的祝愿而已。相反，人们可以做的是向孩子的父母灌输一种希望，那就是将会有一个关于未来的故事因此而存在，在这个故事里爱着的人仍然活着。这也就是为什么有一对悲痛的夫妇，在他们的独子少年夭折之后，创建了一所大学，并用他们爱子的名字将其命名为"小利兰·斯坦福大学"的原因了。这对夫妇将余生的精力都投入到发展这所大学的事业上，将其作为送给其他家庭那些青春年少的孩子们的一份希望的礼物，并想要让他们不再为学费担忧。我也承认在很多方面斯坦福夫妇的人生并不值得人们艳羡，但他们的希望却变成了许许多多孩子的福祉（即使斯坦福大学的学费早已不是当初的二十五美元一学期）。

艾米丽·迪金森曾这样为我们轻声吟诵：

> 希望是长着翅膀的鸟儿，
> 栖息在人们的灵魂之上，
> 唱着没有歌词的旋律，
> 永不止息。

> 我在最寒冷的陆地上，
> 和最陌生的大海上听见鸟儿的吟唱，
> 即使无法获得永恒，
> 它也从不向我索取分毫。

✿✿

希望具有弗洛伊德用以形容幽默的类似特征。希望，和弗洛伊德眼中的幽默一样，"无论痛苦如何干扰阻拦，希望都是一种获取愉悦的途径"。希望，和弗洛伊德眼中的幽默一样，"敢于直面令人痛苦的情绪，并从中获得观念上的满足，进而卸下对痛苦情绪的自我防御"。[14] 也就是说，如果你不懂得如何勇敢面对失去，你就不会拥有希望。与愿望和自欺欺人不同，如果不愿意直面悲伤和哀痛，希望便无从谈起。所以，虽然看似矛盾，但坦率地承认"癌症"、"死亡"以及"无能为力"这些词语，有时候可以帮助我们用利刃切开绝望的疖肿，然后重建希望。

希望与幻想也不一样。幻想让我们自由地想象那些从来不曾发生过、未来也不可能发生的事情。幻想只是给孤独的人一个属于他们自己的纸娃娃。罗伯特·斯科特，那位在南极洲帐篷里被饿死的探险家，每晚都会梦到热气腾腾的饭菜。但是这种想象中的美味只给他带来不起任何作用的安慰，他最终还是被饿死了。

斯科特在南极洲写给他妻子的信中提到："我觉得最后的机会也消失了。我们决不会自己结束生命，相反，我们会努力去寻找最后一个补给站……尽量培养儿子对自然历史的兴趣，这比整天玩闹要好得多。有些学校很看重这一点。"[15] 当人们找到这封信的时候，斯科特对儿子的殷切希望，让所有的英国人都为之潸然泪下。而且，他的儿子皮特·斯科特为他父亲的希望所激励，开始学习自然历史，慢慢长大成熟，最后成为了一位卓越的野生动物画家。所以，希望并不是幻想。希望虽然并不总能治愈癌症，也不能为这位难逃一死的冒险家提供食物、挽救他的生命，但是，希望让祖母们播下橡树种子，并期待着有一天橡树成荫，为她那些长大成人的孙辈遮风挡雨。希望让那位注定了悲剧下场的冒险家的儿子继承了他未尽的事业。你看，希望不会让悲伤止步，它只会提醒我们还有另外一种可能性的存在：在冬日的花园里，爱的种子会在下一个春天萌芽。

希望是诚实的。虽然我们常欺骗周围的人，对他们说谎，但从定义上来说"谎言"是我们自己也不相信的东西。不过，希望怀抱的总是事实。正是因为这样，剧作家让·阿努伊让他剧中的女主角安提戈涅说出了这样的话："你肮脏的希望，你温顺的、女性化的希望。希望，你这个小荡妇！"[16] 但是这不过是安提戈涅在罹患重症抑郁、痛苦挣扎时的内心独白。那时，她有的只是绝望。

说起来有点矛盾，但希望的象征有时会让人回忆起一些极其丑陋不堪的过往。因为希望一般都尊重事实。我们这个时代最为典型的象征之一——柏林墙的倒塌，让数百万人的希望得以重建。即使它曾被画满了各种绝望的涂鸦，被缠满了令人心寒的带刺铁丝网，但人们如果能找到这堵曾令人恐惧厌恶的柏林墙的丁点碎片，也还是会对它视若珍宝。纳尔逊·曼德拉在经历了罗本岛上近 30 年的牢狱生涯之后，重新担任国家领导人，这之间的神奇转变被成千上万的人当作希望的范本。从某种意义上说，希望之所以能给予我们力量，是因为我们与之前的绝望握手言和，并获得了救赎。就像库尔特·李克特的那群老鼠一样，当我们拥有希望成真的记忆时，我们便能游得更远。

꩜

我们不能将我们的希望赠送给他人，但我们可以与他人分享我们的希望。我记得自己也曾害怕希望会将我那些荒唐的乐观主义纯真本性蜕变为残酷的阴谋。我曾碰到过一位年轻有为的医生，他因为酗酒问题求助于我，并参加了马萨诸塞州一个小镇上的匿名戒酒者协会。因为他有些担心镇上的人对他酗酒的恶习会有些风言风语，所以我向他保证整个交流过程中他一定是安全的，而且是匿名的。他同意了，相信了我给予他的希望。

但是，来看看我有多么自以为是吧！他第二次来参加活动的时候就告诉我他在匿名戒酒者协会碰上了一位小病人的母亲，这着实让我吓了一跳。更糟糕的是，这位年轻的医生曾给那个小姑娘做过手术，而且手术的结果非常不尽人意。现在这位母亲恐怕就知道了那位给女儿做手术的蹩脚医生原来是个酒鬼。我感到非常的无助。我对于信仰治疗极为幼稚、盲目的热情很有可能会毁了这位年轻有为的医生的前途。

不过，再来看看这个世界有多少巧合吧！和我约谈过的第二天，这位母亲居然带着女儿去找这位年轻的医生看病。在整个就诊过程中，母亲没有怎么说话，不过这位医生的心里确是非常的焦虑。当他们结束就诊准备离开时，这位母亲悄悄地、轻柔地将一张卡片递到了医生的手里。这并不是一张治疗不当听证会的传票，相反，卡片上只写上了雷茵霍尔德·尼布尔的那句著名的祈祷词："上帝，请给予我平静，让我接受那些我不能改变的事情；请给予我勇气，来改变那些我可以改变的事情；请给予我智慧，来分辨世间万物的区别。"看来，这位母亲尊重了这位医生的匿名愿望，并原谅了他的罪过。我可能错在过于乐观，但是这位医生却因为我的误打误撞收获了希望，这种希望虽看不见，却能救人性命。

1785 年，本杰明·富兰克林完成了可能是世界上首次精神疗法的对比研究。他发现当受试蒙上眼睛，觉得自己已经被催眠了，但事实并没有进入催眠状态的情况下，催眠术才能起作用。但是如果受试觉得自己没有被催眠，而事实上却已经进入催眠状态时，催眠术是不起作用的。富兰克林并没有因此给催眠术打上骗局的标签，相反，他非常睿智地写道："毫无疑问，病人的想象力应当在治愈疾病时效果非凡，而且会时常发挥作用……其实拯救我们的是在希望温和支撑下的那种信仰。希望是人类生活中不可或缺的部分。"[17]

当我还是一位年轻的精神科住院医生的时候，我曾遇见过一位被临床诊断为抑郁症的老年患者让我给她开一点感冒药。我当时学艺不精，不仅心中没有丝毫希望的影子，而且也没有一点同理心，我傲慢地告诉她我要是有能治疗感冒的药，那我早就变成富翁了。可想而知，这位老太太听到这话后暴跳如雷。40 年后，我回想起当时的那一幕，还是对自己无情的傲慢举动感到羞愧难当。其实给他开点紫锥菊或者按莱纳斯·鲍林的办法给他开点起安慰作用的维生素 C，也比我冷血绝望地摆出一副学术架子要好得多。

第二年，我亲身领会到了希望的力量。直到 30 岁，我还对发表公众演讲异常恐惧。整个学生时代，我只参加过一次学校的戏剧表演。那是在八年级的时候，在学校的一次圣诞晚会上我扮演了约瑟夫，最重要的原因就是约瑟夫没有台词！我简直太幸运了！从医学院毕业之后，我开始撰写科研论文，这就需要在全国的学术会议上公开陈述我的论文观点。怎么办呢？祈祷当然是没用的。我一般会在每次演讲前十分钟，吞上一粒利眠宁，这是一种当时最新的缓解焦虑症状的药物。利眠宁真是有魔力啊！一颗药下去,我的恐惧就随之消失了。相应地,它也有一种众所周知的副作用——它让我们说话的时候有点含混不清。这可以算是科学战胜了信仰的证明吗?不见得。7 年之后,在我希望满满地用利眠宁完全治愈了我对公众演讲的恐惧之后,我偶然解开了事实的面纱。口服利眠宁要在一个小时之后才会发挥其药理作用! 但是我总是在进行一段二十分钟的论文陈述之前十分钟左右才吞下利眠宁胶囊。其实是希望和信仰给予了我安慰,而且治愈了我的紧张。确实有实验结果表明,让感觉焦虑的病人口服用糖做的药片,并告诉他们这是糖丸安慰剂,而且正好适合他们的症状,十五位病人中有十四位都在心理上和生理上发生了显著的变化。[18]

现在,服用抗抑郁药物如百忧解和郁复伸时超过 50% 的效果、服用抗焦虑药物如待捷盼和佳乐定时超过 90% 的效果都被证明是来自安慰剂的效用。从这些证据中我们可以得出合理的结论是:并不是说当代精神病学是一种迷信,而是说在照顾病人时我们给予他们的信仰、希望以及爱对当代医学起到至关重要的作用。

在 20 世纪 50 年代,约翰·霍普金斯大学精神病学教授杰罗姆·弗兰克,是第一批用实证研究方法来研究精神动力派心理治疗方法的专家。在多年细致地考虑实验环节并严格控制相关变量之后,弗兰克对于有效集体心理治疗的对策便是有意识地给治疗对象灌输希望。在他看来,集体心理治疗方案可以提升病人对于疾病治愈的期待,并可以帮助他/她重新找回在集体社交中的位置。"在卢尔德,朝圣者都是为他人祈祷,并不为自己。这种对服务他人的强调可以抵消病人病态的极端自我关注,通过证明他能为其他人作点贡献来强化他们的自尊,并巩固病人和群体之间的纽带关系。"[19]这种集体治疗方式涉及向一位具有认证资格的治疗师倾诉你的痛苦,而治疗师也会愿意用具有象征意义的表述来与病人讨论他们的病情。这种集体项目的基本组成部分包括：集体接纳、一种充满情感且所有人都参加的仪式以及一种共享的信仰系统。这与做礼拜有什么不同吗？我不认为有什么不同。两者的共同之处是都有希望，而希望是有感染力的。

一方面，耶鲁大学内科医学教授霍华德·斯皮罗也曾警告我们，人类已通过科学技术的手段找到了多种对抗疾病的方法，但是通过信仰、意念、希望甚至爱的途径来对抗疾病的努力还远远不够。[20]青霉素和维生素 B 对每个人都能起作用。但是，紫锥菊和昆达利尼瑜伽则只对那些真正相信它的人才起作用，而且这些作用在"科学家"看来简直不值一提。

另一方面，斯皮罗教授还给我们举了一个身患克罗恩病的牧师的例子，这是一种慢性肠炎，有时甚至会危及生命。这位牧师这样记录到：

> 如果你踏进我的病房，你应当知道我患有克罗恩病，并且经历了三次小型的肠切除手术。我得的是种慢性病，所以我不奢望能被治愈，只想慢慢康复。我有时也会担心我年纪渐长，是否还能应付这个病。有时我多么期待能拥有完美的一天，就区区 24 小时不受这些症状的折磨也行。上帝、信仰、人生的意义、临终关怀、爱与拯救是我活下来的全部要义。当你踏进我的病房时，你应当要明白所有这些，这样你才能帮我恢复健康，才能忍受我因疾病无法治愈而大发脾气。我的女儿才 33 岁，她也得了这种病，刚接受过第一次手术。当你踏进我的病房，请千万保持希望，这也是我仅有的了。[21]

不过，请记住，希望是诚实的。安慰剂不起作用，那是因为他们"糊弄"

了病人。相反,安慰剂对医生而言,就像是圣餐饼和圣餐葡萄酒一样。在每次就诊结束时,医生开具的处方就像是签订了两个独立个体之间的某种协议,他们因为信仰和爱被联系在一起,共同期待病人能早日康复。希望,和冥想、放松、帮助他人一样,可以转移病人对自身痛苦的关注。

ꙮ

那么,我们如何习得希望? 希望从何而来? 希望又如何发展? 我相信希望来自我们最早对于关爱的切身体验。库尔特·李克特的那群老鼠之所以能游得更远,那是因为他们曾经在绝望中被挽救过。

想想谁在你的生命中教会你未来很美好? 大约是我们的母亲吧。每次我们吞下一片阿司匹林来治疗失眠或缓解喉咙疼痛时,阿司匹林的酸味总是让我们回想起亲爱的妈妈。几十年前,妈妈也是这样用一片阿司匹林,神奇地为我们减轻了发烧带来的难受感觉。不要误会,其实阿司匹林确实是一种有效而且科学的药物。它可以降低体温,还能缓解炎症带来的疼痛。每个人都会因为体温降低、疼痛缓解而睡得更香甜,感觉更好。许多年前,阿司匹林确实发挥了其科学的疗效,帮助我们尽快入眠。而许多年后的今天,这片白色的稍带酸味的小药片又帮助我们重建希望,即使母亲不在身边时,也能重新帮我们找回母亲温柔的抚慰。这么说,其实阿司匹林可能还真能帮我们入睡,即使我们的失眠症状并不是由发烧,而是由于焦虑或时差引起的。

科丽塔·斯科特·金曾给我们讲述了一个关于马丁·路德·金外祖母的故事。这个故事可以帮助我们正确地认知希望的进化之源。要想知道希望从哪里来,那我们就去听听科丽塔·斯科特·金的丈夫在 25 万全神贯注的听众注视下迸发出的那句"要知道，终有一天，我们会是自由的"的呐喊吧！

用科丽塔的话来说："马丁常给我讲他祖母那些优秀的精神品质，以及她柔软的心肠。当马丁做错了事，父亲要责打他的时候，他总是默不做声地承受下来，下决心绝不哭鼻子。但是祖母威廉姆斯总是站在不远的角落里，眼泪滂沱而下。她受不了孙子受到如此严厉的惩罚。"[22]希望是发自内心的感觉到我们对某人很重要，而且认识到我们一定能克服所有的难题。这不是一个认知能力的问题。

祖母们，都拥有足够的智慧认识到生活中有一个关于希望的咒语，但是年轻的父母却没有能力操纵这个咒语。如果没有这个咒语，初为人父母就会变成一件令人难以忍受的事情。这个咒语就是"这一切都会过去的"。我是从我母亲那学到这个咒语的。那正好是我的儿子出生一周之后，我正为他没日没夜地哭个不停而烦恼，母亲告诉我这一切都会过去的，没事。只是，我们没有经历过、没有榜样，也是不可能学会希望的。我们必须亲眼见到种子破土而出，才会相信种子是真的被播种到泥土之中了。

保罗·麦卡特尼的母亲玛丽在他 14 岁的时候就去世了，而在 1969 年的某一天，他做了一个关于母亲的非常真实的梦，所以麦卡特尼的感受和我的非常相似。从那个温暖的梦中醒来，他写下了这样几行不朽的诗句：

> 阴云密布的夜空
>
> 依旧有一丝光照耀着我
>
> 照耀着我直到明天
>
> 就这样吧
>
> 顺其自然

第7章 喜悦

快乐与忧伤编织在一起，

裹挟住神圣的灵魂，

每寸哀伤悲痛之下，

都有喜悦丝丝缠绕。

现实就是这样，

人生来就要面对快乐和悲痛；

只要能够参透，

世界任你遍游。

——威廉·布莱克，《纯真预言》（1863）

学习主要情绪的学生，总是对情绪有着不同的理解划分。不管如何划分，喜悦同恐惧和愤怒一样，都是情绪列表上不可或缺的部分。只是在所有的人类基本情绪之中，喜悦是被研究得最少的。这可能是因为喜悦的力量时常大到令我们感到恐惧吧。

德日进是秉持达尔文主义的天主教耶稣会神父的典型代表，他认为喜悦是上帝存在最为可靠的表现。安东尼奥·达马西奥则是当代神经科学家的典型代表。2003 年，他出版了《寻找斯宾诺莎》，这应当是迄今为止喜悦研究领域最为博大精深的专著了。达马西奥这样总结道："现有的关于喜悦的科学知识支持这样一种观念：应当要去主动追寻喜悦，因为它是通往兴盛繁荣的必经之路。"[1]

那么，我们该如何定义喜悦呢？静下来片刻，我们来想想一群叽叽嘎嘎的鹅，一群雪白的绵羊，一群骄傲威武的狮子，还有一群毕恭毕敬的卫理公会教徒吧。那么，我们在想象这些荣耀庄严的集会场景和想象那群……那群兴致昂扬的云雀时，感受上又有什么区别呢？兴致昂扬的云雀会让我们抬头仰望天空，而不是低头俯视大地。兴致昂扬的云雀、"哈利路亚"这个词，以及喜悦——所有这些都传达了由边缘系统而引发的一些美好的情绪，而不只是停留在字面意义上。

试想"哈利路亚"这个词的定义吧。哈利路亚是基督教感叹语"赞美主耶和华"的希伯来语表达方式，也是穆斯林感叹语"万能的真主阿拉！"的希伯来语表达方式。看来喜悦在各种语言中都是相通的。喜悦让我们抬起头，往上看。哈利路亚在任何语言中都表达喜悦的意思，而喜悦在任何语言中都意味着与比我们自身更强大的力量重新联结。

在全世界任何一种文化中，精神上的喜悦都是被广为重视的。喜悦总是伴随"白光"、"濒死体验"、神秘体验等一同出现。曾有一位爱斯基摩的萨满教巫师这样写道：

我在找寻孤独，所以我很快就变得闷闷不乐。我不时黯然泪下，感觉到不开心，却找不到原因。突然，周围的一切都变了，没有任何原因地，我开始感受到一种强烈的、不可名状的喜悦。这种喜悦的力量非常强大，我甚至不能自控，只能跟随着它开始歌唱。这首歌的力量也非常惊人，而且整首歌里只能容下一个词：喜悦！要唱这首歌，我必须用尽我全身的力气。在一阵彻头彻尾的神秘感和压倒一切的快乐之中，我成为了一位萨满教巫师。甚至还没搞清这一切从何而来。我就成了一位萨满教巫师。自此，我开始使用一种全新的方式来看待这个世界。[2]

一位西方音乐家也曾向一位心理学家描述了他自己的一次类似经历，当时，他还在开车，他们借用恰好带在车上的一部录音机，将他的话记录了下来。"我想我的那次经历必定和撒乌耳前往大马士革的路上受神感召的经历一模一样……我一直往前走，突然'嘭'的一声，浑身一阵鸡皮疙瘩，胳膊上和腿上的汗毛都一根根站了起来，我就像突然充满了电流一样……我于是大哭了起来……对我来说，这是一种令人惊讶的喜悦体验。"

在这段录音被记录下来的十五年之后，这位音乐家曾这样回忆这段神奇的经历：

我曾有过一段神秘的经历，我在过去十五年里从未对任何人提起过……突然，不知道从何而来的一股精神力量，像过电一样扫过我的全身。我的身体、我驾驶的那辆车、周围的景色、所有一切的一切都在一瞬间变得越来越小、越来越小，成了一些细微的碎片。（这种语言描述和某种宗教经验以及颞叶发作的症状是一致的。）

我可能找不到真正合适的词汇来描述当时的那种狂喜而又平静的状态……我想要分享的信息恐怕和 13 世纪时那些神秘主义者想要传达的信息是一致的。这些神秘主义者注意到，我们不能在那一时空停留太久的原因可能是如果我们过久地保持那种状态，那么上帝之爱的体验可能会让我们因过度喜悦而毁灭。我有些害怕人们会怎么样议论我。他们可能会以为我一时想不开走了极端，或者转而皈依了某种新时代的宗教。所以我一直将这个秘密藏在心里。这真是一件奇怪的事啊！我们必须将这种对我们的人生最具有变革意义的经历深藏心底，仅仅是害怕别人会对我另眼相看。[3]

ஃ

喜悦确实不太容易解释清楚。喜悦的感觉有时对其他人而言可能太过浓烈，太过私密，以至于他们不能承受。在弗洛伊德之前，维多利亚时代的人就这样看待性行为中的兴奋感觉。虽然我们的喜悦常常看起来是私人的情绪，但有时却又像是一种最为亲密的依恋关系。与幼童和黄金猎犬不同的是，成年人往往因为强烈的情绪而感到尴尬。如果这种强烈的情绪是喜悦的话，那就太可惜了，因为喜悦是一种令人振奋的情绪，可以赋予人以重生，宛如凤凰涅槃一般。

生命之主今日复活，

一路唱着赞美之歌。

让全世界都欢喜，

高唱"哈利路亚"，

虔诚的基督徒全都欢喜歌唱，

这是我们王的胜利！

————西里尔·A·阿灵顿,《虔诚的基督徒,全都欢喜歌唱》

哈利路亚！早期基督教的传教士曾认为耶稣之死会使万物寂灭,却又发现他们的生命不仅没有终止,反而迎来了新的开始。两千年之后,基督徒依然满怀喜悦地在黎明之时虔诚地迎接复活节的到来。同样,在摩西带领以色列人出埃及的三千多年后,犹太人依然满怀喜悦地保留了在日落时分阖家团聚举行逾越节家宴的习俗。虽然好几千年过去了,其根源也各不一样,但是和欢乐不同的是,喜悦的源泉绝不会枯竭。

很多人都对美国诗歌《卡西在击球》非常熟悉。很明显,英雄卡西在第九局打了一支满垒全垒打被三振出局了,马德维里没有丝毫喜悦的气氛。但如果卡西在那天打了一支本垒打,恐怕和 2004 年红袜队一样,就要获胜了。2004 年波士顿红袜队是满满的喜悦,确实是喜悦而非开心。那么获得胜利与喜悦又有何干呢?

喜悦是上帝或某人的无限慷慨的表现。无论我们是多么的年迈、多么的疲惫,我们永远不会厌烦春日里绽放的第一株番红花。如果我们能将时间暂停一下,专心致志地欣赏一下美妙落日的无穷力量、无上荣耀、无比奇观,甚至是它与黑暗对抗所赢得的胜利,估计黑夜也会变得不至于让人那么不愉快。

　　也许喜悦和胜利相互关联。这可能也是为什么喜悦和胜利一样，在某种意义上都非常危险的原因。不过，我们为什么要害怕胜利呢？甚至害怕喜悦？而且喜悦中体会胜利的感觉是不是让人感觉加倍的危险？其实这也不难理解：因为我们每个人都害怕在喜悦这一光鲜亮丽的时刻过去之后，悬在头顶上的斧头可能会随时落下来。艾米丽·迪金森也曾有过这样的想法：

> 我能涉过悲伤······
>
> 哪怕悲伤有如一滩池水——
>
> 我早已习惯。
>
> 但是只要喜悦轻轻地推我一把······
>
> 便会打乱我的脚步，
>
> 让我如沉醉一般，
>
> 跌倒在地。

　　希腊神话中的少年伊卡洛斯，为自己装上了一副用蜡和羽毛编织而成的翅膀。他像云雀一样越飞越高，充满胜利的喜悦，朝着太阳飞去。难道他那位谨小慎微的父亲代达罗斯就没有警告过他太阳会将翅膀上的蜡融化掉吗？很不幸，我们对伊卡洛斯最后的印象总是他不断地下坠，追悔莫及地迎来了自己的死亡。这个故事听起来极具清教徒式的严谨，令人感到悲伤！其实这是对喜悦多么大的浪费！太阳距离地球有9300万英里远，而且气温会随着高度的攀升而不断地下降。所以飞得高不仅不会让翅膀上的蜡融化,反而会让其更加坚固。其实真正在攀升的是我们被禁锢的、胜利的喜悦,而非现实中跌落的危险。而且真正危险的是人类任性地阻止彼此获得喜悦的感觉。如果我们感受到太多的喜悦的话,我们就会害怕担心自我膨胀,会惹祸上身。

喜悦是人性的根本,但是弗洛伊德在 24 卷宏大的著作中列举了人类心理的方方面面,却完全没有考虑将喜悦纳入其中。因为,弗洛伊德那时并不信任"如海洋般的"精神感受,甚至也不信任音乐。他完全不能赞同喜悦的重要性。他不信任有可能威胁人类认知的任何情绪。

喜悦确实存在。但是,喜悦就像摩西途径西乃山时,在燃烧的荆棘中与神相遇,火焰中的光过于强烈,使他不能独自冷静地思索。确实,有些精神分析家非常大胆地忽略了代达罗斯,而将喜悦当作研究的重点,他们认为:"就教养的具体目标而言,父母有一个非常重要的任务就是要帮助婴儿体验到喜悦的感觉。"4 如果就像罗杰斯和海默斯坦在《南太平洋》中建议的那样:"你需要有人教你习得仇恨和恐惧。"同样,也需要有人教你学会承受喜悦。称职的父母的任务就是要调谐孩子们对喜悦的承受力,而不是将他们隐藏起来。

我们还记得,以色列人鞋袜不湿便横渡红海,而红海在他们的身后自动闭合起来,淹死了以色列人的死敌,帮助他们赢得了胜利。我们所有的人都能体验到喜悦的感觉,就像伊卡洛斯欣喜若狂地朝太阳飞去体验到的喜悦一样。头顶的斧头并没有落下来,但他最终失去了胜利。所以,三千年来的每个春天,逾越节的烛台都会闪烁着向我们传达喜悦的信号。

最理想的状态其实是,我们获得胜利,却并不以别人的牺牲作为代价。所以,摩西和林肯一样,他带领其他领主的奴隶走向自由,而这并不算偷窃行为。他只是满怀着胜利的喜悦将被人偷走的人身自由还给那些奴隶而已。

可能有人想知道，我为什么要使用逾越节、春天或者复活节圣歌来传达喜悦的热情呢？词汇和科学又为何做不到呢？为此，神经科学家们仔细分析了人类的大脑结构。研究结果显示，他们能大致找到悲伤、愉快、愤怒和恐惧发生的中心点，却找不到喜悦的发生点，因为喜悦比愉快的发生点要复杂得多。喜悦和爱一样，都是由情感依恋和真实的关系所带来的抚慰。激活喜悦所需要调用的中枢神经系统，比生成可卡因和海洛因上瘾带来的兴奋感的隔区和伏隔核要多得多；比诱发性欲和饥饿感的丘脑下部也要多；比引发愤怒和恐惧情感的杏仁核更是要多。所以我需要音乐和歌曲，它们是人类高度完备的大脑的产物，能帮助我们表达喜悦之情。

不过，要讨论快乐应当比喜悦容易得多。喜悦描绘的是我们与他人之间的联系；而快乐只是自我驱力得到缓解。快乐让我们逃离痛苦，而喜悦，就像威廉·布莱克提醒我们的那样，让我们必须承认苦难的存在。当然，有时喜悦甚至会让我们向着痛苦奔去。快乐是一种心境、一种知性的评价、一种满足的层次。如果没有和兴奋搭配，快乐就不是一种基本情绪，因为它在很大程度上是由认知支配的。这就是为什么社会科学家和经济学家喜欢讨论快乐的原因。快乐是平淡的。相反，喜悦则是人类的基础情绪。喜悦甚至可以由内脏主观地感受到。喜悦与整个宇宙密切相连。如果说快乐只是看着电视里的《猫和老鼠》的卡通片咯咯傻笑，那么喜悦就是从心里乐开了花。我们甚至常常喜极而泣。快乐可以替代痛苦，而喜悦则怀抱痛苦。

喜悦是精神层面的，而快乐则属于世俗层面。我们可以想象两幅场景，一是基督教使徒满怀喜悦重回耶路撒冷，另一幅是电影胶片里弗雷德·阿斯泰尔沿着第五大道一直跳着踢踏舞来为朱迪·加兰送上复活节祝福。喜悦和快乐让这两幅场景截然不同。应当说,喜悦不是快乐,喜悦是一种关联。

在文字记录中,春天被赋予了描绘喜悦这一现象最强有力的隐喻。对有些人而言,复活节就是一种公开、明确的方式确认了太阳终究会升起、白天总比黑夜长、珀尔塞福涅终归会从哈德斯的身边被再次带回、在度过了寂寥的冬日之后,我们必将再次受到大自然和明媚春日的眷顾。

喜悦当然与那些桃色幽会带来的兴奋感不同,也不同于成年人在三星酒店里享受的"快乐套餐"。喜悦并不是一道美味的晚餐,甚至与赢得彩票之后的狂喜也不一样。喜悦是眼见着遭受了三年干旱而焦枯的德克萨斯州的大地重又回青。我们会在欣赏虚幻电影时感觉到开心,而在现实生活中亲人团聚时感受到喜悦。兴奋、性交狂喜,以及快乐都会令人心跳加快。而只有喜悦和拥抱会令心跳减缓。刺激原始的外侧下丘脑,会激活交感神经系统,进而让人产生兴奋的感觉。而刺激边缘系统间隔,则激活副交感神经系统,使有机体平静下来。[5]哺乳动物的这两个部位都可以通过刺激发生作用。其实,性本能和合家团聚都是非常美好的事情,不同的是一个爱的微笑可以给予我们抚慰,而调情则让我们兴奋。有人可能会认为喜悦和爱一样,都是建立彼此之间联系的一个环节。就像法国著名的哲学家孔特-斯蓬维尔所说的那样:"爱只是以喜悦的形式存在,而喜悦脱离了爱便不复存在了。"[6]为什么是这样呢?

人脸传递的信息就像是太阳散发的温暖,都是释放喜悦的天然源泉。喜悦不仅仅只是快乐。如果说家人团聚会带来喜悦,那么各种纪念日,比如法国国庆巴士底日、美国独立纪念日或者某一个生日惊喜派对都会让我们感到开心和兴奋。不过这种快乐一般持续不超过一天。而当我们出生的那天起，喜悦就一直在陪伴我们父母，因为喜悦可以留驻。和快乐不一样，喜悦不仅仅只是关注自己的生活。当我们得知自己病危的孩子手术获得成功时，我们也能感受到喜悦。

当我们第一眼瞥见拉斯维加斯或者百老汇灿烂、转瞬即逝的霓虹灯时我们感觉到兴奋和开心。而当我们欣赏到妙不可言的日出光彩时，我们则会感受到喜悦，因为日出是真实的。同样，日落时分，晚霞似火也会让我们喜悦。一位作家这样写道："不顾危险的驾驶、赌博、毫无必要的金融投机，还有一些无谓的暴力行为，都会让人产生一种瞬时的兴奋感。这种兴奋感只是一种享受生命能力的虚幻的替代物。"[7]对情人们和瘾君子而言，这种寻觅是种兴奋的经历，是由多巴胺和去甲肾上腺素驱使的。对情人们和瘾君子而言，能和自己追求的对象结合在一起能让他们归于平静。对瘾君子来说，这种追求可以依靠来自外界的海洛因的刺激得到满足。而对于性交之后的情人们而言，这种追求则可以通过体内的内啡肽和后叶催产素的分泌来获得满足。

人们会在突如其来的危险警报解除之后，爆发出快乐爽朗的大笑，就好像听到了什么好玩的笑话一样。也就是说，情绪上的快乐来自于压力的突然释放或减轻。确实，欢笑反应的不仅仅是兴奋，还有惊喜。同样，快乐不需要与他人建立联系，但是他人一个淡淡的微笑却能勾起你内心的喜悦。如果独自一人待在一个荒凉的小岛上，我们也能看着电视里马克思兄弟的喜剧表演或者《宋飞正传》的节目兀自笑得前仰后合，开心不已。但只有在营救人员最终到达时，我们才会感受到喜悦，甚至洒下喜悦的泪水。即使我们从未有过类似荒岛逃生的经历，我们也一定因为喜悦或他人来到自己的身边而洒下热泪。就像威廉·布莱克所说的："每寸哀伤悲痛之下，都有喜悦丝丝缠绕。"

有人觉得贝多芬一定不快乐，但是他懂得什么是喜悦。在贝多芬的歌剧《费得里奥》中，主人公费得里奥成功越狱，迎来了灿烂的阳光，而且最终与他心爱的利奥诺拉重新团聚。这首歌剧的音乐之所以能将喜悦融入我们的灵魂，那是因为我们对费得里奥在监狱中经历的种种痛苦和忧伤依然记忆犹新。是的，喜悦总是和悲伤交织在一起的。

否定也可以产生快乐。当我们最后发现小丑真实的嘴角其实是朝下而非朝上时，我们可能感觉到受骗了，因为小丑不过是在假装快乐。喜悦涵盖了对渴求的认可、对世事来去的明了，以及家人团聚时洒下的泪水。

> 正祝福的时候，时光就这样点滴流逝了，
>
> 这时他却离开了，被带到天上。
>
> 人们拜祭他，满怀着欢喜回到耶路撒冷去。
>
> ——路加福音 24：51—52

那么，喜悦的进化目的又是什么呢？又是什么让逾越节家宴的情感强度持续了三千年而不减？当我弥留的父母、丢失的幼子，或者我的救世主真的回到我的身边时，那云雀的高歌又意味着什么呢？简单来说，初级神经奖励系统为何要专注于分离和重逢呢？其实，要说明充满爱意、与生俱来的舐

犊之情为大猩猩和智人后代的存活提供了决定性的竞争优势，其实并不是什么高深复杂的事情。孩子们有时会迷失正确的方向，所以拥有强有力的奖励系统才能适时地将他们从高速公路或虎口之下挽救回来。特别是对他们而言，成长过程往往需要花费十到二十年的时间，在漫长的成长过程中这种奖励机制非常重要。

简单来说，喜悦是能强化回归意识的动机系统。喜悦，就像母亲和婴儿的微笑一样，与驱动力降低没有任何关系，完全是一个群体问题。确实很难想象没有微笑的回应，如何创建一个健康的群体。对宗教群体的一个测试手段就是看教徒在宗教活动中感受到的是情感上的禁锢还是喜悦。当沿袭了上万年的宗教集会活动将人类以群体的形式紧紧团结在一起时，它们就存活下来了。而那些压抑的邪教则要短命得多。

> 我们千万年前死去的时候
> 白光闪耀犹如太阳
> 我们歌颂上帝的赞歌一日不停
> 每天都是新的开始。
>
> ——约翰·牛顿《奇异恩典》

在婴儿的发展过程中，痛苦哭泣是首先到来的——哭泣可以让饥饿和痛苦得到解除，也可以让驱力降低。大约在两个月大的时候，婴儿就学会了以微笑回应母亲，起初是天性使然，不过到了差不多六个月的时候，婴儿拥有了一种神赐的磁性能力，这种微笑的能力尤其能由母亲的脸而引发。[8]其实，在两个月大的时候，婴儿的微笑就与驱力降低无关了。这种微笑很明显是由于相互之间喜悦的眼神交流而产生的。以发展的观点来看，孩子的微笑、小猫的咕噜声、小狗摇尾巴这些动作基本上都是在同一时间内发生的。这些社会性的反馈由积极情绪诱发，而又相应地促进积极情绪产生。而且这种反馈只有在婴儿大脑中更为原始的边缘系统与前脑部分的联结变得更为高效时才会发生。个体性的本能因此进化为社会性的联结关系。而自我陶醉则进化为爱。从历史的角度来看，一旦人类拥有足够的能力让自己变得更加文明有教养，那么，小狗摇摇尾巴表示它已经被你驯化了，小猫咕噜咕噜的叫声表示它愿意听你的话了，而小孩子绽放出笑容的脸表示他已经彻底征服了你的心。

在久别重逢之外，还有一个可以解释自然选择支持喜悦情绪的原因在于，它强化了游戏这种形式。人类在嬉戏的时候，快乐和喜悦这两种情绪会同时产生。植根于边缘系统的孩子们的嬉戏打闹，在每种文化中都非常典型，会促进快乐和喜悦这两种情绪的产生。我们在投机游戏中玩得开心和我们在调情中感觉到快乐是很类似的，而且与我们看到有人摔个屁股墩儿时忍不住噗嗤笑出声的感觉是一样的。当然，如果不考虑别人的话，我们自己玩时也能感受到快乐。其实，游戏也与生存密切相关。如果说那种稍纵即逝的性高潮快感是对生育这件麻烦事的些许奖励，那么对游戏的奖励就是持久不衰的喜悦情绪。游戏教会我们如何承担风险。婴儿在玩躲猫猫时，经常发现妈妈不见了，突然她又回来了，这会让他喜悦不已。嬉戏打闹时，幼狼、小男孩以及英雄卡西都是奔着赢的目标去的，只不过在游戏的过程中他们也学会了如何接受失败。部族中的社会性凝聚力包括如何去学会接受失败，又如何有风度地赢得游戏。从这种需要冒险的游戏中获得的喜悦，就是对孩子们努力尝试的奖励。

在游戏中我们学会了如何求爱、如何持家、如何抱着玩具娃娃把它放到自己的床上，以及如何不计后果地使自己的大脑得到锻炼。孩子们要学的东西实在是太多了。如果他们在感受不到喜悦情绪的状态下被强迫进行一次又一次地操练，那么学习就会变成学校生活中最无趣的部分了。相反，喜悦可以帮助发展孩子与生俱来的天赋。不过，如果要习得社会生存技能的话，我们其实不需要专业教师的指导，只需要怀着喜悦的心情尽情玩耍就足够了。当然，父母和兄弟姐妹也可以提供适当的帮助。

神经生理学现在还暂未厘清特殊的脑神经回路是如何支持游戏和喜悦情绪的，不过毫无疑问的是哺乳动物生来就会游戏。而且用以交流喜悦和欢笑的情绪都是与生俱来，并非后天习得的，就算是盲童和聋哑儿童也能轻而易举地开怀大笑。黑猩猩与家人团聚时同样会发出类似人类大笑时的声音。如上所述，啮齿目动物虽然不具备大脑新皮质，但是也能给孩子满满的母爱。同样，它们也会游戏嬉闹。也就是说，边缘系统具有完全能够参与游戏和照顾后代的大脑功能。

如果将小老鼠隔离起来一段时间，不让它游戏玩耍，那么它只要逮着一个机会就会奔去玩耍。[9]游戏不仅强化了社会关系的纽带，而且还依靠之前的社会关系而存在。被朋友挠痒痒或者与朋友跳舞可以让我们感受到喜悦，而被陌生人挠痒痒或者与陌生人跳舞则会让我们难受无比，或者感到单调沉闷。看来，在游戏之前我们需要获得足够的安全感。

游戏需要依靠积极情绪营造出一种良好的氛围。恐惧、伤心、饥饿和愤怒都会抑止游戏欲望的产生，同样地，肾上激素以及安非他命这类的药物会刺激交感神经系统，也会遏制游戏的欲望。鸦片，或在某种情况下使用乙酰胆碱这种副交感神经系统的主要神经递质，会强化游戏的欲望。[10]而对于打斗和性主导都非常关键的睾丸素,则会在某种程度上降低游戏的欲望。

所有幼年哺乳动物生而固有的嬉戏打闹,是产生真正喜悦的来源,因为嬉戏打闹可以产生移情关联作用。成年人不再打闹嬉戏,是因为随着年龄的增长,打闹嬉戏的形式被运动、歌唱、特别是跳舞等其他形式所替代。所有这些新的形式都能给人带来喜悦和快乐。只要在富有节律性的运动上增加关键的两点,它就能演变为舞蹈——喜悦和一个舞伴。毕竟,需要两个人才能跳一曲探戈啊。

在集体冥想这一活动中也能获得喜悦。13 世纪的大教堂能反映出人类的集体精神,而其他许多建筑则没有这样的效果。首次进入法国沙特尔大教堂和第一次瞻仰英国史前巨石阵时,几乎没有人感受不到喜悦和敬畏。那一刻,我们感觉到自己完全与八百年前或四千年前那一群祈祷的陌生人连接在一起,与他们共同感受喜悦。

喜悦不仅与快乐不同,与愉快也不尽相同。喜悦的感受与性交得到的快感有相当大的区别。喜悦比弗洛伊德提出的"快乐原则"要更为深入和持久。弗洛伊德信心满满地坚持认为,从人类的行为可以证实,人类生活的目的"毋庸置疑,一定是追求快乐……这种努力可分为积极和消极两种。一方面,它旨在消除令人痛苦的不悦情绪,而另一方面,则旨在体验愉快这种强烈的情绪。"[11]看看弗洛伊德的观点吧。事实是这样的,弗洛伊德长期依靠不间断地吸烟来获得精神上的愉悦,这种习惯给他带来的是一种可能会导致癌症的挥之不去的痛苦。然而直到他离世之前,弗洛伊德通过移情的方式分担病人的痛苦，他才从中找到了获得满足的源泉，甚至是喜悦之情。他并没有把这一点记录下来。虽然人们普遍认为，心理分析学家不应当在他的病人重返咨询室时，对他们产生爱或喜悦的情绪，但在现实中这一幕可能会经常发生。

想想婴儿和母亲之间相互用微笑回应彼此，这不就是一种充满喜悦的面部舞蹈吗？首先，这是一种具有社会属性的微笑，其次就像躲猫猫一样，是一种起初分离、继而团聚的情感体验。在这种情感体验中，人们绝不会感到厌腻。愉快，就像一顿有三道主菜的大餐一样，总会涉及驱力降低的问题。一旦下丘脑的愉悦感得到满足，我们便开始觉得腻烦。相反，与性交不一样，喜悦从来不会有一个不应期阶段。一个刚吃饱、尿布干爽、睡眠充足的婴儿，会自然而然、发自内心地对着母亲微笑，这种微笑极具感染力，会使母亲满怀喜悦地对婴儿报以微笑。人类的微笑反应是与生俱来的。人际关系、家人团聚、公众聚集都会让人产生喜悦之情。喜悦是"自私基因"毫不自私地分享给我们的珍宝。而且这种分享从来都是双赢的。

最后，另外一种积极情绪——掌控感，与喜悦也不一样。掌控感，与性高潮、愉悦或快乐一样，是一种可以令人感受到深层次满足的体验。但是掌控感只能通过我们自己的努力来获得。当我们迈出人生的第一步，第一次骑着自行车歪歪扭扭地走上十英尺，或者第一次用电脑从网上成功下载了点什么东西时，我们就会感受到对自己人生掌控的感觉。这时，我们的脉搏加速，兴奋感扑面而来，我们全身充满了力量。掌控，和满足一样，几乎都是由认知体验衍生而来的。当阿基米德喊出"我发现了！"（Eureka！）时，他必定处于一种异常兴奋的状态，而不是一种万能感的体验。这种体验与人际关系也不相关。阿基米德独自坐在澡盆里，发现往外溢出的水与他自己的体重等量。

　　掌控感让我们意识到自己有能力做某一件事情。掌控感是对自我的关注。而喜悦是注视着自己的宝贝迈出人生第一步时,感叹着造物主的神力。我们对这一行为本身是无法掌控的,我们脉搏的跳动也不会因此而加速。在《茶花女》电影的尾声,当阿尔弗莱德和维奥莱塔满怀着喜悦的泪水重逢时,那一刻的音乐节拍与《波丽露》尾声时那种激动有力的节奏完全不同。

🐦

　　如果将满足、兴奋、喜悦这三种情绪混合在一起,我们就有了愉快。弗洛伊德刻意让我们觉得我们没有能力建立起一种令人满意的情绪相关理论。在小说家罗曼·罗兰写给弗洛伊德的一封信里,他提到了一种"万能感"。这种感觉与喜悦相关,虽然它并不是对上帝的一种认知信仰,却是宗教的真正来源。弗洛伊德回复说,他并没有发现自己身上出现过任何与"万能感"类似的情感,所以没有办法确定这种感觉的基本特性。[12] "弗洛伊德讨论的宗教体验的内在属性便是把它当作是一种退行性的心理失常,而将它搁置起来。"[13]弗洛伊德始终不愿意承认喜悦的存在,难怪人们把他当作一个彻头彻尾的悲观主义者。具有讽刺意味的是,在德语中,他的姓氏"Freude"这个词居然是喜悦的意思。

　　在所有的社会科学家中,普林斯顿大学心理学家西尔万·汤姆金斯应当是在喜悦情绪研究领域最成功的一位,他主张将喜悦与悲伤、愤怒、恐惧等其他基础情绪放在平等的位置上。[14]确实,汤姆金斯作为基础情绪研究领域一位杰出而且极具影响力的学者,他对于喜悦的研究成果是继安东尼奥·达马西奥以来，最为科学而且极具临床意义的。他将基本情绪分为九类，其中他命名为"享受—喜悦"的情绪与另外一种"兴趣—兴奋"的情绪截然不同。兴奋是一种很容易在个体身上被引发的情绪，毒品、过山车或者在黑色钻石级别的小道上滑雪都会让我们感到兴奋。而喜悦则不会那么容易在个体身上单独产生。汤姆金斯指出，总的来说动力心理学，具体而言就是弗洛伊德，都想"将自己当作是恐惧和愤怒的衍生物，受下丘脑性欲和饥饿感控制"。[15]通过这种方式，汤姆金斯提醒心理学家，也提醒我们所有人，如果我们不能理解喜悦，不能弄清喜悦的生成机制，就不可能真正地理解人类。

汤姆金斯认为，喜悦让我们，和那些最初制造痛苦后来又想办法减少痛苦的人建立起联系。当然，没有分离的痛苦，我们就无法体会重逢的喜悦。没有非难的痛苦，就无法品尝到饶恕的喜悦。没有囚禁的痛苦，就无法享受出埃及的喜悦。

希望、爱、饶恕和同情都与痛苦唇齿相依，喜悦也是一样。人生总会发生一些可怕的事情，积极情绪对此从来都是敢于面对，绝不回避。但是无论如何，和所有广泛意义上的积极情绪一样，喜悦也是痛苦的止痛药片。神学历史学家凯伦·阿姆斯特朗在她的自传里也承认了这一观点：

> 世界上所有的信仰都将痛苦这一情绪当作首要议题……所以，如果我们否认自身的痛苦，那么帮助他人解除痛苦未免也太容易了……而恰恰矛盾的地方在于，我在尝试着承认痛苦时，却意外收获了喜悦。[16]

当我们把宗教当作"民众的鸦片"时，卡尔·马克思却和弗洛伊德一样对万能的喜悦极为不屑。弗洛伊德和马克思都没能理解，鸦片其实是你在脱离宗教或其他类型的集体生活之后才会选择的自我麻醉的方式。鸦片是孤独的人才会选择的具有自闭性质的与外界的沟通方式，鸦片是孤独的人信仰的宗教。弗洛伊德和马克思都没能理解，喜悦作为精神交流的一种内在慰藉过程，其实是他们两个人都非常看重的集体建设的主要来源。现代生理学家发现，大脑中的鸦片受体确实能消除痛苦，吗啡的虚假刺激甚至还能重现一种类似真正喜悦的稍纵即逝的万能感。但是从流行病学对海洛因滥用的分析研究表明，鸦片只对精神上和人际交往中被完全孤立的人才产生作用，是一种安慰和吸引力的替代品。Ｃ·Ｓ·刘易斯指出，吸毒所带来的快感和真正意义上的喜悦大相径庭，两者之间存在着极大的差别。它们有且只有一个共同点："只要人们经历过一次，他们一定还想要再一次体验它。"[17]喜悦并不是性爱的代用品，而性爱则常常被当作喜悦的替身。更为重要的是，喜悦和愉快之间的区别在于喜悦从来不可能因我们自身的能力而产生，而毒瘾的快感却总是由此而来。

　　汤姆金斯还认为，弗洛伊德理论中还有一层隐晦的含义，"即对母亲和孩子之间早期交流的隐含价值判断应当从发展的角度进行不断的调整"。按弗洛伊德的这种观点来看，他认为母亲和孩子之间早期的交流方式是非常幼稚或者说得更严重些，是有悖常情的。不过汤姆金斯并不赞同他的这种观点。"我们认为这种观点完全无视了交流对于人类具有的长期的、积极的、广泛的价值。它反映了一种清教徒式的对依赖本身的偏见，同时反映了对一种认为分离之感可以随着完全的成熟而被克服的交流方式的麻木不仁。"[18]就像爱、同情、和宽容一样，要想将深层次的喜悦和精神性区分开来其实不是一件容易的事。

　　有许多人对依赖感极强的成年人有些不屑一顾。上帝也不允许成年人对比自己更强的人产生长期的依赖。但事实上，我们正是通过回忆幼年时对父母的依恋关系，才能体会到精神交流中的喜悦情绪。"大家用聚餐的方式来纪念我吧！"如果这种依赖被社会普遍认可的话，它将会让许许多多的人在复活节的清晨感受到由衷的喜悦。每逢复活节人们就会想起很早以前神圣复活的救世主，想起他的怀抱给予我们的安慰。而这句话恰好是对这种早期依赖的纪念和肯定。

> 他与我同行，与我聊天
>
> 他对我说，我只属于他。
>
> 与主在花园之中，分享喜悦，
>
> 这种喜悦前人从未经历过。
>
> ——C·奥斯丁·迈尔斯，《在花园里》

　　最后，为什么喜悦总是与痛苦形影不离呢？这是因为喜悦的反面正好是悲伤。让我们想想葬礼的情形吧。在葬礼上自然不会出现快乐的情绪。死亡将所有的快乐都席卷一空。但是在葬礼上还有守灵这个环节，守灵时可以有幽默、可以有怀念，甚至可以有喜悦。为什么呢？守灵时的喜悦一方面来自于与多年未见的健在的亲眷重逢，另一方面来自于对逝者的缅怀和赞美。脸颊上挂着晶莹的泪滴，我们为了纪念过往的爱又重新相聚在一起。

所以，人们记忆中的爱并不只是存在于昨天，它会生机勃勃地在今天生根发芽。守灵时，爱就像是春日里第一株番红花一样战胜了风雪重获新生。

我的心田曾荒芜一片死气沉沉，

当爱再一次降临，

我的心就像麦田重披绿装。

——约翰·麦克劳德·坎贝尔·克拉姆，《麦田之歌》

当人们发现秋天的收成其实有赖于春天的耕种时，为了让"麦田重披绿装"，人们便在固定的地点居住下来开始群居生活。喜悦的情绪也总是伴随着耕种和收获。如果没有上帝，我们可能也会创造出一位女神，单单为了在葡萄和橄榄采摘之后、麦子收割之后向她表达我们的喜悦和感恩之情。

就像麦子为大地披上绿装一样，如果战胜了痛苦，人们就会感到喜悦、感到欢欣鼓舞。弗里德里希·冯·席勒在《欢乐颂》里用了这样的词句："兄弟们，慈爱的父一定在星空上居住。"读着这句话，我们可能没有什么感觉。或许席勒有一位慈爱的父亲。但当贝多芬为席勒的词配上激情澎湃、欢欣鼓舞、气势磅礴的音乐时，我们终于理解了席勒说这一句话的深刻含义。的确，贝多芬和席勒在创作《欢乐颂》的词曲时都在经历着内在和外在的痛苦煎熬，该作品是他们对于当下痛苦的回应。在席勒落笔写下这首诗时，他刚刚挽救了一位想自寻短见的年轻人。很明显，贝多芬的父亲并不是一位慈祥的父亲，贝多芬对喜悦的关注极有可能将他自己从自杀的迷谭中挽救了出来。

在贝多芬小时候，他的酒鬼父亲常常虐待他，使他在精神上饱受创伤。

在贝多芬 13 岁时，他被日益严重的耳聋病症折磨得情绪抑郁并且开始有自杀倾向。他曾这样写道："哦！如果能让我逃脱病痛的折磨，我愿意拥抱整个世界！"他还在日记中记录道："哦，我的主！请给我哪怕一天的时间体会一下纯粹的喜悦吧！这种纯粹的喜悦一直在我的心中回响，挥之不去。"

贝多芬的日记显示，如果他耳聋的毛病越来越严重的话，他真的打算结束自己的生命。但是他的听力并没有像他期待的那样得到恢复。在接下来的 20 年里，贝多芬的生命中几乎没有发生什么令他开心的事情，他甚至完全失去了听力。但即使是完全失聪，贝多芬依然对家人团聚和人际交流满怀期待。他谱写的一首合唱曲目的副歌部分是这样的："所有的百万众的人们，请拥抱彼此吧，请对这个世界献上一吻吧！兄弟们，慈爱的父一定在星空上居住。"我们可以感受到贝多芬的痛苦，同时，我们也能感受到他的喜悦。但是，喜悦如果用歌唱的形式表达出来，应当要比口头描述要容易得多。

是的，要界定喜悦并不容易。那我们去亲身体验喜悦吧！把这本书暂时放下，来听听贝多芬第九交响曲的最后一个乐章吧。可能那样你就能体会到一些不可言明的精髓了。

第 8 章　宽恕

没有宽恕，就没有未来。
——大主教德斯蒙德·图图

宽恕不是主日学校里那些伤心过度的陈词滥调。它建立在哺乳动物进化、现实政治以及社会达尔文主义的基础上。但到底什么才是宽恕呢？宽恕是一种"在有人不公正地伤害了我们的时候,我们愿意放弃对他们愤恨不满、消极评价甚至漠然的态度,相反,培养自己对他们产生同情、大度甚至爱"。[1]令人惊讶的是,我们宽恕别人比我们被别人宽恕时,内心感受到的宁静更为明显。这真是个悖论。

要去宽恕别人,我们首先得具备在智人进化中最后发生的两种技能:移情的能力以及预见未来的能力。想想 1919 年爱国情绪激昂的法国。那时,"野蛮的匈奴人"在法国的本土上屠杀了超过百万的法国人的子民,但抱着对逝者的爱和悲伤,"公平公正"的凡尔赛条约诞生了。根据这一条约,德国应对因战争变得一贫如洗的法国人进行赔偿，以削减德国的实力，让其无法再次发动战争。任何慈爱的父母都不会对自己的孩子有所保留。然而，为了自己寻求宽恕，对敌人实施报复，虽然这种报复没有超过正义的限度要求，但是这一行为还是直接导致了第二次世界大战的爆发。1876年普法战争之后，对德国施加以严苛的和平条款对其加以报复，也与之类似。当时如果没有签订看似"公平公正"、实则令人羞愧的"凡尔赛条约"，希特勒以及那些惨绝人寰的大屠杀恐怕不一定会出现。

那到底是哪里出了问题呢？其实，同盟国在寻求正义的同时，忽略了移情的作用，也没有将目光着眼于未来。德国虽然拒绝签署具有强迫性质的致残赔偿文件，并拒绝承担全部战争责任，但他们对战争确实感到十分抱歉，并愿意派遣人力参与比利时和法国的重建工程。[2]仁爱公正的法国拒绝了该建议，因为这个有形的和解及赔偿形式会夺去法国当地人的工作机会。所以，在1919年，宽恕看起来更像是一件无福消受的奢侈品。

第二次世界大战之后的马歇尔计划虽然从长远来看并不是那么的公平公正，但是在当时它的确基于移情和着眼于未来等因素。相较于同盟国而言，德国在第二次世界大战中的表现要比第一次世界大战更加穷凶极恶。作为美国史上最为成熟的政治家之一，乔治·马歇尔将军提出了著名的"马歇尔计划"，其理念基础便是坚信行善之后，必有十倍的回报。这种观点是矛盾的利他主义和绝对的利己主义的结合。与其说这一计划是马歇尔在标榜自己的乐善好施，不如说这是他打击共产主义的一次阴险狡诈的尝试。这都不重要，安娜·弗洛伊德曾解释过：利他主义作为一种非常成熟的应对策略，并不是"来源于我们内心的善，而是由内心的恶所激发的"。[3]其实马歇尔计划在移情和着眼于未来等方面已经做得够好了。通过表达宽恕并坚信各国之间的兄弟情义源远流长,马歇尔计划在一定程度上促成了欧洲共同体的诞生。

马歇尔计划在很多方面都秉持了林肯总统在第二次就职演说中提到的"对任何人不怀恶意,对一切人宽大仁爱"的理念。然而,实施马歇尔计划,美国也付出了极大的代价。在为德国和日本提供全新的钢铁厂设备技术的同时,美国国内的加里、印第安纳、匹兹堡、宾夕法尼亚等地的老旧钢铁厂却有大批的工人失去工作。不过,宽恕是面向未来,而不是仅仅纠结于现在,不是吗?从科学的历史主义标准来衡量,马歇尔计划还是取得了惊人的成功。欧洲维持了至少六十年的和平,这在历史上是绝无仅有的。如果你仍旧觉得宽恕的代价太大,那想想如果当初选择复仇,世界现在会是怎样呢?

在宾夕法尼亚大学神经放射学家安德鲁·纽伯格看来:无论是动物还是人类,"宽恕行为的进化都对社会群体极为有利,因为宽恕会阻断逐步升级的报复行为"。[4]想要宽恕,我们就必须放弃那些顽固的自我中心意识。正是宽恕,让雅典爱国作家埃斯库罗斯这位意志坚强的悲剧作家、参与过艰苦卓绝的波斯战争的老兵,将雅典和波斯比喻为两朵娇艳的姐妹花。从主观感觉上来说,当人们经历宽恕的过程时,他们不仅会感受到身上背负的重担突然减轻,同时还会体味到问题被解决时豁然开朗的喜悦之情。突然,你的头脑中那种是战还是逃的报复的想法会一扫而空,出现在你眼前的是青青的草地、静静的流水,一切都是那么平静和谐。

即使我们没有身临其境,也能被宽恕带来的这种平和心态所感染。我们的反应不是认知上的,而是发自内心的。相较于更为公平公正的判断,我们获得了内心的平静。相反,美国和以色列的安全和平静正在一点点地在对恐怖主义的报复中被蚕食,完全没有考虑这种报复从长远来看会带来什么样的严重后果。

⚶

与希望和喜悦一样，宽恕是社会学家们不太愿意深入研究的另一种积极情绪。请看看法学院开设的那些刑法、侵权法、离婚法课程中，又有多少涉及了宽容或者调解。在上个世纪的心理学文献中，文献标题中包含"复仇"、"报复"、"报应"等字眼的比例比"宽恕"、"克制"等词的比例要高出四倍。[5]从一开始，心理分析学家好像对"羞愧"和"复仇"的力量要更为着迷，而对于宽恕的力量则有意识地完全忽略了。

那么我们从何开始理解宽恕的运转方式呢？糟糕的是，我们一旦想要从主观、认知上尽力地去宽恕某人，在现实中就越发做不到，这就和我们想要在人群中变得更加有趣的尝试是一样的。我们并不能在主观上有意识地对原谅或被原谅进行调控。宽恕、爱、流泪和大笑这些情绪都是我们无法控制的，它们才是真正发号施令的小精灵。

由宗教职责强加的宽恕会让血压升高，而由移情和爱调控的宽恕则不会。[6]照顾伤者、咀嚼怨恨会让血压升高、脉搏加快，而在那些对有过失的人产生了移情或着眼未来的受害者身上，这种给心脏带来的毒副作用则并不明显。[7]相反，宽恕还伴随在副交感神经调节下，心率减缓、血压降低，同时降低罹患心脏病的风险。[8]

相对于认知因素，宽恕中所占的情绪成分更多。三千多年前，中东人就已经懂得在认知教学中加入宽恕的成分。三千多年前，人们创造了一条关于宽恕的梵语格言："宽恕是勇士的装饰品。"大约两千五百年前，《利未记》

(19：18)中记载着："你不应当对你的邻居寻求报复或心怀怨恨。你应像爱自己一样爱你的邻居。"两千年前，一位年轻的巴勒斯坦犹太人每日在主祷文中做有关宽恕的反思，他在十字架上大声喊道："主啊！宽恕他们吧，他们不知道自己都做了些什么！"（路加福音 23：24）大约一千三百年之前，真神阿拉的智慧被伊斯兰教创始人穆罕默德以《古兰经》的形式记录下来，其中"原谅/赎罪"这类词汇被使用了 234 次。[9]很可惜，在过去至少五十年里，这句关于宽恕的至理名言在巴勒斯坦、在以色列被人们完全遗忘了。每当巴以冲突中有无辜的平民丧命，受害方总是通过杀掉对方的一位无辜平民，来讨还血债。如果在践行宽恕时不能将心比心，那么就请你在掷出手中的石头、冒犯别人之前，先照照镜子检视一下自己的行为。

　　可悲的是，往往是那些压制性强的父母在向叛逆的子女索取歉意，而子女则并没有反过来这样做。所有的人往往都忘了，其实在强权之人表达歉意之前，真正困难的是那些弱者如何在心里原谅他们。直到 20 世纪，三位深受殖民地苦难折磨的英勇的年轻人——莫罕达斯·甘地、马丁·路德·金，以及纳尔逊·曼德拉为人们树立了榜样，他们从内心里真正宽恕了那些当权者。最近，教皇约翰·保罗二世为基督教在奴隶制度中扮演的消极角色向非洲人民道歉，为基督教在过去一千五百年里对犹太教徒的迫害向犹太人道歉，为十字军东征向所有伊斯兰国家道歉。[10]但是现在仍然有人批评教皇约翰·保罗二世，说他让基督教信徒失望了。要知道在过去，当权就意味着你永远不需要为你的行为道歉。

　　宽恕是文化成熟的一个标志。的确，直到 20 世纪末，甘地、金、曼德拉等人的范例才让社会科学界开始关注宽恕。也只是在最近 20 年，才有研究证实了宽恕从长远来看有其适用性。但在构想如何让宽恕发生，依然存在着一定的困难。

例如，19 世纪英国和美国的基督教徒喜欢在每个周日早晨就宽恕夸夸其谈，而在每周剩下的那些天里，他们甚至不能宽恕那些受害者，更谈不上宽恕那些有过错的人了。那时，对于自杀未遂的人，依照法律要施以绞刑。而对于强奸案的受害人，往往会被加上风骚挑逗的罪名，备受谴责。在美国这个号称保护个人自由的国度，那些想逃跑获得自由的奴隶，等待他们的不是喝彩和掌声，而是遭到残忍的肢解。更令人挫败的是这样一个事实：无论 19 世纪的基督教债权人何时向债务人追讨债务、实施报复，甚至监禁他们，他们都无需担心为其所作所为付出任何代价。

宽恕的进化需要花费很长的时间，最初由哺乳动物独特的游戏和抚育幼子的能力进化而来。哺乳动物的世界充满各种用以平息与缓和报复心理的姿势体态，但是同时，哺乳动物的游戏中又处处都有人们心平气和能接受的小伤害。你能拉拉小狗的尾巴，但是响尾蛇的尾巴你来拉一下试试看！在动物王国的嬉戏打闹中、母子关系中，宽恕是与生俱来的本能。宽恕为宽恕者带来一种高涨的温暖情绪，就像马歇尔计划彰显的一样，赎罪和宽恕中最关键的部分是其强烈的感染力以及将家庭和国家所受到的伤痛缝合、包扎起来的能力。有些人甚至相信"烈士之血"才是催化基督教在公元三、四世纪时得以迅速传播的真正原因（那时的基督教徒虽饱受折磨，但却选择宽恕折磨他们的人）。

但相比较而言，在游戏中和抚育后代的过程中，我们会感受到一点点的安全感。但假设我们没有安全感的话，宽恕又从何而来呢？这就是问题的关键。外部世界往往充满了各种危险，宽恕像社会规则一样，虽然在某种程度上会产生某种实际效用，但实施起来却非常困难。亚伯拉罕·林肯和乔治·马歇尔将军都非常彻底地战胜了对手,但与对手的关系又非常紧密。因此,他们双方都有强烈的安全感。相反,唐纳德·拉姆斯菲尔德和奥萨马·本拉登则让对方感觉到危机四伏,没有丝毫的安全感。

对年轻人和年轻的国家而言,报复行为可以帮助他们快速形成自我认同。对零和游戏这一看似错误的数学等式的诚心拥护可以强化自我意识,该情形可以延伸到鼓舞每一只足球队的士气上。对手要是输了,那我们就赢了。如果双方都不期待得分的话,那为什么还要打比赛呢? 所以,确立认同感和赢得比分都是非常重要的。然而,宽恕的能力是随着我们不断成熟而逐渐增强的,而赢得比赛的重要性以及最后一定要表现得与众不同的欲望则会慢慢减弱。[11]在被囚禁了 30 年后终于离开罗本岛时,这时步入中年的纳尔逊·曼德拉充满智慧、心怀宽恕,早已不再是当初那个争强好斗、满眼仇恨的年轻人了。[12]时间赋予曼德拉的珍宝是:当他踏进监狱时,他满心想着要解放他的人民;而当他离开监狱时,他希望不仅能给予他的人民以自由,而且也要让压迫他们的人获得解脱。

年纪渐长,我们必须最终与这个世界达成和解,虽然有时不公平,但我们也必须接受。最终我们需要放弃某些权力,去寻求某种平衡,唯恐父辈作下的罪孽变成后代的债务。因此,宽容所具备的神奇转换力量,会因为人的逐渐成熟而更容易实现。至少有两项研究都曾证实从 3 岁到 90 岁,宽容的力量一直在不断增长。[13]

我们可能还记得那位睿智的前澳大利亚总理马尔科姆·弗雷泽关于宽容的那句名言。在澳大利亚国家道歉日那一天,他代表这个国家有史以来首次就其过去对土著居民实施的种族灭绝行为做出了公开的道歉。怀着深深的同理心,弗雷泽指出:"本届政府不愿意道歉,认为道歉就意味着犯下了滔天大罪，而这一辈的澳大利亚人对他们先辈所做下的错事并没有任何愧疚负罪的感觉。当然这是不对的。但是从最广泛的意义上来说，道歉其实并没有任何负罪的内涵，它只意味着我对过去发生的一切表示遗憾。那些发生的事情是错误的，本不应该发生。"[14] 我们谴责其行为的那些人，往往生活在另一个时代，生活在另一个社会成熟度有所不同的时空，并且拥有不同的想法。

卐

总的来说，为了更好地理解宽恕这种积极情绪，心理学、宗教、政治科学以及人文科学都提出并试图回答如下四个问题。首先，被侵犯时受害者的心理上、思想上经历了什么？而从仇恨转化为宽恕时，受害者的心理上、思想上又发生了什么变化？其次，宽恕是否受个人、情境等因素的影响？或因治疗者的介入使得宽恕变得更加容易？再次，何时以及在何种条件下对具有创伤性侵犯经历的回顾会促进宽恕情绪的生成？[15] 第四，哪些心理因素可以促成和解与宽恕？

在回答这四个问题之前，让我来明确六种不属于宽恕的情况。第一，宽恕并不意味着容忍恶行。宽恕别人的人虽然对任何人都不会心怀愤懑，但他们对不公平的控诉也可以异常激烈。[16] 然而，在对于侵犯的愤怒和复仇之间存在着明显的差别。对侵犯行为产生的愤怒情绪具有高度的适应性。以色列声称获得了"六日战争"的胜利其实挽救了许许多多的生命。但是迄今为止，以色列为报复每一次自杀式袭击所付出的努力只会增加另一次袭击到来的可能性。第二，宽恕并不代表遗忘。我们必须牢记火炉可能会带给我们的危险。大屠杀纪念馆的建立是非常有价值的。第三,宽恕并不意味着我们要放弃追求正义的权利。智慧的裁决应当正确明了,两错相加仍旧是错。第四,宽恕不能消除过去的痛苦。宽恕只能避免未来发生伤痛。第五,宽恕并不代表我们原谅了那些犯罪的人。宽恕只是给这些人一个改过自新的机会,也给我们自己的伤口一个愈合的机会。1919 年,如果允许德国参加法国重建工作,可能很多悲剧都可以避免。相比较而言,德国对以色列进行的自愿赔偿从长远来看其效果远比人们期待的要好得多。最后,宽恕并不意味着我们鼓励做坏事的人重蹈覆辙。虽然惩罚有其存在的合理性,但我们不能保证在缺乏长远的后续保障时,惩罚是否还能在科学可以理解的范围内发挥效力。执行交通罚款制度,确实降低了随意停车的情况。但是,在美国仍然没有足够的证据证明,对贩卖毒品执行的严厉的强制性裁决,对贩卖毒品行为或吸毒成瘾的现象具有明显的遏制作用。

🌿

　　我刚才提出的第一个问题是:在受到或实施侵犯时受害者和行凶者的心理上、思想上都经历了什么? 我想用一个我自己亲身经历的例子来回答这个问题。那年我 3 岁,是个完完全全的捣蛋鬼。有一次爬楼梯,我不小心将膝盖狠狠地撞在了楼梯的扶手上。我疼得厉害,一时气急,而且当时心里满是些不知悔改的邪恶想法,我操起手里的衣架就敲打无辜路过的妈妈的脑袋。当时 3 岁的我口里还叫嚷:“我要报仇!”对那些 1945 年发动德累斯顿空袭或者 2001 年世贸中心双子塔恐怖袭击事件那些愤怒的投弹手而言,应该没有什么比这些报复行为更让他们感觉到兴奋的了。

我的膝盖被撞疼了，那么就一定要找一个人来为此负责。用衣架敲打妈妈的感觉好极了。我妈妈也明白当时的状况。她大脑中脑岛部分和扣带回前部的镜像神经细胞能让她理解我当时的疼痛，也能理解我的原始神经系统的反应。所以，她原谅了我。同时，她的额叶部位帮助她着眼未来，使她意识到那个时候对我进行惩罚其实是起不到任何作用的。

在下一个例子里，我就变成了无辜的受害者。一次，我在给本科生上课，那节课快要结束的时候，一个学生在言语上对我进行攻击。她非常生气地抱怨到，为什么她在小测验里只得到了 B－ 的成绩。我当时对她的行为忿恨不已。她确实获得过一次奖励加分，不过在期末成绩中仅占 20％。此外，还有更多勤学苦思的学生还有许多关于这节重要的课的重要的问题，等着向他们这位重量级的教授请教呢。我的内心充满看似正义的、实则自我中心的愤怒。心理投射的结果就是，我像个自恋的白痴一样在心里默默地谴责她。但是作为一个医生，我所接受的职业训练是让我把塞在耳朵里、可以对外界的一切充耳不闻的棉花团拉出来，把它放在自己的嘴巴里、堵住嘴不让自己瞎说。所以，虽然原始的愤怒啮咬着我的心，我还是坚持把她的话听完了。那姑娘接着说："我今天早上又收到了一封拒绝录取的信，这已经是我申请的第十四所医学院了。"突然之间，我完全明白了她的痛苦，我宽恕了她。此时，移情替代了猜疑。我猛然意识到事情的起因在她那里，而不是在我这里。宽恕她之后，我的内心也不再纠结了。我内心的转变过程就像那幅著名的心理学插图中描绘的那位丑陋的老太婆一样，在视者格式塔（完形）心理的作用之下突然变身成一位娇美的年轻女郎。宽恕的力量与此类似。我那时内啡肽分泌旺盛，就像在第 2 章中描述的慷慨助人时所感受的一样。

※

现在我们来回答第二个问题：宽恕是否会受到情境、个人或医疗者等因素的影响？有时情境因素确实非常重要。例如，在促成马歇尔计划形成时，情境因素就起到了非常重要的作用。战后，美国需要与日本和德国结成联盟。此外，对美国而言，在 1946 年对德国表示宽恕和谅解远比法国在 1919 原谅德国的罪行要容易得多。第二次世界大战的战场最终在德国的本土上，与美国本土相隔甚远。美国平民并没有在这次世界大战中遭受摧残，而且许多美国军人就是德国人的后裔。德国 40 年前就没有战胜美国。对美国人而言，他们并没有体会到像 1919 年的法国那样强烈的复仇快感。

宽恕意味着用个人责任感来替代心理投射。美国更容易履行沃特·凯利那只著名的卡通负鼠的名言：“我们遇到了敌人，而对他们而言我们也是敌人。”1947 年，美国的安全状况要远远好于 1919 年的法国，况且美国还拥有原子弹。

在实施宽恕行为时，个人因素与情境因素同等重要。1956 年 1 月 30 日，马丁·路德·金位于亚拉巴马州首府蒙哥马利的住房遭到了爆炸袭击。他的妻子科丽塔描述了接下来发生的事情：

　　房子外面的局势非常紧张危险。很多人都手持枪支，连小男孩都找到砸烂的玻璃瓶当武器。就在那一刻，马丁走出来，站在门廊里。他的房子刚刚被炸毁，他的妻子和孩子差点在爆炸中丧命。他举起手，人群顿时安静了下来。人群中是愤怒的男人女人，兴奋的孩子们，还有那些惊恐万状的警察。这一刻，所有的人都完全安静下来。马丁用平静的声音说道："我的妻子和孩子都很好。我希望你们都能回家去，放下你们手中的武器。我们要热爱我们的白人兄弟，无论他们对我们做了什么。我们要以爱来回报恨。"

他的话说完之后，聚集的人们开始渐渐疏散回家。人群中一位白人警察的声音突然冒了出来："多亏了这个黑鬼牧师，要不然我们所有人都没命了。"[17]

用一位精神力量极强的人的话来说，一场变革的奇迹业已发生——信仰、希望和爱都被包含在其中。它同时需要给予宽恕和接纳宽恕的人对过去、现在和未来都有透彻的理解。毕竟，报复仅仅植根于过去。而祈祷之所以对宽恕如此重要，其中一个重要的原因就是祈祷可以帮助我们放眼未来，而不再纠结于过去。我们明白覆水难收，对过去发生的事情一味地纠结不放、耿耿于怀，终将于事无补。

这个图景其实描绘了宽恕转化能量的两个重要方面。第一，宽恕可以通过深层次的冥想和祈祷来实现。安德鲁·纽伯格发现在深层冥想中自我和宇宙的边界被消除了，与他人发生联系的主观想法占据了上风。[18]

宽恕转化能量的第二个方面是它具有感染力。如果说凡尔赛和约对德国的报复引发了德国更为强烈的复仇情绪，那么马丁·路德·金给予的宽恕作为一种仁爱的积极情绪，则激发了白人"大块头"心里的感激和温暖之情。我认为宽恕在人类这一物种的存续过程中将作为一种社会生物学的必然趋势而存在，因为它能挽救无数人的生命。

阿里埃勒·沙龙在被选举为以色列总理之前所表现出来的行为更具有

挑衅意味、更加危险。2000 年，他坚持造访位于耶路撒冷的穆斯林圣殿山地区，引发了当地哈马斯组织的报复性反应，使得新生的巴以和平进程受到重创。我们来把沙龙的行为与另外两位巴勒斯坦人的行为对比一下。1948 年，一个犹太难民家庭被分配到一所位于特拉维夫附近拉马拉市的一处房子，该房子附带一个漂亮的小花园。有人告诉他们这处房产现在是无主物业，之前的主人已放弃了这处房产。20 年后，六日战争结束时，房子之前的主人巴希尔突然出现。他告诉这户人家，他的家人从未放弃过这处房产。而是在 1948 年，他们全家人都被驱逐到加沙附近。后来，巴希尔因参与了一次爆炸式袭击，导致好几位犹太平民丧命，所以他被判处监禁 15 年。1985 年，当巴希尔最终被释放出狱时，房子现在的主人找到了他，希望能将房子出售并将所得房款归还给巴希尔。此举并不仅仅是为了还原事实真相，而是承认他们对巴希尔造成的伤害。但是巴希尔谢绝了他们的好意，他说："我不要钱，我只希望将这所房子改造成一所照顾阿拉伯孩子的幼儿园，让他们能享受我没有享受的快乐童年。"[19] 1991 年，这所房子成为拉马拉第一所犹太—阿拉伯文化交流中心，每年招收一百个阿拉伯和犹太孩子，并为他们举办和平夏令营。这是拉马拉地区唯一——所用阿拉伯语为阿拉伯孩子教授知识的文化中心。

　　既然我们永远也收不回那些呆账，有创意的宽恕行为恐怕是寻求内心安宁的唯一途径了。既然在第一次世界大战或巴以冲突的众多悲剧中，受害者和行凶者的边界并不是那么清晰，那就让宽恕成为一条双行道帮助所有人都获得心灵上的解脱吧！

❧

　　我要讲的下一个故事分析了治疗者在实现宽恕行为时的重要性，并且回答第三个问题：何时帮助受害人促成从仇恨到宽恕的过度转变是安全的？何时触及过去的伤痛经历才是安全的？答案是：只要在受害人像柯尔律治笔下那位老水手一样想向他人讲述自己的经历时，时机才成熟了，之后就可以开始慢慢地对受害者进行心理疏导了。哈佛大学精神病学家、创伤治疗专家朱迪斯·赫尔曼提醒我们，倾听时治疗者应当扮演见证人或接生婆的角色，帮助受害人将自己痛苦的经历说出来。[20]治疗者在倾听时应当要避免以下时常发生的情况：他们往往想成为受害人的救命恩人，但被受害人拒绝之后，又变成另外一位受害者。见证人不仅应当具有移情能力，而且他们还时常需要担负起与受害人共同承担痛苦的责任。

　　在上一章我们谈到过，尤金·奥尼尔幼年时，父亲长期缺位、时常喝得醉醺醺的，母亲则吸食鸦片上瘾，他在家里得不到任何关爱。奥尼尔在很长一段时间里都想着要报复。他的高中校长曾预言，脾气火爆的奥尼尔很可能在死刑电椅上结束他的一生。校长当然怎么也料想不到，这个学生之后居然能获得诺贝尔奖。奥尼尔年轻时，为了给自己的报复心理找个出口，曾用大砍刀砍掉了母亲家具的所有支脚，而且他也极为忽视自己的孩子。[21]就像那个三岁的我所说的一样，奥尼尔也在心里呐喊："我要报仇！"

　　奥尼尔对于家庭生活宽恕的种子直到 20 年后才得以播种下来。这是因为要学会宽恕，我们需要一个人来见证我们所经历的痛苦。有一段时间，奥尼尔坚持去见一位专攻婚姻关系的"研究型精神分析学家"吉尔伯特·汉密尔顿。在那六周的时间里，汉密尔顿医生在奥尼尔身边充当了一位自愿见证者的角色，在他的帮助下，奥尼尔学会了如何回忆自己的童年、学会了如何将这段痛苦的往事说出口。在那六周时间里，他记录下的带有自传性质的笔记，成为了 15 年后撰写那部伟大的、充满宽恕情绪的戏剧《进入黑夜的漫长旅程》的草稿大纲。就像我之前说过的那样，宽恕不是一夜之间形成的。对奥尼尔而言，这个过程花费了他 35 年时间。

十多年之后，在他最终开始写作《进入黑夜的漫长旅程》时，奥尼尔所经历的痛苦绝对不比他第一次向汉密尔顿或者后来向他的妻子卡洛塔倾诉时所经历的痛苦少。但是在经过了多年的酝酿之后，他想要把这段经历记录下来的决心更坚定了。卡洛塔曾这样回忆奥尼尔在写作和回忆时的痛苦和烦恼。"有时，我甚至觉得他要发疯了。眼睁睁看着他陷入痛苦之中不能自拔，让我感到非常害怕。"[22]

1940 年，奥尼尔将写作完成的《进入黑夜的漫长旅程》手稿作为结婚纪念日的礼物献给妻子卡洛塔：

> 我最亲爱的：我将这部记录往日悲伤的、和着心血与泪水写就的戏剧手稿送给你。在这样一个庆祝幸福生活的日子里，送你这样一份悲伤的礼物，好像有点不合时宜。但是我觉得你会懂得我的心意吧。我想将这部手稿送给你，感谢你对我的爱和给予我的柔情，让我对爱有了信仰，让我最终能直面自己的死亡，并写下这部充满遗憾、理解与宽恕的关于蒂隆一家四口人饱受各种困扰的故事。[23]

有时，第三方或一位治疗专家的作用是相当关键的。在匿名戒酒者协会，第三方可以与大家分享自己的人生经历，治疗者也可以作为见证人，而调节团队则可以作为中立的调停者为大家服务。虽然公平公正常常难以实现，但第三方还是可以帮助受害人向那些无法挽回的损失悼念，然后学着放下。即使称职的侵权律师介入有时也只会让事情变得更加糟糕，因为即使是赔偿一百万美元，也无法弥补失去在恐怖袭击或醉酒驾驶的事故中丧生的孩子所带来的伤痛。只有宽恕才会让受伤的心得到愈合。

우

我的第四个问题也是最后一个问题：哪些心理因素可以促成成功的和解与宽恕？给受害者灌输信仰、希望、爱和喜悦，我们有时候感到无能为力，但是我们可以试着帮助他们在内心完成从仇恨到宽恕的转换。当然，如果要促成这一转换过程，我们首先需要了解宽恕的动态变化。

第一，我们需要认识到，要想从刚刚受到伤害的人身上完全剥离报复的影子往往是徒劳无益的，就像要突然从一位老烟枪的手里抢走他的那包骆驼牌香烟一样。事实上，报复心理非常吸引人，以至于有时候宽恕也会被用作报复的手段。过于快速、过于停留在表面上的宽恕可能反映了试图通过占领道德制高点进行掌控的野心。那位风趣幽默、并不总是仁慈的奥斯卡·王尔德曾这样建议："永远宽恕你的敌人。因为没有别的事情比你的宽恕更让他气急败坏的了。"在真正宽恕之前，观察者和行凶者都需要先静下心来，感受一下痛苦到底有多深刻。

报复，和吸烟、赌博、吃太多的巧克力一样，总能让人在当下感觉极好。

不过,后悔紧随其后。初期的治疗性干预必须让受害者将他的愤怒情绪从行凶者的身上移开,放置在一个安全的位置,并逐渐让受害人重新获得新的力量。因为从进化的观点来看,愤怒和其他激烈的情绪一样,是生命存活下来的珍宝。所以,阉割强奸犯不太可能有任何意义,但是如果参与一场群情激奋的"重返黑夜"的游行,并帮助其他强奸案的受害者在法庭审判时维护自己的权益,则更具可行性,而且效果会更好。当然,最为有效的方法是让愤怒转化为支持受害者继续为将来奋斗的力量,而不是将行凶者宰杀当作过往痛苦的祭品。在匿名戒酒者协会中,为了帮助戒酒者摈弃令人窒息的忿恨不满,来拥抱宽恕的新鲜空气,组织者会建议:"我想我们可能什么也做不了,只能为酒精这个王八蛋祈祷了。"

宽恕除了原谅那些永远也偿还不了的孽债之外,还包含了另一个更深层次的问题。[24]当我们受到伤害时,我们在感到侮辱的同时,还感觉到羞愧。羞愧于在他人绝对力量的面前,我们无能为力、任人摆布。如果对方没有通过道歉或者赔偿,来放弃他们对力量的支配,我们就必须反击。当然,羞愧是一种比受到欺负更令人痛苦的情绪,我们用其他诸如愤怒、自以为是或者赢得权利的方式来对抗羞愧。所以,报复的另一种方式就是遵循"以眼还眼、以牙还牙"的规则,来羞辱那些行凶者。当然,这种羞辱可能会激起进一步更为凶猛的打击报复。所以,寻求报复、诉诸愤怒、自以为是或者赢得权利都是非常有效的防卫方式,可惜的是这些方式既没有移情,也没有着眼于未来的考虑。

宽恕总是通过行为表现出来,而不是光凭嘴上说的。宽恕与和解的精神力量都是通过见证别人宽恕的行为而习得的,并不是通过阅读从书本中汲取的。最近一项研究发现,非正式治疗团体,如祈祷团体、自助团体或各种男性或女性团体，在 1379 名受试中，有高达 61％的人愿意宽恕别人。[25] 为促进酗酒家庭中家庭关系的修复、和解与宽恕，家庭治疗专家会参加那些匿名戒酒者协会的某些公开集会，从中获得对这些家庭更多的了解。看来每一位心理医生和调解员都应该仔细阅读南非《真相与和解委员会》的各种章程。这个委员会的目标主要包括四个方面：（1）找出已发生事件的真相，而不是轻易否定它；（2）帮助受害人重塑作为人和公民的尊严；（3）寻求对行凶者的理解和宽恕，而非惩罚；（4）受害人应主张相应的赔偿要求，而非一味地报复行凶者。通过聚焦病人过去的悲伤和愤怒，包括我在内的许多心理医生时常一不小心就会促使受害人在心理上滋生出一些憎恨或者顾影自怜的情绪，这些都是宽恕的死敌。我们可能为了避免成为一个盲目乐观的人，忘记了我们在帮助病人重温感恩和宽恕的情绪时，也应该帮助他们突破由嫉妒、猜忌、愤恨和报复这四堵组成情绪监狱的高墙，从而真正获得自由和解放。

🐝

　　在很多情况下，这种注意力的转移可以让痛苦得到缓解。长期处于愤恨情绪之中，人会感受到不公正的待遇，猜疑偏执，极度忧伤，不受欢迎，愁肠百结。而宽恕则让人产生移情的感受、愿意舍己为人、着眼未来、感恩他人，并最终获得内心的平静。植根于哺乳动物的游戏和社会合作的进化，宽恕已进化到可以激发我们每个人心中的敬畏之情。神奇的是，在甘地、金、曼德拉等人对宽恕进行了身体力行的实践后，宽恕才最终吸引了科学界的关注。

负罪感的解脱并不是寻求宽恕的唯一目的。负罪感来自过去，而宽恕则放眼未来。当别人宽恕我们的罪过时，我们并没有感受到喜悦。更为重要的是，当我们宽恕他人的过错时，我们获得了巨大的喜悦。只有在宽恕他人的时候，我们才能从想要寻求报复中那令人压抑的、愤怒的情绪沼泽中被解救出来，从内心的痛苦煎熬中解脱出来。宽恕总是能将我们的注意力从个人转移到令人敬畏的事情上。

从上文的例子中，我们可以清楚地看到，从报复转换到宽恕需要一个漫长的过程，绝不能操之过急。当然，就像从任何成瘾的习惯中解脱出来的经历一样，受害人的精神力量当然会帮助他获得解脱，但痛苦会时不时地卷土重来的情况也非常常见。

无论如何，我们都应当牢记即使生活在比甘地、金、曼德拉所经历的令人压抑的殖民主义民主体制更为严苛无情的政治制度之下，宽恕依然是可以实现的。1945 年，有人在拉文斯布吕克集中营发现了一张纸片，上面记录着这样一首祈祷词：

> 哦，主啊！
>
> 请不要只记挂那些良善的男人女人们，
>
> 也请眷顾一下那些心怀恶意的人吧。
>
> 不过请忽略
>
> 他们强加于我们的痛苦，
>
> 而记住
>
> 我们以苦难换取的果实。
>
> 感谢这些伤痛——

让我们收获了

同伴之谊,忠诚之信和谦逊之德,

也收获了勇气,宽容和博大的胸怀。

当某一天他们最终要面对审判时,

让我们用所有这些收获的果实,

来换取对他们的宽恕吧![26]

第9章　同情

在学术界，那些被人推崇的职业生涯都是围绕着为"自私"的基因歌功颂德而诞生，例如对抑郁症进行更为深入细致的研究，或对细腻精致的文学作品进行解构分析。在这种背景下，针对同情这种情绪的科学研究令人耳目一新。不过，学者们在研究同情时所遇到的麻烦，确实一点也不比他们在研究爱和喜悦时少。哈佛大学科学史教授安妮·哈林顿曾说："我很惊讶地发现了一个事实：在历史上，科学对现实问题的钻研越深入，反而与'同情'这类概念的距离越遥远。"[1]

人类对痛苦产生的移情作用以及随之而来的积极情绪——同情，其实是人类与生俱来的本能，无需教授。在人类漫长的进化过程中，人类已具备了同情这一本能。虽然我并不像福音教派牧师和畅销书作家瑞克·沃伦那样假装对上帝的一切了如指掌，但是就这个问题我们达成了非常相似的结论：爱和同情是不能由人类自由意志所操控的。沃伦曾这样写道："上帝早在你开始琢磨他的想法之前很久就已经把你放在心上了。甚至在你存在之前，他便已经帮你安排好了一切，根本不需要你的任何介入。你可以选择你的职业、配偶、爱好，以及人生中许多重要的事情，但是你唯一不能做出选择的就是你的目的。"[2]对于同情的这种非自主本质特性，我与沃伦的观点只是稍有不同。2001 年 9 月 11 日纽约世贸中心恐怖袭击以及 2005 年卡特里娜飓风引发新奥尔良洪水肆虐之后，大量慷慨的爱心援助随之而来，这不仅仅是人们的自愿行为，更是由于人类的精神生物学构造所决定的。过去十年里，地球上那些遥远未知的地区所遭受的灾难激发了全世界范围的关注与同情，这在人类历史上是前所未有的。现在，对于那些遥远群岛地区发生的海啸、撒哈拉沙漠南缘尼日尔遇到的饥荒、巴基斯坦偏远地区遭受的地震，世界上经济强大的国家都给予了广泛的关注。

　　贯穿本书的一个重要观点便是，生理进化和文化进化共同作用，使得兄弟姐妹之外的那些素不相识的陌生人也能团结起来彼此帮助，共同携手将一个处处充满危险、以部落为基本单位、各自为政的世界格局转变为一个更安全、组织结构更为统一的蜂巢模式。那么，现在这个转变的时机是否成熟了呢？我们可以清楚地看到，在过去的两千年里，以无私的爱为基础的文化模因在社会演变中所起的作用并不明显。然而，近几十年来，在第一世界国家以及第二世界国家普遍的安全稳定状态的支持下，文化进化虽未完全消除、但也在一定程度上减轻了这些国家之间存在的消极情绪。同时，随着人均寿命的延长、民主程度的提升、性别平等的推进、国民文化水平的提高，以及公共卫生条件、通讯条件的进一步改善和粮食产量的不断扩大，着眼未来的积极情绪争取到了更多展示自己的机会。这种持续的安全稳定局势让人们有机会更多地关注自己的精神世界，而非仅仅停留在主流宗教教义那些具有同情意味的只言片语上。虽然各大报纸杂志还是唯恐天下不乱地积极关注各处冲突，但世人彼此之间越来越具有同情心了。例如，美国的新闻报道有意遗漏了这样一个事实，那就是在 2001 年纽约世贸中心双子塔遭到恐怖袭击之后，在伊朗首都德黑兰，成百上千个伊朗民众自发组织游行示威，声称这一荒唐的恐怖主义行为违背了伊斯兰教教义的原则。可惜，新闻作者更加青睐负面新闻，诉诸笔端的是另外一则二十名伊斯兰教极端主义者消极、自杀性的愤怒情绪和极端行为。于是，美国民众了解这几千名所谓的美国敌人所表达出来的善意与同情的机会，被他们生生地剥夺了。尽管如此，这种哗众取宠的新闻报道和强权政治对事实的歪曲，也不能否定人性本身富有同情心的论断。

即使我们在天性上觉得在报纸上读到危险和冲突的报道时比读到爱心和仁慈的故事更有趣味性，但这并不妨碍我们在社会给予我们适当的时机时，对大众表达爱心和同情。基因进化使婴儿的存活率得以提高，保护至亲之人免受失去孩子的痛苦。文化进化以及皮亚杰提出的成人发展的形式运算理论的成熟使这种保护的愿望得到了更广泛的认可，让更多的陌生人受益。但是，相较于任何其他普通科学的主题研究，对于这种人类个体之间给予安慰和支持的研究要少得多。

⚶

我想先对同情下一个定义，然后再进一步讨论人类发展中同情的进化情况。和爱一样，同情也是世界上各大主流宗教的重要特征。但是爱和同情在本质上有着极大的区别。爱是与那个令你心动的人长久相伴的欲望；而同情则是希望能帮助其他人，即使受助者不讨人喜欢，也希望他能摆脱痛苦。很少有人愿意在爱情中被人同情和怜悯，正如他们不愿意在接受他人同情时，进一步推己及人一样。同情会让我们体会到"被关注"的感觉。如果说被爱是福祉，那么"被关注"也一样是我们的运气，这种好运气主要得益于灵长类动物镜像神经元的进化。

在过去的 20 年里，研究者仅在灵长类动物身上发现了镜像神经元，而在其他哺乳动物身上则没有发现。他们认为镜像神经元无需运动行为演练，仅仅通过观察就能促进人类对周围事物的习得行为，而这一现象往往被称为"有样学样（指机械学习）"。2004 年，通过使用功能性核磁共振（fMRI）得到的神经影像得知，镜像神经元除了能促进社会性模仿之外，还具有其他功能。亲眼见到心爱的人经历痛苦，镜像神经元会刺激我们自身与痛苦相关的边缘系统情绪中枢，这样我们就能对亲人的痛苦感同身受。然而，当我们真正在遇到痛苦时执行规避痛苦行为的大脑新皮层分析中枢，在这一刻并未受到刺激而激活。换句话说，当我们亲眼见到其他人烧到手时，位于我们大脑边缘叶和扣带回前部的镜像神经元会在神经病学家的仪器屏幕上显示出亮点，就好像我们自己的手被烧到时一样。但是，我们大脑皮层运动中枢的细胞（如，"我感觉到左手被烧到时，自然地缩回了手"）仍然处于休眠状态。[3]同样值得关注的是，个体在亲证他人的痛苦时，其被强化的镜像细胞脑激活程度与同一个体进行移情效应的笔试评估分数具有较强的相关关系。[4]同时，镜像神经元网络使脑岛与边缘系统其他部分整合起来，这也是决定情绪智力的关键因素之一。

爱与同情差别甚大。爱是基于依恋的一种情感，所以失去心爱的人会产生非常强烈的内心痛苦和悲伤，这也是为什么佛陀曾教导我们通过超脱来保护自己的原因。从他人手中夺走他的心爱之物，如婴孩的棒棒糖、母熊的幼崽或是爱国者的自由，会使以自我为中心的消极情绪汹涌而至，如抗议、愤怒、悲伤和恐惧等。无论之前是出于多么无私的爱，失去心爱之人必定会给人们带来痛苦和自我专注。这是因为大脑的结构就是这样构造的。相反,同情所带来的"痛苦"基于移情而非怜悯,能让我们冷静地对待他人的痛苦。同情与移情都能让我们在心中对他人以仁慈相待,甚至会不遗余力地去帮助遭受痛苦的人。

　　曾有一幅描绘爱与同情之间差别的漫画,可以通过以下这项假想的实验加以说明。想象你正在骑自行车。旁边飞驰而过的汽车擦撞上了你,把你从自行车上撞飞了出去。你的腿部受伤非常严重。那么,你希望谁能乘坐下一辆车来到你的身边呢? 是你的妈妈还是一位医护人员呢? 他们都能"感受到你的痛苦"。但是由于对你的爱太过强烈,妈妈可能会被她内心奔涌的怜悯、同情心和痛苦击中,而呆在现场。相反,专业的医护人员会因为移情作用而感受到你的疼痛,并迅速冷静地为你折断的腿上好夹板,好让你在被移动到救护车上时,疼痛尽可能少一点。医护人员会准确地判断你骨折的部位,也明白如何让你免于遭受进一步伤害的具体步骤。即使这位医护人员在当天早上已经参与了三次车祸的急救工作,他对你的同情也不会减少一丝一毫。当然,这与他的职业同情心给他带来报酬没有任何关系。也许,他如此专业地对待伤者,一方面是为了自己谋生,另一方面也是他用以逃避自己内心痛苦的手段,而他的妻子在一年前因为一起醉驾所引发的车祸而被夺去了性命。同情,与爱和饶恕一样,给予施者与受者的益处一样多。同情,又与爱和希望一样,是一场生物学上的好把戏。

　　一位悲伤的寡妇,她想要的并不是一张表示同情的问候卡片,同样也不希望听到那些带有移情性质的安慰,诸如"我还记得你的丈夫总有本事让所有人都开怀大笑"或"如果你让我在接下来的两个星期里帮你打理花草树木,我会非常乐意帮忙"。精神分析学家、算命先生、萨满教法师以及催眠师在某种程度上都是能帮助我们脱离痛苦的人，一方面是因为他们能治愈我们的疾病，让我们感受到自己成为关注的焦点，另一方面他们的移情手段让我们惊讶地发现他们能读懂我们的内心世界。我们所有的人都希望被"关注"而非被怜悯。

但是仅仅感受到他人的痛苦还不够。同情不只是与他人的痛苦产生共鸣，还要采取点什么行动。我那位三岁的外孙女正在嘤嘤哭泣，因为我和她妈妈拒绝了她无理取闹的要求。不过，她那位才一岁的小妹妹却摇摇晃晃地奔过去准备安慰她。这个一岁的小家伙自然不会热切地告诉她姐姐"我能感受到你的痛苦"，相反，她伸出双臂环抱住了姐姐。埃斯库罗斯在他充满移情意味的戏剧中对波斯人给予了深刻的同情，他将雅典和波斯称为两朵姐妹花。其他雅典人应该对他这一同情的举动产生共鸣并为他喝彩，而非嘲笑他。

我认识一位机敏的年轻人，他的祖父是一位被派往印度的原教旨主义传道士。在 20 世纪 70 年代，他本人也到达印度并希望借此摆脱祖父辈信仰的那些僵化的教条，转而信仰印度教。五年之后的某一天，他在中美洲的一处山顶进行冥想修行，为对面山头的山民祈祷，因为他们刚刚遭受了执政独裁者的军事袭击。突然，他的脑中灵光一现，认识到无论他的祈祷是多么的仁爱和无私，对改变现状其实没有任何实际意义。他立即回了家。在信念、同情和远见的支持下，他首先考上了法律学院，接着在华尔街摸爬滚打一阵之后积累了一定的财富。然后，他便回到家乡谋到一份国家公职。最终，他以令人惊讶的大幅优势赢得了重要官职，按照自己的理想，带领民众把家乡建设得越来越好。真正的同情远不止是祈祷，而在于实实在在的行动。

✿

　　除镜像细胞以外，还有另外一种可以产生移情的方式，那是一种成熟的无意识应对机制，它曾被收入美国精神病学会编纂的疾病诊断手册——《精神障碍诊断与统计手册(第 4 版)》。人类其实具备一系列与生俱来的应对机制用以自我安慰和自我恢复，有些机制是健康的，有些则是不健康的。[5]人们对于这些机制(有时被称为自我防御机制)的神经生物学原理还不甚了解，不过我们能确定的是这些机制都不能由人自主控制。另一方面，那些不适应环境的人都不同程度地具有某种"性格障碍"。历史上那些赫赫有名的混蛋和恶棍，他们往往用自我陶醉、非移情的无意识机制来应对人生中遇到的困难，如心理投射：他们告诉自己"这次考试不公平"；"是魔鬼让我这么做的"；"我所有的痛苦都是你的错"。自我防御机制的另外一种表现形式是自闭幻想："我只能爱上这面镜子里映照出来的东西"；"我想要一个只属于我自己的纸娃娃"；"我只有自己一个人玩耍时才感到安全"。自我防御机制的第三种表现形式便是勃然大怒：火爆脾气和暴力行为会营造出一种让当事人感受到自我满足的"震慑"气氛。自我防御机制第四种表现形式被称为分离机制(有时也称为神经性排斥)。例如，斯佳丽·奥哈拉那句"我明天再考虑这件事情"；《疯狂》杂志上艾尔弗雷德·E·纽曼的"什么，你觉得我在担心吗？"；以及路易十五的"我死后，任它洪水滔天！"这些名言都是在以考虑自身感受的基础上、能在短期内迅速解决问题的良方，但却会令他人感到深深的厌恶，而且根据我自己对成人发展的研究结果分析，从长远角度来看，它只会对人的环境适应能力产生灾难性的影响。[6]

　　与这些自我防御机制截然不同的是那些具有移情效用、但是同样也是无意识的、成熟的应对机制，如同情和移情，它们对人类环境适应能力的提高起到了至关重要的作用。在这些无意识机制中作用最为明显的当属利他主义机制，例如"不要问国家能为你做些什么，而要问你能为国家做些什么"这类黄金规则。第二种无意识机制便是幽默：玛丽莲·梦露、查理·卓别林、伍迪·艾伦等人虽然自己时常感受到深深的抑郁，但他们却能通过移情让大家开怀大笑。其实幽默的真谛就是不要把自己太当回事，同时能够对他人的心理状态进行精准的评判。离开移情，喜剧演员只能是笨蛋一个。

　　第三种适应性无意识应对机制是升华机制。艺术家之所以成其为艺术家，而不仅仅是一位涂鸦者，是因为他们能通过移情的作用认识到不仅自己能看到美，欣赏者的眼里也能看到美，同时，他们还知道事实而非自我安慰的妄想，即是真美。路德维格·冯·贝多芬和尤金·奥尼尔通过将痛苦变形为世人满怀期待希望看见或听到的方式来缓解自身的痛苦。无论是男人还是女人，只要他能在大多数情况下运用无意识的同情和移情应对机制，如幽默、利他或升华，他自然能享受到比那些运用欠成熟却更为自我中心的自我防御机制的人更加开心快乐的人生。[7]如果要深究他们这些行为的根源，研究移情的专家以及这些善施同情的典范们会这样解释，他们的行为并不是由有意识的道德理性操控计划的，"因为在那种情况下，我不可能做出第二种选择"。[8]他们甚至没有意识到自己曾经经历过的、想极力摆脱的痛苦。这种将人类痛苦转化为移情关系的尝试，反映了人类神经生物学最辉煌的本质。

༶

与宽恕和爱类似，同情也不能为人所掌控。不过还好，同情拥有影响发号施令的强大力量。婴儿的分离哭泣能让我们不由自主地产生移情和同情的感觉。大家一定还记得那张描绘被汽油弹严重灼伤、沿着越南的一条街道尖叫奔跑的裸身小姑娘的经典照片吧。这张照片促使美国人反对越南战争的作用一点也不比 50 位编辑奋笔疾书的效果差分毫。谁能对被抛弃在路边的孩子真的狠心视而不见呢？ 看吧，正如达尔文进化论预见的那样，我们每一个人都有可能成为撒玛利亚人那样的热心人。

将治愈病痛作为一种职业，自古以来一直以富有同情心为其指导原则。16 世纪著名的炼金师、医生、自然哲学家帕拉塞尔苏斯曾这样写道："真正的好医生一定是以其同情心和对邻里的爱心而为人称道。医药的艺术是深深植根于内心的……医生内心的爱一定比平常人要充沛得多。"虽然帕拉赛尔苏斯并没有明确指出，但是我们可以推测，他所指的并不是治疗他儿子的那一位医生，而必定是所有的治疗者。母亲、护士、悉心照顾失去母亲的雏鸟的小姑娘都是"真正的治疗者"。而且他所谓的"爱"其实意味着"同情"而非"依恋"。

同情也可以提升治疗的效果。安慰剂除了借助病人往日对母亲和医生的信任与当下感受到他人的同情和关爱的生物活性作用之外，对疾病治疗并无直接效用。事实的确如此，只要我们真心信服，医生一句"疾病可以治愈"的承诺便能给我们带来宽慰，该承诺比我们内心抵触或不愿意遵从的任何科学疗法的作用要大得多。尽管医生严格要求，但又有多少病人能按时按量好好吃药呢？但是，如果他们感受到医生是真心为他们的健康着想，他们服药就会上心得多。这样看来，移情即使不能直接起到治疗的作用，却能通过帮助病人更好地服从医嘱，从而提升医学技术的治愈效果。就像耶鲁大学医学教授霍华德·斯皮罗坚称的那样："安慰剂的效果充分肯定了群体效应，一个人仅靠只言片语就能帮助其他人，这简直是医学界的一个奇迹。"[9]

与同情一样，安慰剂是人际关系所拥有的强大力量的一个缩影。我曾问过一位匿名戒酒者协会的会员，如果他酒瘾犯了会怎么办。他这样回答我："当你走进电话亭，将 25 美分的硬币塞入投币口，拨通那位互助对象的电话，你就会明白你不会再拿起酒杯了。"那枚硬币带来的是群体协助，而群体协助同时又带来了他人的同情和理解，并帮助他支起防止故态复萌的盾牌。这一切起作用的根源在于，他坚信有人在乎他、关心他。

🐘

近年来神经科学技术的发展为我的观点提供了科学证明。富有同情心的温柔触碰会促使大脑释放内啡肽，这是人类大脑中的一种内源性鸦片。安慰剂也能达到相同的效果。因此，同情可以缓解患者的痛苦，是有药理学和心理学关爱的依据的。安慰剂对帕金森症的疗效长期以来广为人知。有实验证明，安慰剂有助于帕金森患者体内释放大量的多巴胺。[10]多巴胺是一种神经递质，缺乏多巴胺会引发帕金森震颤性麻痹等肢体异常症状。

2005 年，雷切尔·巴赫纳-梅尔曼和她的同事们报道了他们的相关研究结果。他们使用一份测量"忽略自身需求以满足他人需求倾向"的问卷对

354 个家庭进行了调查，试图分析这种倾向与多巴胺基因变异现象之间的相关性。研究结果证实了他们之前的假设，即如果从基因结构的视角来考察人类的利他行为，那么某种不拘于血亲关系驱动利他行为模式的基因则是其赖以依存的部分基础。[11]就像先前分析的一样，释放多巴胺的大脑组织将吸毒成瘾者大脑中那些瞬间短路的特征整合起来以获取转瞬即逝的快感，将进化为一种对亲社会行为的奖励。

仅在一年之后的 2006 年，神经科学家乔治·摩尔和他在美国精神病学研究所的同事们对慈善捐赠行为的神经生理学机制进行的研究支持了以上例子中的假设。[12]他们通过功能性核磁共振技术找到一个统一的研究视角，分析了最新的关于产生利他主义和依恋的大脑机制的研究。在一系列精心设计的实验中，调查者考察了 19 位受试在决定将实验者提供的数目可观的一笔钱是捐献给自己认可的社会组织还是把钱给自己留下来时的大脑功能。

在毒瘾研究领域中广为受到关注的中脑边缘多巴胺奖励系统可由对性欲、毒品、食物和金钱的追求而被激活。在上述摩尔的研究中，当受试不惜掏空自己的钱包做慈善捐赠时，相同的大脑中枢也会被激活。换句话来说，我们的大脑不仅可以从对自我的保护中获得满足感，还可以从对他人的关爱中获得快乐。此外，此类赠与行为还能激活现代智人的前额叶皮层，尤其是当利他的选择最终战胜自私的选择时激活程度更高。击穿菲尼亚斯·盖奇头骨的那根铁棍击中了他大脑的正中前额叶皮层，而这一区域的受损使他失去了表现得体的言谈举止、款款柔情、社交窘迫感以及悲悯同情的能力。[13]同样也是这一部位，由哺乳动物大脑皮层系统中原始状态的四个层级逐步进化为现代智人的六层大脑新皮质。

摩尔和他的同事们推测，相似的基因—文化协同文化机制很可能会诞生出一种人类特有的大脑前额叶皮质与原始的哺乳动物边缘奖励系统的关联关系。[14]如将这些发现和大量皮质层细胞对人类公平感的调节和后叶催产素促成的对投资人的信任（见第 5 章）这些事实结合起来，我们便会对亲社会同情行为的进化有一个清楚明白的了解。

᯽

大约两亿年来，人类下丘脑的基因进化连同其四大能力——争斗、逃避、喂养和通奸让我们这块自私的"驱动力"部分只比短吻鳄鱼的下丘脑结构稍稍复杂一点。人类处理消极情绪如恐惧、厌恶和愤怒的能力并不比困在陷阱中的小老鼠这部分能力的进化程度高多少。相反，我们应对基于未来的积极情绪的能力，如面对陌生人的痛苦而产生的利他主义反应以及同情的情绪，还将继续进化。无论最后的结果怎样，人类仍然是其进化过程中的一个未成品。

高等灵长类动物的边缘系统梭形细胞与镜像细胞的基因进化最终产生了移情情绪，这个过程花费了好几百万年的时间。而文化进化使得同情得到人类的普遍肯定，无论是《新约圣经》还是佛教《巴利大藏经》都对其赞赏有加，却只花费了 2000 年时间。而大约 1500 年前第一批伊斯兰教教会医院的诞生更是富于同情心的创造，同时也是对人类繁衍大有益处的明智之举。《本笃规条》里记载："对病患的关心照料应置于所有其他职责之前，并始终重于其他职责。"相反，虽体魄"健壮"、科技发达但却无比自私的纳粹第三帝国，曾蓄意处死那些慢性病患者，妄称要将宝贵的社会资源留给那些遗传上更具优势的人种,或者留作种族征服战争之用。为了证实到底是纳粹的观点还是本笃会的信仰传统更适应后现代社会的人类繁衍,我们绝不能指望查尔斯·克劳萨默、艾茵·兰德或安·库尔特这些好心肠的自由主义者仅靠自己的机警聪慧单枪匹马地战斗。相反,我们需要依靠科学,依靠各种实证研究和长期的后续研究。纳粹的统治仅仅维持了 10 年左右的时间,而 1500 年后本笃会却依然存在且仍在发挥作用。而在理性上卓绝而精神上过于冒险的法国大革命所持续的时间也不比纳粹第三帝国长久。现在看来,那位曾教授达尔文地质学、责怪达尔文在进行一些"不道德勾当"(见第三章)的地质学教授亚当·塞奇威克,应该可以放心了。对达尔文适者生存理论的实证性后续研究证实,这种进化其实是再"道德"不过了。

虽然有时这种进化看起来并非如此,但是现代医院的建立反映了文化进化的持续。仅在 2006 年,相当于美国当年国民生产总值两倍的资金被用于医疗健康事业,与国防事业的投入持平。其他西方国家对医疗领域的投入比例还要更高。这与 200 年前的状况相比,简直是天壤之别,更不用说 2000 年前了。秉承圣方济会富于同情心精神的"和平工具"、在全世界范围内被广为推崇的诺贝尔和平奖——也不过是在上个世纪出现。牛津饥荒救济委员会和世界卫生组织的发展也是如此。

过去的 100 年里,奥运会为人们展示了具有移情效果的哺乳动物之间的竞争如何胜过那些具备政治头脑的科学家的分裂企图,进而营造世界和平。这应当是一个极其鼓舞人心的例证。奥运会的荣耀反映了人们对自己祖国国旗的深深的崇敬和对神圣国歌的骄傲,并以一种不会置他人于危险境地的状态延续下去。通过热爱体育运动的普通人,并非科学家或神学家,历经一个世纪左右大量非自主的实验证实,富于同情心的竞争活动可以与

"宗教"或"国家"认同和平共处，这也是一种新的不断进化的文化模式。

为了争夺极为有限的几块金牌，在奥运会的第一天，各国运动员以军事方阵的形式入场，将像爬行类动物那样进行一场零和战役。不同国家、不同民族的运动员都身着各具特色的制服，骄傲地高举迎风飘扬的国旗，国旗上面绘有神圣的民族图腾。这些不同民族的运动员要连续数日为自己国家的荣誉而征战沙场。但是，就像狼群之间特有的哺乳动物争斗一样，这种征战是无害的。为了赢得世人的仰慕，通过一种积极情绪引导的奇妙方式，奥运会运动员进行着一种特殊的民族之间的游戏。这些类似爬行类动物的游戏，即使在 18 世纪一些开明有见识的人看来，也完全做不到。

即使是在 1956 年墨尔本奥运会上匈牙利和苏联角逐水球项目金牌的那场决赛中，虽然各种消极情绪高涨到了极点，但是运动员依旧严格遵守奥运会规则，没有人受伤，更没有人因此而丧命。虽然匈牙利队最终输掉了比赛，但是全世界人民都为他们欢呼，而非心存恐惧。

在奥运会结束时举办的盛大闭幕式上，体育场的中央不再是同场竞技的各国代表团，取而代之的是操着各种不同语言的运动员们与他们的竞争对手热情拥抱，互相交换制服，交换联系方式和地址。此时此刻，我们无法分辨出谁是胜利者，谁是失利者。在这一刻，没有人太把自己当回事儿，每个人都是胜利者。人们在赞美真主，赞美上帝。虽然积极情绪不能把世界上所有的罪恶都祛除干净，但它们无疑是我们最为强效的镇痛剂。

社会达尔文主义者，请注意了。至少是在奥运会上，圣方济式的和平已成为一种超越战争的生存策略。有人曾证实，与那些在比赛中得到末名的运动员相比，在奥运会上获得奖牌的运动员会有更多的后裔，但我对此表示怀疑。不能凭借那次齐步迈进奥运会开幕式的经历，便为他们一辈子都打上一个群体的标签。奥运村的每个人都是自己领域的大哥大和大姐大。如果外交家们也能用相同的防护措施进行对话和游戏的话，他们就可能学会如何避免成为人类潜在的危险。也许，游戏、幽默、不过于关注自己的感受这些词条应当加入神学的词库，或至少成为外交上的美德。

☙

在过去的三千多年里，亚洲的圣人们跨越了分割古代中国国都和耶路撒冷以及塔尔苏斯的五千多英里路程，为地球上的其他五大洲传播他们的八种（或十一种）宗教教义。所有这些宗教都以同情为主旨。世界上所有现存的伟大宗教，无论他们在地理环境和文化背景上有多大的差异，他们都无一例外地提出了类似的观点，表明他们发现了人类本性的极为重要的准则。

就像凯伦·阿姆斯特朗解释的那样："这并不是一个你开始信仰上帝，继而就能变得富于同情心的问题。对有界限的怜悯进行不断操练（原作者按：我个人觉得这里如果用'移情'可能更好），会自然地彰显其超凡的光芒。"[15]当然，我们需要继续对同情的神经生物学基础进行更为深入的科学探索，因为同情是我们所有伟大信仰传统中最为核心的部分。

第 10 章 敬畏与神秘启示

大脑，比天空辽阔，

这是因为，把他们放在一处，

大脑能轻易地容纳天空，

甚至，连你也一并包容。

大脑，其重量与上帝相当，

这是因为，称一称，一磅对一磅，

即使他们有所区别，

也不过是音节之于声响。

——艾米丽·狄金森

无论是在丹尼尔·丹尼特和理查德·道金斯这些新派的无神论人文主义者眼里，还是在西格蒙德·弗洛伊德这些传统的注重心理分析的人类学家看来,敬畏和神圣感都是迷信而幼稚的,不值得一提。但敬畏却是所有积极情绪中最靠近"精神"核心的一种。著名的法国学者、哲学家勒内·吉拉尔在其所著的《暴力与神圣》中也曾提醒过我们,所谓精神,其主旨并不在于上帝,而在于神圣本身。[1]无论你用什么词汇来命名神秘启示、敬畏以及神圣,它们其实都植根于人类大脑。敬畏,可能被压制、被忽略,甚至被亵渎(如人们对敬畏的态度由致敬变为狂暴),但它绝不可能被毁灭。

近 30 年来,相当数量的研究认为敬畏和神秘启示与人类大脑边缘系统密切相关。但在讨论神秘的精神启示与边缘系统积极情绪的关系之前,我想要强调一点:人类大脑其实是一个协调各种机能的整体。要感受到内心启示需要付出认知努力,因此,即便内心启示会为群体信念增加热情和存在的价值,我们的群体观点和信念依然是形成内心启示的决定因素。

在许多读者看来,我将精神与群体构建以及圣弗朗西斯"和平祈祷文"中的六种情绪联系起来,可能有些离谱。因为,我到现在为止还没有涉及敬畏情绪。然而在很多人的观念里,精神等同于敬畏情绪以及对神圣的追寻。[2]在许多强烈精神体验中都能找到内心启示和敬畏情绪的踪迹。

然而,想要将我们的敬畏与精神同他人交流,借由鼓点或者音乐甚至是具有爱心的行为要比使用干巴巴的言辞更为有效。凯斯西储大学生命伦理学教授史蒂芬·波斯特建议:"所有真正的美德和有意义的精神都由爱而生,而任何不能转化为爱的精神转变都值得怀疑。"[3]然而,问题在于精神不仅怀抱他人,还包含我们的主观内心启示。让敬畏与爱、自我与他人这些在本质上矛盾的概念在我们的头脑中同时存在,绝非易事。要给"精神"下个定义,就好像界定莎士比亚的"天赋"一样:虽然每个人都承认它的存在,但是没有两个人会用同样的词汇、甚至是类似的比喻来形容它。虽然弗兹研究院提出的刻板统一的定义对相关研究者有一定的帮助，但是对真正了解精神的内涵却没有太大的意义。[4]语言无法把握精神的精髓，就像语言难以描述香水的芳香、红酒的美味以及小狗的可爱一样。我还记得在一次红酒盲品会上，有一位聪明的女士（她后来很快被任命为一所大学的校长），曾这样描绘波尔多一级名庄葡萄酒："真是香甜啊！"

我有一位医生朋友玛伦·巴塔尔登，曾这样定义"精神"：

> 精神从精神世界而来，源于拉丁语词"呼吸"。精神与呼吸一样，都为创造和维持所有生命形式的时间和空间循环提供能量。通过精神修行，我们可以体认我们与宇宙之间相对独立的关系。当我们逐渐了解到我们与他人是一个相互联系的整体时，我们开始学习如何从根本上回应他人的各种需求和欲望。通过把握这一关于我们与所有生命体以及所有生命来源之间关系的准则，我们变得更加谦卑谨慎、更加敬畏生命，也更加包容开放。与此同时，一种更深层次、更为持久的感恩之情也油然而生。[5]

巴塔尔登所使用的比喻使得精神的概念更加有血有肉。这里没有形而上学，只有事实。就像信仰一样，空气就是那些见不到却真实存在的事物的典型。空气既闻不到也尝不到，却能在行为中显现出来，这一点与信仰极为相似。空气的实体随风四处飘散。我们对空气习以为常，但一旦失去它，我们才意识到空气存在的重要性。我们就像阿尔贝·加缪笔下的里厄医生，而非像帕纳卢神父，对呼吸有着强烈的渴求。按照巴塔尔登的定义，内心启示与"从根本上回应他人的各种需求和欲望"同样重要，他们是同一精神体

悟的内部和外部。巴塔尔登也提醒我们圣弗朗西斯的"和平祈祷文"缺失了
两种非常重要的积极情绪——感恩与敬畏。他们是任何精神情绪系统中不
可或缺的组成部分。

人的心脏与大脑,科学与精神,大脑边缘系统与新皮层统统密切相关、
难解难分。与之类似,除信仰不同的宗教,历史上那些伟大的精神领袖在其
外在行为表现上其实有许多共同之处:阿尔贝特·施韦泽,路德会教徒;特
蕾莎修女,天主教教徒;维克多·弗兰克尔,犹太教教徒;马丁·路德·金,浸
礼教教徒;莫罕达斯·甘地,印度教教徒;列夫·托尔斯泰,俄罗斯东正教教
徒——他们为世人留下了永久的精神遗产,影响了数以亿计的人们。无论
他们是男性还是女性,都是积极情绪战胜消极情绪的典范。在他们中间,没
有一个人是神学家。虽然这些伟人在各自信仰的核心理念上大相径庭,花
费在祈祷和冥想修行上的时间也各不相同,但是他们无一例外都非常聪慧,
都懂得如何使用他们高度进化的大脑新皮层专注于引导帮助他人,并将源
于边缘系统的热情转化为他人谋取福利的动力。他们内心的道德罗盘为他
们赢得了其仰慕者的仰视和敬畏。然而值得一提的是,他们不仅仅只是人
文主义者,他们所有人都坚信一种比其自身力量更为强大的力量。

我们现在开始考察那些解释敬畏情绪与人类生存之间相互关联的科学
依据。我们先来看看内心启示与群体参与之间的联系。一位参与研究的、
虔诚的藏传佛教徒在深度冥想时报告说,在冥想状态中"感觉到一种时间和
空间的无限延展,就像我和世界上所有的人和物都已融为一体"。[6]无论是佛
教还是印度教,北美本土宗教还是天主教,只要教徒进行密集而虔诚的宗教
修行,都会实现与万事万物的联通。甚至有时连神秘主义者和科学家们都
会对这种"现实"表示赞许。就连坚定的无神论者、天体物理学家、畅销书作

者卡尔·萨根也曾在小说里声援过这种富于爱心的神秘联通。埃利·阿罗维，作为萨根《时空接触》这部小说的电影版女主角，就满心欢喜地说过："我曾有一种无法名状的经历，它也改变了我的一生……我曾感觉自己是美好事物的一部分。广袤的宇宙就在我的眼前，它明确无误地告诉我们，人类是多么的微不足道，又是多么的稀有珍贵；人类属于超越自我的更为强大的力量，因此，我们绝不孤单，我们任何人都不会孤单。"[7]

　　半个世纪以来，为希特勒创造了那些短命的复仇武器的高精火箭技术，同样为我们脆弱的、蓝白相间的地球拍摄了无数美丽肃穆的图片。只是这一切美好不知能持续多久。这些图片帮助我们强化了"我们住在同一个地球"这一植根于精神世界的现实。哈勃望远镜通过理性的机械手段为我们描绘了一幅令人心驰神往的星云图景，并将宇宙的缘起呈现在我们眼前，令人肃然起敬。世界上有很多不识字、但精神世界极度丰富的民族，如大平原印第安人或澳大利亚土著人，他们一度被那些自恃识文断字、左脑操控的所谓的火箭科学家们"重新发现"。但是在他们的平静生活被现代文明扰乱的很久之前，其实他们就已认识到精神世界的整体性。在任何情况下，我都坚信这种由基因决定、对人类与自然的统一由衷的敬畏能够帮助我们生存下来，其力量丝毫不逊色于科学领域更受人推崇的"自私的基因"，甚至比洲际火箭的威力还要强大。

　　例如，圣路易斯华盛顿大学的遗传学家、精神病学家罗伯特·克劳宁格编写了一份问卷，试图确立精神性"自我超越"在人的性格中是否是一个核心维度。[8]

　　　　罗伯特·克劳宁格的自我超越调查问卷部分条目(1994)
　　　5. 我有时感觉到与大自然的关联非常紧密，周围的所有事物都像是一个有机生命体的组成部分。

　　7. 我曾感觉到自己是其他事物的一部分，并且不受时间和空间的局限。

　　11. 我时常感觉到自己与周围所有人之间都存在一种强烈的精神上或情绪上的联结。

　　16. 我曾在某一时刻感觉到一种巨大的喜悦，并突然深刻地感受到与世上的万事万物融为一个整体。

量表中的这些条目不仅从神经生物学的视角对精神进行了定量研究，还反映了神秘主义者们所描绘的积极情绪和内心启示，并对我曾提及的对人类进化极为重要的群体精神也有所涉及。[9] 对这些反映精神状态的表述的不同反应，与正式的宗教派别之间关系并不是特别紧密。相反，对出生时就被分开养育的双胞胎的相关研究证实，我们对这类表述的不同反应主要还是由人类的基因控制的。[10] 即使只有 25％ 的人对调查问卷中所有四项的回答都是肯定的，但这并不代表剩下的 75％ 的人没有任何精神感悟。而且极少有人会对所有四项全部提供否定回答。虽然只有一部分人的身高可以达到六英尺，但是我们其他人的身高也足以让我们的身材看起来正常且挺拔。与此类似，几乎所有的人都会或多或少有些精神感悟，它让我们在生命中的某一个特殊时刻能体会到深刻的敬畏。这种情况有时发生在某处巍峨的山顶，或者某座肃穆的艺术博物馆。

　　精神涵盖神秘体验和群体责任。例如，"十二步康复组"成员认为他们都具有极高的精神层次。一方面，他们是自由意志论者。这意味着他们"不希望把任何观念强加给他人"，提倡人们相信自己的人生经验。另一方面，他们也笃信为他人服务，秉承"放手，让上帝接手"的信念，认可宇宙绝非以个人为中心的观点。简而言之，精神就像是一段成功的人生，它是服从与欲望之间的绝佳平衡点，两者都非常重要，不可偏废。

然而，归根结底，服务于群体带来的满足和快乐常常会胜过禅修的喜悦。同时，我们想要关照他人的愿望作为一种生理需求也不容忽视。我们来打个比方。有时抚育孩子常常被认为是一件苦差事，而孤独沉思或在未受尘世沾染的高山湖泊独自垂钓，却能给我们带来绝对的幸福感。尽管如此，恐怕多数人在弥留之际留恋的还是在陪伴孩子成长过程中获得的欢愉与满足，即使是冥想极乐世界的宝贵时刻所带来的喜悦也无法企及。我们可以从内心对神圣的追寻和无私助人中获益，然而为他人服务对人类生存则更为关键。

不过，我还是需要来证明一下我的观点：精神要寻求的是一种灵魂与上帝以及灵魂与外界俗世的融合。难道不是"精神"创造了那些伟大的西班牙神秘主义者卓尔不群的品性吗？而这种卓尔不群的品性难道不正是藏传佛教、亚马逊流域萨满教以及那些瑜伽大师所追寻的吗？同样，来自内心的而非外在的启示难道不正是洛约拉的圣伊格内修斯灵性修行的目的所在吗？圣十字若望不也曾告诉我们"智慧神秘而又甜蜜的滋味精准地击中了我们灵魂的最深处……灵魂好似被放置于浩瀚无边的沙漠，越孤单就越美妙无比"。[11] 是的，这就是那些神秘主义者关于精神的论断。

那么，我又如何将精神与"群体构建"以及个人对神圣的追寻等同起来呢？这个问题的答案是这样的，我们不能仅仅局限于圣十字若望的言辞，我们还必须关注他的生命"历程"，必须了解他是如何走过他奋斗的一生。虽然颂扬精神的诗篇多是围绕内心启示的，但是那些实践信仰的人的行为往往表现在仁爱和群体构建方面。如果我们想要透彻了解圣十字若望这些神秘主义者的精神世界,我们可能要避开那些成千上万的文字注释,尽力去读懂他们的诗篇和神学著作。相反,我们会关注由他们的神秘冥想而引发的仁爱行为。和许多神秘主义者一样,圣十字若望也是一位群体构建的高手。他时刻关注西班牙各处小修道院、女修道院以及各大寺院的情况。古城阿维拉的圣女特蕾莎和圣十字若望这两位 13 世纪的神秘主义者,他们之间的爱情,虽然只停留在精神层面,却是实实在在非常深刻的。同是群体构建高手的圣女特蕾莎曾以深藏不露的大姐式的批评口吻写信给圣十字若望:"上帝会将我们从那些执着于精神、并想要将一切都转化为完美沉思的人群中解救出来。"[12] 积极情绪,如喜悦,不仅丰富了人在冥想时的内心启示,同样也将人指引向外部世界,与他人分享平和喜悦。

　　威廉·詹姆士曾这样评论《精神修炼》的作者圣伊格内修斯:"他是一位神秘主义者,但是他的神秘主义让他成为迄今为止历史上与现实紧密相连的、最强有力的大人物。"[13] 圣伊格内修斯的精神修炼给我们留下的伟大财富绝不止于个人超脱和忘我的理念,而在于他建立了为数众多的、极具宽容理念的天主教大学,这些学校遍布全世界。

　　对于印度教和佛教传统而言,内心启示和群体构建也不是什么新名词。印度教的精神发展分为两步:内观修行用以创造一种向外的对芸芸众生无私的爱。莫罕达斯·甘地在他的自传中写道:"我在政治领域所拥有的这种力量,来源于我在精神世界的修行经历。"[14] 在佛教徒的内心深处,启示是一种为世上众生谋求福祉的承诺。根据佛教巴利大藏经记载,"出于纯粹的爱而挽救一条性命的行为,远比一个人耗费终生为上帝准备祭祀典礼要有意义的多。"佛陀也曾这样命令他早期的六十名弟子:"弟子们,去吧,为了谋求众生的福祉和喜悦，去远游四方。要对世界心怀慈悲，为神和人求得利益、福祉和喜悦。"[15] 简而言之，人类的精神就像人的福祉一样，深深植根于各种关系之中。无论是在东方还是西方，或是任何其他地方，精神都不是在山巅打坐修行的苦行僧的形象所能囊括的。

ॐ

神秘启示不是凭空从天而降，也不像雅典娜那样，在发育完成之后从宙斯的脑袋里一跃而出。神秘体验深深植根于人脑边缘系统。19 世纪早期，极具开拓精神的法国精神病学家艾蒂安·埃斯基罗尔就已认识到神秘主义与颞叶性癫痫之间的关系。颞叶性癫痫，也被称为复杂部分性发作颞叶性癫痫（TLE），或精神运动型癫痫。当这种癫痫突然发作进而影响边缘系统时，患者会变得更加情绪化，表现在愤怒、悲伤、亢奋和负罪感等方面。[16] 有的患者还会产生敬畏感，宿命感、整体感会被不断强化，幻觉记忆、神谕启示、神秘白光不时发生，甚至有患者突然参透了人生的要义和因果。由颞叶性癫痫引发的行为模式改变通常包括：对哲学和宗教问题兴趣陡增，愿意皈依宗教，见到陌生人容易产生似曾相识的熟悉感，以及"情感生活突然高歌猛进"。[17] 这些表现与罗伯特·克劳宁格调查问卷中那些"自我超越"程度高的个体表现非常类似，只是克劳宁格将这些表现的根源归结为基因。然而，与大多数精神体验不同，颞叶性癫痫还能诱发某些消极情绪和偏执型妄想。

俄国作家陀思妥耶夫斯基就是一位颞叶性癫痫患者，他在发病之初常常感受到极度狂喜和敬畏，之后便陷入某种未知的可怕罪行的负疚感中不能自拔。这就解释了为什么他能给世人呈上那部极具精神性的小说《卡拉马耶夫兄弟》,这部小说的写作并非偶然。小说在拥抱最温柔的爱情的同时,也触及到了人性中最自私的负面情绪,这也非偶然。陀思妥耶夫斯基本人饱受内疚感的折磨,一生嗜赌成性。简言之,边缘系统以及内心启示能创造出形形色色的情绪,并非只有甜蜜和光明的一面。

陀思妥耶夫斯基对穆罕穆德欣赏有加。他尤为赞许的是这位伊斯兰教创始人呈现出的一种难以形容的喜悦。[18]用陀思妥耶夫斯基自己的话来形容便是:"我常常感受到这种喜悦……它犹如一道神奇的光向我的灵魂深处奔涌而来。"[19]在某次癫痫突然发作之前,他曾告诉一位朋友:"我感觉到天堂已然降临人间,而我置身其中并真切地触摸到了上帝。"[20]

在陀思妥耶夫斯基的半自传体小说《白痴》中,他为小说中同样罹患癫痫病的男主人公梅诗金公爵设计了一种奇妙的癫痫先兆:"在某些特殊的时刻,我感受到人生的意义、自我的意识突然被强化了至少十倍,它们像闪电一般穿透了我的身体。"梅诗金公爵接着分析:"如果这是一种病,那会是一种什么病? ……如果这种过后的余味、即时的感受,在之后健康的状态下回味和分析起来,变成了和谐和美好的最高点,变成了与世事和解的切入点,变成了充满喜悦的崇敬之感与最高层次的人生体悟的融合点,那么即使这些感受过于强烈,变得有些不正常,又有什么关系呢?"[21]

梅诗金公爵还提到了一个重要的特质:这种精神上的愉悦与摄入大麻、鸦片或酒精时的狂喜感有质的区别,精神上的愉悦要真实得多。换句话说,对现在许多大麻吸食者而言,在他们的记忆里,吸食毒品诱发的狂喜状态多少有些虚幻;而对陀思妥耶夫斯基而言,由癫痫引发的相对冷静的精神愉悦则是他漫长人生历程中最为真实的时刻。区分由疯狂和陶醉的状态中引发的内心启示的关键在于,"在之后健康状态下对即时的感受进行回味和分析"。一个多世纪之后,陀思妥耶夫斯基笔下的这位梅诗金公爵留给后世读者的印象不再是一个罹患精神疾病的残疾人,而是一位心怀慈悲、精神圣洁的人,而他的精神咒语便是"同情是人类生存主要抑或是唯一的准则"。如果陀思妥耶夫斯基的癫痫病让他拥有了非凡的洞察力,并让他成为迄今为止最为杰出的小说家之一,那么这区区疾病又算得了什么呢? 所以,请千万不要低估大脑边缘系统的精神力量。

当然我们不得不承认,相较于陀思妥耶夫斯基和他的梅诗金公爵被人们长久地铭记于心,更多的同样受到"神启"的癫痫病患者其实迅速地被人们遗忘了。仁慈的启示和"邪恶"的启示之间最为关键的区别往往存在于心理移情与心理投射、责任与偏执之间的差异。任何可以提升大脑功能、对人类进化或个体成熟大有益处的情况,都可以增强心理移情。而其他一些可能损伤大脑功能的情况,如中风、醉酒以及疲乏等都会增强心理投射和自我陶醉。

曾有一位 23 岁的英国飞行员,在一次颞叶性癫痫发作两周之后的一次独自散步中,突然感受到了上帝的真实存在,并觉得自己渺小无比、微不足道。[22] 从那一刻起,他便决心以"基督徒"的方式生活。只是在接下来的 11 年里,他的这种皈依感逐渐在淡化。不过,在他 34 岁那一年,他的颞叶性癫痫在同一天发作了两次。癫痫发作的几个小时之后,他再一次经历了这种突如其来、梦幻般的感受,他看到一束神秘的亮光,并高声呼喊"我见到了那束光!"他瞬间明白,上帝就置身于太阳之后。此时脑电图显示他的脑部左前颞叶发生癫痫,随即医生对这一部位进行了手术切除。手术之后,他的癫痫病被根治,但他仍然认为上帝曾给予他神秘启示,而他则是上帝从芸芸众生中精挑细选出来的特殊人选。如此看来,虽然他的异常脑组织被手术切除,但对精神使命的信念并没有丝毫动摇。

　　洒满月光的沙滩给人们带来的精神参悟很快就会被遗忘掉。相反，罗马人塔尔苏斯的扫罗，后被称为圣保罗的故事却流传了下来。他是一位虔诚而且受过高等教育的犹太教伪君子，长期无情地迫害基督教徒，并作为帮凶谋害了第一位基督教殉难者圣史蒂芬。公元 34 年，在他的医生路加路〔之后圣保罗的传记作者（3—6 章以及 8—9 章）〕的陪同下，保罗在前往大马士革的途中体验了一次足以改变他一生的经历，现在看来那很有可能也是一次颞叶性癫痫发作。"突然，天堂射来一束光笼罩了他，他摔倒在地并听到耳边有声音在对他讲'扫罗啊，扫罗，你为什么要迫害我？'"之后当保罗提及这件事的时候，他将这段经历比喻作"荆棘"，是"恶魔撒旦的天使用以折磨我"的灾难。但是，把保罗的这一次疑似颞叶性癫痫发作的结果看作是创造性的发挥而不是病态的癫狂，应该更有道理。因为受这次事件的启发，他在后续的作品中表达出的信仰、希望以及爱等积极情绪，即使是在两千年之后也还在不断地鼓舞着世人。

🙟

　　有些神学家把濒死体验与最深层次的宗教启示相提并论，认为他们有许多相同之处。和颞叶性癫痫一样，濒死体验的感受也是异常的真实，并令人终身难忘。濒死体验会强化替他人着想的意愿，并会展示出持续、积极的后续影响。威廉·詹姆士的一位有着濒死体验的被试这样说道："我简直太自私了……现在我想要为全人类谋福利。"[23]与濒死体验相关的情绪总是不外乎敬畏、爱与喜悦等积极情绪。

　　虽然"濒死体验"这一术语直到 1975 年才由雷蒙德·穆迪提出，但是对类似经历的描述在世界各地早已流传了好几百年。[24] 1865 年，一位英国医生曾讲述过一位差点溺水身亡的水手的经历，提到这位水手曾感觉置身于天堂。医生记录到，在溺水之前，他只不过是一个"没用的废物"，而溺水之后却一跃成为船上表现最为出色的水手之一。不妨大胆地推测一下，这种濒死的神秘体验强化了水手大脑中的某一部位，而这很可能是菲尼亚斯·盖奇大脑中被炸药捣棍损坏的部位。

　　对妇女分娩经历的研究描述了另一种濒死体验。[25] 一位新手妈妈曾这样回忆道："是的，我走向那片光明，慢慢被光明笼罩。光的覆盖面很大，很耀眼，它无处不在。如果你能想象出绝对真理的话——它就是绝对的安宁和绝对的爱。"在经历了濒死体验之后的妈妈们，会对她们的孩子产生一种更为深刻的依恋。她们理解悖论的能力也有所提高，并且对人生会持有一种更放松、更无私的态度。

　　也许得益于现代心肺复苏术的发展，濒死体验的发生相对来说更为频繁了。弗吉尼亚大学获得精神病学领域切斯特·卡尔森教授荣誉称号的布鲁斯·格雷森，曾对这一现象进行了三十余年认真细致的观察，并通过多种科学手段对此进行研究。[26] 可以用威廉·詹姆士用以定义神秘体验的五种标准来界定濒死体验的特征：(1) 难于用语言描述，但可以清晰地回忆起当时的体会；(2) 对事实有了更深层次的理解；(3) 感觉到被外界一种莫名的力量掌控或包容；(4) 持续时间短，一般一至两个小时；(5) 常伴有明亮的光照感。[27] 最近研发的一份"神秘体验调查问卷"还包含了其他一些方面的特征，这些对于威廉·詹姆士、圣十字若望、佛陀或陀思妥耶夫斯基等人来说也绝不陌生。[28] 这些特征包括"时间和空间的穿越感"、"神圣不可侵犯的感觉"以及"由心而生的积极情绪"。确实,颞叶性癫痫与濒死体验之间一个非常明显的差别在于,濒死体验总是以积极情绪为主导的。可能导致这种现象的部分原因在于进行心脏复苏术时医生往往会用上外源性阿片;而且在临死的挣扎状态中内啡肽分泌水平会有所上升。例如,有研究证明,如果为狗实施心脏停搏术,狗大脑组织中 β-内啡肽和脑脊髓液的分泌水平会陡然上升。[29]

无论是从世俗还是从神圣的角度来解释,濒死体验都是一种深度精神化的经历。例如,一位 31 岁的女士在经历了心脏直视手术之后,曾这样解释当时的感受:"其实我一点也不害怕……我倒是有了爱的感觉。就好像猛然间,我能全身心地感受到爱与喜悦围绕在我身旁……远处,我还能瞧见隐约有个光圈。这个场景令我毕生难忘。我能感受到从那个光圈里宣泄而下的爱——那么真实,那么纯粹,没有尘世的纷扰。那绝对是一种纯粹的爱!"[30]值得一提的是,在她讲述这段神秘体验时,并没有提到上帝——只提到"绝对纯粹的爱"!

在我看来,对濒死体验研究得最为透彻的要算是荷兰心脏病专家皮姆·范·隆梅尔和他的同事们了。相关研究结果最近发表在权威医学期刊《柳叶刀》上。[31]该研究极具前景、各变量得到严格控制,而且还进行了 8 年的后续研究。他们对 344 名在医院接受过心脏复苏术的病人进行了跟踪研究,结果显示,其中 62 位病人(占总人数的 18％)至少经历过一次类似濒死体验的经历,23 位病人(占总人数的 7％)经历了濒死体验的大多数标志性环节。在 62 位确认有过濒死体验的病人群体中,约有 56％的人体验了各种积极情绪,而 23％的人感受到与耀眼光芒融合在一起,31％的人感觉到犹如穿过隧道,13％的人有过往人生在眼前重现的经历。心源性猝死发病期和严重的组织性缺氧则不会引发濒死体验。

8年之后，隆梅尔的病人还能对濒死体验回忆得丝毫不差。想想8年前发生的某件事，你是否还能像你在日记里记录的那样描述得活灵活现呢？在很大程度上，相较于其他282位经历过心脏停搏却没有濒死体验的病人，有过濒死体验的病人变得更加善于表达、分享自己的情感。他们相信自己变得更有爱心、更富于同情心、更加善于发现生命的意义、与家人的关系也更加亲密。隆梅尔的研究不同于类似研究，是因为研究者聘用了外部观察员来证实病人所谓的亲社会行为是否真的有所增加。相比较控制组病人认为8年后他们的精神体验逐渐消退，那些经历过濒死体验的病人却感觉自己的精神层次有了显著提升。最后，由这些转换性精神体验引发的变化在8年的后续研究中比在2年的后续研究中更为明显。创伤后应激障碍与敬畏体验究其根本都是由边缘系统激发的，它们被物竞天择规律"选择"而镌刻在人类的记忆之中，永远不会消逝。

❧

自觉和不自觉的精神启示之间启示存在重大差别。摩西、圣徒保罗、穆罕默德，他们对自己所得到的神秘启示其实毫无支配能力。不过，佛陀和圣伊格内修斯却可以控制自己的神秘启示。萨满法师可以通过毒品、宗教仪式、鼓点、斋戒以及冥想等手段来自发地唤醒内心的神秘启示。这种途径由外而内，符合其固有方式。几千年来，萨满法师一直沿袭着利用鼓点或使用含血清素的"迷幻蘑菇"的方法，来营造一个神秘的境地：经过一条暗黑的通道，他们会到达一个灯火辉煌的地方，在那里他们可以和本族先人以及那些拥有图腾力量的动物们交流。无论在东方还是在西方,圣人们都曾尝试用冥想和斋戒来获得某种神秘体验。一项以心理状态正常的卡梅尔派修女为对象的研究表明,她们在少年时也曾通过自觉冥想来获得某种强烈而神秘的宗教体验。[32]一位修女这样描绘到:"这不仅仅是单纯的感受而已,它比感受要强烈得多。你甚至会感受到上帝就真实地站在你的面前。这种体验带给你的是一种强烈的幸福感,甚至是天赐的极乐。"或者用另一位修女的话来形容:"我从未有过被如此深深爱着的感觉。"

　　放射学家安德鲁·纽伯格通过大脑成像技术,对藏传佛教徒冥想修行状态下的大脑功能进行了研究。[33]他找到了两块特殊的顶叶皮层,这两块顶叶皮质位于大脑后上部,即耳朵的后上部。这一区域被称为定位关联区,可帮助我们把握现实中的地理边界并定位自己在时空中的位置。当冥想者进入神秘启示状态时,大脑的新皮质层部位便从功能上切断了与大脑其他部位的关联。与此同时,边缘系统的海马体与杏仁核两个部位都更为活跃。[34]而肾上腺素和与应激反应相关的皮质醇水平(与战斗或逃跑反应相关)有所降低,与喜悦情绪相关的多巴胺以及与满足情绪相关的血清素路径得到了强化。这种积极情绪的激活与提升,常被视为奇妙的精神体验。此刻,冥想者会感受到自我不断得到扩展,直至融入宇宙空间中——像大海一般,与某种更为强大的力量融为一体。(罗伯特·克劳宁格自我超越调查问卷中那条"我曾在某一时刻感觉到一种巨大的喜悦,并突然深刻地感受到与世上的万事万物融为一个整体"大概就是这种境况吧!)[35]

　　纽伯格的研究显示:

神秘主义者与圣人们描绘的意识状态的改变并非妄想的狂热

分子口中那种无意识的结果（如乔恩·克拉考尔的《荒野生存》、安东尼·尼斯托尔的《孤独》中所描述的）[36]，与一位神经功能受损的病人的"化学哑火"也大不相同（如陀思妥耶夫斯基笔下的梅诗金公爵）[37]。相反，佛教徒冥想修行时要感受自己的内心变化，需要主动自觉地将注意力集中于一件圣物或一句经文，或者是专注于一种慈爱的善行，这样就能将大脑边缘系统从注意力的限制效果中解放出来，转而借由"定位关联区"来观察外部现实。

同时，冥想状态与通常的梦境和清醒状态也有所不同。对一位正处于梦境的人进行脑电图检视，会发现一种 theta 节律，它比深睡眠状态下的delta 节律要快上一倍，比嗜睡状态下的 alpha 节律要慢上一倍，而只是完全清醒状态下 beta 节律的四分之一。真正的深度冥想状态下，alpha 节律、theta 节律、beta 节律都会出现。[38]脑前额叶与前扣带皮质的活跃程度都会提升。

总体而言，自愿摄入致幻剂药物产生的精神神秘体验，与那些 19 世纪四处传教的福音传教士在帐篷里举行的皈依体验一样短命。与夜晚睡梦中那种短暂的顿悟类似，当我们从迷幻的遐想中"醒来"时，这种毒品激发的灵感也迅速地失去真实感。这也是为什么那些伟大的萨满法师往往更愿意仅通过鼓点和斋戒来通达他们神秘世界的原因。

然而，对颞叶性癫痫的持久效果的诸多报道也提示人们，或许在某种特殊环境下,"迷幻蘑菇"的致幻效果也能一生不灭。和大多数迷幻剂一样,"迷幻蘑菇"致幻剂被认为可在特定的(5－HT2 a/c)受体上模拟血清素。[39]这些影响受体的细胞体集中在脑中线结构周围,汇集整合从五大感官传输而来的感受信号。这可能也解释了为什么由致幻剂催化的或其他类型的神秘体验常常与一种万能的整体感同时出现的原因。

里奇·多布林坚信"评价神秘体验的经典手段便是衡量它产生的结果",于是他重拾历史上最为成功的致幻剂精神效用的研究,对其进行了长达 25 年的后续研究。[40]从许多方面来看,他的研究设计都要早于我们之前提到的隆梅尔所做的濒死体验相关研究。原先的实验由哈佛大学研究生沃尔特·潘克设计,他选取了波士顿大学神学院的一次耶稣受难日礼拜活动,该活动由极具开拓精神的教授、牧师霍华德·瑟曼组织。[41]当天,他对神学院的学生进行了双盲对照实验。在潘克为期六个月的后续试验以及在多布林 25 年后对这一实验的致敬试验中,那些摄入了 30 毫克致幻剂的学生都宣称自己感受到了明显的精神变化。这些神学院学生里有一大部分认为这一记忆犹新的致幻剂体验是他们一辈子精神生活的顶点。其中一位学生曾这样总结:"自此之后,我就开始深入人权相关工作了。"而 25 年之后,控制组那些服用了安慰剂的实验对象,甚至都不太记得曾参加过这一实验。另外,如果大脑杏仁核和海马体组织受到诸如严重损伤、摇头丸催化的"迷幻体验"甚至有时是癫痫等疾病的刺激,你也能产生同样持久不灭却难受无数倍的痛苦回忆,而且这些回忆还可能随时重现。[42]那些对严重创伤的恐惧以及对"山巅"顿悟的敬畏,是我们一辈子都无法抹去的记忆。

必须承认,致幻剂催化的敬畏体验,特别是在缺乏社群团体支持的情况下,这种体验的结果是很难让人产生深刻印象的。总体而言,只有在群体合作并有具体训练方案的宗教活动中，同时结合由冥想、斋戒、鼓点甚至感官剥夺等途径强化的非药物诱发的情绪体验，才能真正实现持久的精神转变。

近期，有一项针对墨西哥致幻菌素的研究，其设计更为简洁。[43]他们采用双盲交叉的研究方法给对迷幻剂一无所知的受试的心理状态进行了仪器监控，并把他们服用墨西哥致幻菌素的效果与服用利他林（一种用于治疗注意力缺损障碍的类似安非他命的兴奋剂）的效果进行了对比。其中一半的受试先服用墨西哥致幻菌素；改天再服用能改变人的精神状态的对照药物利他林。而另外一半受试则先服用对照药物利他林，然后再服用墨西哥致幻菌素。无论是实验者还是受试，都不清楚受试服药的顺序。当墨西哥致幻菌素摄入量达到 30 毫克时，受试汇报他们感受到极其强烈的"愉悦感"、"平静感"、"与现实世界的疏离感"、"海洋般无边无际的感觉"、"神圣感"和"深刻地体会到积极情绪"，情绪体验程度是服用兴奋剂受试的两倍。他们在一项评价"神秘主义"的量表中的得分比对照组要高出一倍。[44]服用这两种药物的两个月之后，24 位受试中有 16 位将服用墨西哥致幻菌素之后的状态当作是他们人生中"对个人最有意义"的五大经历之一。而在控制组 24 人中，只有两人将服用兴奋剂控制药物利他林的经历当成具有特殊意义的事件。

美国国立卫生研究院遗传学家迪恩·哈默发现了一种"上帝基因"，并将其认定为是"一种能控制关键的大脑信息物质数量的蛋白质——单胺转运蛋白的代码"，如去甲腺上腺素和血清素等。而单胺转运蛋白可以由摇头丸、墨西哥致幻菌素这类药物释放。[45]哈默所谓的"上帝基因"似乎可以影响受试在克劳宁格"自我超越"调查问卷中得到的分数，也就是它能影响本章中讨论的敬畏或者神秘启示体验。虽然能发现某种特殊的基因能提升精神状态着实让人感到兴奋，但我们也应当对此持谨慎态度。虽然哈默的发现确实"具有统计学意义"，但它毕竟只涵盖了精神评价测量领域大约 1% 的变化情况，我们离真相还很远。[46] 让我们来打个比方，单簧管是一种非常重要的乐器，但仅凭借一只单簧管也演奏不了整部交响乐。电脑依靠电流运行，大脑依靠化学物质运转，而正是程序而非电源，才使这一切变得生动有趣起来。

۞

我们之所以借用神经生理学的视角，是因为边缘系统的进化已经为我们指明了一条正视积极向上的精神世界的路径。正如艾米丽·狄金森所说，"大脑，比天空辽阔"。关注一些并不常见的经历，如颞叶性癫痫、摄入致幻剂或中毒性脑病变等，其原因在于我们可以由此了解精神体验在大脑内部的发生部位，这些部位也与积极情绪相关。我前面提到的癫痫病患者的精神转化体验，其实在一些健康人身上也曾发生过。问题是我们无法在大脑中准确定位这些自发的精神转换体验。

新墨西哥大学研究心理学家威廉·米勒，将这种体验比作一种"量子变化"。[47] 他在美国阿尔布开克的一份报纸上刊登了一则广告，希望有"在短期内曾经历核心价值观、主观感受、人生态度或行为方式等方面的深刻转变"的志愿者，可以向他们提供第一手的与"日常生活"相关的精神体验资料。最后有 55 位志愿者愿意向米勒提供自己的精神体验。他们的精神体验几乎与癫痫疾病、精神疾病、药物作用或者直接的宗教影响无关。米勒将这种"量子变化"定义为鲜明深刻、出人意料，却又满怀慈悲、经久不衰的自我蜕变。深层次的敬畏、耀眼的光亮感、爱的感觉一般都会出现。有这种体验的人对自己的特殊经历往往秘而不宣，很多年之后才愿意向人提及。在整理这 55 份资料时，米勒和他的同事珍妮特·巴卡发现，在回答诸如"我感觉与周围的一切融为一体或相互联系"，"我感觉被一种比我强大很多的力量所掌控"，"我有一种被爱和被在乎的感觉"这样的问题时，超过一半的志愿者的答案是肯定的。

米勒让受试通过回忆，自己对 50 种价值的优先顺序是否发生改变。研究结果发现，排序提升最高的是如内心平静、饶恕、精神、谦恭以及宽容等积极情绪。在经历了这种特殊的精神体验之后，男性受试报告他们的大男子主义有所收敛，不再过于物质至上；而且对成就、冒险、舒适、名望、娱乐以及力量的重视程度有所降低；而在女性受试中，这些价值一开始就排名靠后。对女性而言，她们也将积极情绪置于重要地位，而淡化了传统的女性特质如顺从、安全和自控。威廉·米勒将这些经历比作查尔斯·狄更斯《圣诞颂歌》中的埃比尼泽·斯克鲁奇的精神转化。现实生活中，当然也有这样自发而又突然、却改变了人的一生的精神体验，约瑟夫·史密斯、比尔·威尔逊、马丁·路德、约翰·卫斯理、弗洛伦斯·南丁格尔、马尔克姆·X 等都是活生生的例证。在所有这些人身上，敬畏和神秘体验最终都指向了群体构建。

米勒坚信这种"量子变化"所反映的并非培灵会上的那种短暂的宗教皈依，而是一种涵盖面更广、持续时间更久的现象。他认为这种转化经历的突然到来就好比在经过无数次沮丧焦虑的尝试后，突然想起了那串打开保险箱的密码。突然，所有的卡扣开关都刚好到位。对了，就是这种轻松和快乐交织的情绪体验，而且这种愉悦感可能持久不会消退。从这一刻开始，我们被彻底改变了：相较于收获，我们更愿意给予。

　　"重生"可能只是神秘主义者对偶尔出现的敬畏情绪持续效应的比喻而已,敬畏之心是一种与生俱来的情绪。从神经生理学的角度来看,敬畏与人们对美和自然的欣赏、新生命诞生的感叹、对富于同情的勇敢无畏行为的肯定息息相关。而这些正是人生最为重要的生存技能。

　　有时,敬畏情绪并不是私下隐秘地发生的,相反是由一些明确无误、重大的事件激发产生的。在《月尘》中,记者安德鲁·史密斯将这种精神转化的经历描绘为人类登月所催化的结果。[48] 然而,一共只有 12 名宇航员实实在在享受过双脚踏上月球表面时的奇妙感受。他们都曾是镇定而稳重的工程师,是试飞员的合适人选,所有这 12 个人都接受过冷战期间的战备训练。登月之后,大多数宇航员对地球的观感都是一颗蓝白相间、美丽而脆弱的星球,孤独地在宇宙中逡巡。而对那些仅仅环绕地球执行任务、并未到达宇宙外层空间的宇航员而言,他们是不会有这种体会的。12 名宇航员中有 6 位因这一特殊的经历而彻底改变了他们的人生,他们从此更加关注地球作为一个整体的权益。

　　甚至在细致观察了"创世岩体"(一块有着 45 亿年历史、在太阳系诞生不久便形成的巨石)之后,登月宇航员詹姆斯·欧文甚至声称他听到了上帝的声音。返回地球之后,詹姆斯·欧文上校便从美国国家航空航天局辞职,创建了一个名为"高级飞行部"的宗教组织。他的妻子也承认,那次充满敬畏的登月经历确实彻底地改变了他。在他之后,另一位登月宇航员艾伦·比恩也声称他见过上帝"显灵",并且也选择了辞职,后来成为了一名描绘宇宙美丽景象的全职画师。他这样解释自己的选择:"我是真心将整个地球当作了伊甸园。"[49]

　　有关敬畏能改变人生的最引人注目的实例来自于埃德加·米歇尔上

尉。他是麻省理工学院博士，执行阿波罗 14 号登月任务的宇航员，他这样描述他的体验："我亲眼见证了地球精致而神秘的美，那一刻所有的感觉都好像失灵了。"[50] 他也曾这样回忆："每次从登月舱的舷窗望出去，我都能体会到一种无比愉悦的情绪。无需任何致幻剂的作用，这种美妙的状态居然可以自然而然地发生。"[51] 返回地球之后，他也离开了美国国家航空航天局，成立了"思维科学研究所"，一个致力于寻求将科学与宗教融合的新世纪组织。直到 2007 年，该研究所依然在主办科研会议。

从威廉·米勒著作里详述的相关研究成果中，可以引申出一系列重要问题：人类的精神是处于进化过程中吗？物竞天择会对一个拥有深层次精神生活能力的大脑青睐吗？人类学会了让大脑边缘系统产生自发的兴奋感，可以通过借助圣药或斋戒激发，也可以直接通过冥想和感官剥夺自发地使边缘系统的皮质性抑制得到降低从而激发。自此，就有人想弄明白，这种神秘的体验是否是向更高一个层次进化的努力和尝试：是否可由此更加了解大脑中最新进化的层面。[52] 还有人相信这种体验不过是由于大脑部分功能失调而产生的一种单纯的幻想，就像奥利弗·萨克斯经典例子中那个大脑受到损伤的男子一样，误将妻子当作是自己的帽子。正因为各种观点各持一端，神经放射学家安德鲁·纽伯格还是找到了一片中间地带。他认为，对那些冥想状态的修女而言，"祈祷的时候，她们对上帝的感知在生理层面是真实的"，而那些冥想的佛教徒也能抓住一种对他们来说"绝对真实"的瞬间感觉。[53]

基督教徒将神秘启示的集合和群体构建称作"上帝和教堂"；十二步康复组则将它们称为"更高层次的力量"和"家庭群组"；在人文主义者眼里，它们变成了"爱与家人"；而人类学家则将它们命名为"万物有灵和部落"。但是，无论我们使用的是哪一种语言，只需要用心聆听音乐，我们便能理解敬畏和群体凝聚力从来都是密不可分。

在结束这一章时，我必须承认这种讨论让自己时时涉身险境。就像 E. E. 卡明斯在一首没有标注日期的诗歌手稿中大声宣告的那样：

> 你我拥有嘴唇，能发出声音
>
> 可以亲吻，可以歌唱
>
> 谁还会在意某个下贱的独眼龙
>
> 居然发明一种工具，妄图丈量春日的美？[54]

如果我的文字剥夺了他人的权利，或者我妄自宣称能明了精神启示和神秘体验的途径和成因，那么，我便迷失了自己的方向。就像在本书里所讨论的：我们的精神置身于边缘系统，或人类的精神世界比宗教还要成熟，或宗教反映的只是暗喻的指称而非神圣的真理等，我其实是在冒险用我的认知信仰来替代他人的情感信任。科学的神圣和崇高其实与宗教的神圣和崇高一致，因为二者都反映了一种对诚实的追寻，对事实本身并没有局限于本领域的限制和束缚。就像蝴蝶能欣赏到科学家们根本看不见的真实的色彩，而蝙蝠能听到科学家们根本听不到真实的噪声一样，人们会在未来的某一天发现，当代科学教导我们的所谓"事实"，其实并不是事实的真实面貌。还好，信仰依然是"不可眼见之物的证据，渴求之物的实体"。真要感谢上帝啊！

第 11 章　宗教与精神的区别

他冲破了自我的藩篱

获得了永恒的自由

投入到爱之主的怀抱

从此你到达了一个超凡的国度

跨越死亡得到永生

——《薄伽梵歌》，第二章，莫罕达斯·甘地翻译[1]

在前 7 章里，我们仔细讨论了积极情绪的存在价值：积极情绪深深植根于哺乳动物的族群关系，并且在数百年来，积极情绪为人们超越部落竞争而掀起的文化运动提供了动力，同时扩展了人们对族群定义的范围。本章里，我将最终得出一个水到渠成的结论：人类对积极情绪的掌控能力是我们在精神上真正得以提升的根源，而关注积极情绪是通往我们寻觅已久的精神世界最有效、也是最安全的途径。

　　塔夫茨大学哲学教授丹尼尔·丹尼特在其所著的《打破魔咒：作为自然现象的宗教》中，对宗教进行了一通猛烈的批判。他提到，在过去的某一段时间里，地球上不存在任何宗教，而现在，宗教却林林总总、为数众多。他也疑惑为什么有些宗教能得到广泛的传播，而另一些宗教却渐渐为人们所淡忘。[2]对啊，为什么呢？大概是因为有组织形式的宗教正如丹尼尔·丹尼特所说的那样，是"一场唬人的好把戏吧！"

　　过多地强调"自私基因"就会忽略富有爱心的文化在其进化过程中给人类带来的巨大影响。我坚信，世界上那些伟大的宗教之所以能够在近两千年的时间里不仅留存下来而且保持不变，究其原因必定在于他们的宗教仪式关注诸如信仰、饶恕、希望、喜悦、爱与同情等积极情绪，同时与《枪炮、病菌与钢铁》中描绘的环境对人类历史的重大影响以及类似癌症的模因有着密不可分的关系。

　　在过去的两万年间，人类的精神发展、艺术造诣突飞猛进，在有组织形式的宗教推动下，对弱者肩负文化使命的、无私的关照始终不曾间断。60年代和 70 年代出现的"群体进化"和"非自私"基因等相关概念，在遗传学家看来，说坏呢就是异端邪说，说好呢就是从过去袭来的一股离奇的冲击波。1994 年，安东尼奥·达马西奥却打破了这一等级之分，写道："超本能的生存策略生成了一种仅为人类所拥有的东西，那是一种间或能超越目前族群甚至种群利益的道德观念。"[3]近年来，进化生物学家大卫·斯隆·威尔逊和进化心理学家马克·豪泽也曾提到，"成熟"与移情在智人进化过程中起到了至关重要的积极作用。[4]智人的生理结构决定了我们可以在和陌生人的共同努力下使大脑获得喜悦的感受，当然只在一些特殊的情境下。我们必须承认，联合国、奥运会、诺贝尔和平奖以及全世界人民对于 2004 年在南亚发生的特大海啸灾难的移情反应，反映了文化进化从诞生到发展不过才经历了一个世纪的历程。

在《安娜·卡列尼娜》中，列夫·托尔斯泰的自我化身——康斯坦丁·列文也曾疑惑，作为世界主流宗教基石的精神到底是什么？他这样问道："我从未习得过这种精神领域的知识。但是它自然而然地出现在我的脑海里，就像所有其他东西一样，突然间就存在了。是理性给予我的这些知识吗？但是理性是否应该证明一下我为什么应该爱我的邻居，而不是掐死他呢？童年时，的确有人这样教导我，但是我愿意如此欢欣地笃信这一点，大概是因为它早已存在于我的灵魂深处了吧。"[5]神经科学家可能更愿意使用没有那么多神秘色彩的术语"边缘系统"，来替代托尔斯泰的"灵魂"一词，但是这不过是形式上的差别，在内涵上没有丝毫改变。

要使我们的情感生活始终处于稳定、安全的状态，就必须让理性和教会权威之间相互调和。这其实就是神圣的宗教认知仪式发挥作用之处。这些仪式让我们的边缘系统服务于未来，而非爬行动物冲动的一时兴起。还好，列夫·托尔斯泰、莫罕达斯·甘地、马丁·路德·金给我们指明了另外一条道路。宗教为这三位伟人构建起了精神世界的框架。但是，我们又如何分辨宗教的精神力量与其危险的教条主义包袱呢？

起初，想要区分精神与宗教的想法几乎不可能实现。精神难道不正是通过语言、隐喻以及宗教仪式予以体现的吗？宗教不也是实实在在地从人类内心的精神世界产生的吗？而期待与圣人之间建立主观联系的神秘渴望不也正深深地埋藏于所有人的精神世界，并且成为所有宗教的精髓所在吗？[6]答案自然是肯定的。

那么，邪教、宗教与精神之间有什么样的区别呢？那就让我来仔细分析一下这些区别吧。当然,我必须首先承认许多读者会将他们的信仰传统等同于精神。

第一,宗教是指通过把握正式宗教组织的教条教义、价值观、传统并与其他教友交流,从而在人际交往层面和制度层面产生的对宗教或精神的虔诚笃信。相反,精神则是信仰宗教或精神的一种心理体验,与个人和某种超凡力量之间建立密不可分的联系,这种超凡力量可以是神、真理、美丽或任何比自我强大的力量。精神可以通过敬畏、感恩、爱、同情以及饶恕等积极情绪彰显出来。第二,宗教源于文化,而精神则是生理反应。宗教、邪教与精神的区别就好似环境与基因的区别。像文化和语言一样,宗教信仰传统将我们与我们所在的社群捆绑起来,与其他社群保持距离。和呼吸一样,精神对我们所有人来说都是再普通不过的事情。一方面,宗教教导我们从自己部落的经验中学习成长,而精神则敦促我们反复咀嚼自己过往的经验体会。另一方面,宗教帮助我们建立起对其他部落经验持怀疑态度,而精神则让我们认识到外族人的经验也有可取之处。短期来看,对外族人的恐惧和憎恶是社会美德。然而,从长远来看,通过接纳外族人来避免近亲交配,则是种族繁衍的必要条件。

很多宗教和文化的诞生和存在都有其偶然性,它们没有普适价值,也没有太大的存在价值。斯金纳发现如果偶尔在餐盘边喂食鸽子,会强化鸽子发展出一种笃定地在餐盘边不停环绕的仪式行为。同样地,宗教也可能诞生于偶然。在密克罗尼亚,现在依然还有少数原始部落执着于各种丰富多彩且带有强迫性质的货物崇拜,他们用灌木搭建成机场、而非寺庙,用以祈祷"大铁鸟"能再一次满载食物和各种机械降临该地,就像 DC-3 飞机在二战期间给他们曾带来的福音一样。出于生存的本能,孩子的大脑构造让他们对父母的教导深信不疑；而随着他们逐渐长大，虽然父母的认知理念可能早已过时，却在他们的头脑中根深蒂固、难于改变。天主教牧师直到 12 世纪才允许结婚，而直到 1879 年，教皇还一直是绝对真理的化身。如果没有集体投票的话，在我们现在看来，这些一成不变的模因可能根本都不存在。

相反，人类精神世界内在启示的强烈程度，其实是由基因特点决定的，正如内倾与外倾特点由基因决定的一样。虽然人类存在个体差异，但所有人类都拥有类似的精神体验。对分开抚养的双胞胎的主观精神评价显示，他们在精神上的共性体验要比在同一个家庭中长大的兄弟姐妹要多一些。[7]相反，在去教堂的频次和宗教信仰的选择方面，即便是在同一个家庭长大的继子女也比分开抚养的双胞胎拥有更多的重合之处。[8]

第三，宗教更多存在于认知层面，而精神则与情绪息息相关。因此，基于不同认知的宗教教会分立，将世界分为不同宗教信仰主宰的区域；而同时，人脑边缘系统对于"和谐曲调"的共同向往却将这个世界紧紧地捆绑在一起。对于精神和宗教，"爱"都是永恒的主题。但在不同的宗教信仰之下，情人之间的争执很可能就变成了"我说西红'市'，你说西红'氏'，既然完全对不上，我们还是都闭嘴得好。"宗教事关信仰，而精神则基于信任。

如果用心理学术语来表达宗教信仰与精神信任之间的区别，那么就是心理投射与心理移情之间的差异。无论是出于投射还是移情，大家都会这样安慰当事人："我知道你的感受。"然而，将你的宗教信仰强行地推介给他人就好像你滔滔不绝地向他人描述你的政治信仰一般：要么必须首先彻底改造他们，要么就是在用你的偏见打扰他们。然而，如果用移情的方式来看待他人的宗教信仰或政治观点，那么恭喜你，你会赢得一位一辈子的好朋友！当我们将自认为智慧无比的认知观点，以传教士般热情的方式威逼、恫吓他人时,他们要么视我们为偏执妄想的狂热主义者;要么果断放弃自己的身份认同,继而成为我们的忠实伙伴,就像罹患感应性精神病患者一样。相反,当我们用大脑边缘系统镜像神经元来感知他人的情绪时,他们就会产生被"关注"的感应,并主动地迎合我们。一般来讲,移情的能力是随着人的成熟而不断增强的。妈妈的移情能力比蹒跚学步的孩童强,而智慧老者的移情能力比那些中产阶级妇女(非常重视小孩的休闲活动)强。而且,如果大脑受到损害,移情的能力就会有所减弱,进而被投射和偏执的信仰所替代。关键是有些极端偏执的领导人物往往在看透和掌控下属的心理和情绪方面,展现出极强的直觉和天赋。这是多么危险的一个悖论!

第四,宗教与精神的区别还在于,邪教和宗教本质上是独裁的,往往从外部将观点强加于人;而精神则更加民主,是自然而然由内而生的。我那个初生牛犊、无知无畏的儿子,幼年时坚决拒绝跟随我学习如何向上帝祈祷。不过在他十四岁第一次步入巴黎圣母院时,不由自主地发出"哇!"的赞叹声,用他自己的语言就是"太棒了!"就在那一刻,他心中对神圣的渴求得到了满足。在这座被命名为"我们身在天堂的母亲"的大教堂慈爱氛围的环绕中,虽然儿子在宗教信仰上仍然毫无进展,但是他开始对周围的一切产生了信任。

大多数的邪教和宗教都会让你学习别人的经验。他们不仅要求信徒臣服于强过自身无数倍的外界力量,同时对于那些身着教服、拥有良好教育背景、受任圣职的宗教人士也需要敬重顺从,因为他们比你的层次要高:他们能教导你如何找寻到上帝或者"通往天堂的路"。这样看来,宗教教育好比一所军校,不仅独裁而且讲求服从。

精神则不同,精神鼓励你从自身的经验中汲取养分。上帝如果存在的话，必定存在于人的内心。就像在蒙特梭利学校，这里的精神指导、牧师、人生导师，都不是说教者，他们只会耐心地倾听、慈爱地建议你如何找到自己的道路。很多人害怕这种平民式追寻上帝的方法，太过注重现代精神，可能会导致无政府状态，这当然是可以理解的。不过，你是否还记得美国宪法的起草者们也曾忧心忡忡，让那些无产者大众拥有选举的权利，会不会天下大乱。然而，托马斯·杰斐逊并不担心这一点，他让全世界信任普选权并帮助政府从宗教教条中解脱出来。

第五，还有一个经常被西方宗教评论家引用的区别在于，精神宽容，而宗教狭隘。我们都是拥有精神信仰的生物，我大学时的社会科学教授克雷恩·布林顿曾这样为我们讲解道："如果你不相信你的宗教信仰是唯一的宗教信仰，那么你便没有任何宗教信仰。"然而与之相反的是，无论是浸礼会信徒马丁·路德·金，还是印度教教徒莫罕达斯·甘地，他们都承认信仰俄罗斯东正教的列夫·托尔斯泰是一位杰出的精神导师。

大多数神秘主义者和极少数宗教领袖相信，真正将精神世界推向更高层次的其实是谦卑的品质而非某种独断式的确定感。哈佛医学院院长乔治·帕克·贝利曾在我大学一年级时给我们做过一次演讲。当时我们所有学生都秉持一种由来已久的"宗教式"信念，那就是医学必定是通往人类表达对生命关爱这一"终极关怀"的最佳之路。虽然贝利院长也赞同我们的终极关怀理念以及我们对医学的信仰，但是他还是提醒我们要时刻保持谦卑，并不断地进行自我批评。他坦诚地告诉大家："我要告诉你们一个坏消息：我们现在教导你们的知识里有一半会在未来被证明是错误的……不过我们不知道会是哪一半。"

卐

　　几乎所有的人都会肯定积极情绪的价值，不过对于宗教的态度就各有不同了。许多著名的作家，如克里斯托弗·希钦斯、理查德·道金斯、山姆·哈里斯，当然还包括卡尔·马克思和西格蒙德·弗洛伊德，他们都认为宗教是极为危险的。那么，宗教的价值又在于何处呢？

　　我的理解是，世界上这些伟大宗教的仪式典礼和文化形式构建了一条最为可靠的途径，将我们的积极情绪转化为有意识的反映。直到生命的最后一天，甘地还是对他出生时便皈依的宗教——印度教，笃信不疑。他为所有人塑造了一个智慧和谦逊的典范。作为一名宗教领导者，甘地无足轻重；但作为一位精神领袖，无人可以超越他。甘地承认："只要我的原生宗教不限制我的生长，不阻止我融入周围所有美好的东西，我愿意一直保留着祖先留给我的这个标记。我们必须像对待自己的宗教那样，发自内心地敬畏和尊重其他宗教。请注意，这不是互相包容，而是平等尊重。通过长期的学习和体验让我得出了以下结论：第一，所有的宗教都是真实的；第二，所有的宗教都存在着错误。"[9] 在甘地看来，宗教的理想状态是留住象征精神的婴儿，而去除宗教这盆洗澡水的毒素。

　　与文化人类学的观点相似，神经科学也肯定宗教仪式与掌管情绪世界的大脑边缘系统之间密切相关。就我们眼见的情况而言，世界上许多伟大宗教的冥想仪式戒律森严、形式严苛，是教徒们通往"精神启示"的入口。神经科学家安德鲁·纽伯格曾通过大脑成像技术对教徒冥想状态的大脑活动进行了观察，发现高强度、虔诚的冥想会抑制某些新皮质高等大脑中枢的活动；将自己与外在俗世隔离，由此可以进入内心更为精神化的世界，而这一领地是真实存在的。他总结道："自我的超越以及将自己与更广阔的现实相融合，是仪式化行为的主要目标。"[10] 今天，我们依旧还在不断地寻求宗教愈合人类伤口的成分构成以及合适剂量。在这一点上，科学或许可以帮上忙。

如果要探索"精神启示"的真相，科学和宗教都应当记住，有些提示并非具体有形的信息，而带有隐喻性。爱因斯坦的伟大之处就在于他既能用隐喻的方式将宇宙概念化，又能用认知科学将宇宙概念化。他认为科学与宗教的联姻应当持久不衰地保持下去："没有科学的宗教是瞎子，而没有宗教的科学则是瘸子。"[11] 一方面，就理智的科学看来，"信仰可以搬动大山"这一类情绪上的确定感，可以指动机极强的推土机司机能铲平一座小山，也可以指爱能融化一副铁石心肠。另一方面，与科学类似，明智的宗教也必须将隐喻与教条区别开来。也就是说，"信仰可以搬动大山"这一说法本身并不意味着仅仅凭借祈祷就能铲平巍峨的马特洪峰。

๛

科学的价值在于它能帮助我们区分妄想与现实，而且同样重要的是科学能帮助我们分清移情与投射。要做到这一点，科学必须将激情与散文两者都暂时搁置一边，通过长期的后续研究来"管窥"其区别。披头士有首歌是这么唱的："当我六十四岁的时候，你是否还需要我？你是否还会继续养活我？"这个问题看来只有时间能够作答。而只有科学和长期的后续研究能让我们分辨，我们从专家、医生或是情人那里获得的慰藉到底是非移情的赚钱手段，还是安全、长期持久的抚慰。仅靠其结果，你就应该可以做出正确的判断。

　　我有一位朋友曾告诉我,她不喜欢"精神"这个词,因为这个词总是和"故作多情"形影不离。于是,我请她对"故作多情"下个定义。她解释道:"故作多情就是原本已许诺治愈某人的伤痛,却从未付诸实施。"与宗教类似,如果执行者对精神的效用解释得过于精细,或者对他们的服务要价过高,或者将慰藉与治疗混为一谈,那么精神也可能会转化为"故作多情"。萨满教徒佩戴的雄鹰的羽毛和象征权利的动物、中国针灸师的五行十二经脉、佛教徒的神秘经书咒语以及莲花座、天主教徒的三位一体和圣水、弗洛伊德学派的心理分析师(比如我自己)对梦境的特异性所进行的解读,所有这些都让我们从宗教形式的慰藉常态中剥离出来:饶恕、信仰、希望、爱以及同情已经可以帮助我们亲见并感受他人的痛苦。

　　一方面,人们普遍相信上教堂做礼拜对健康大有益处,而且还有科学数据予以支持。然而,最近更为细致的流行病学研究显示,尽管有大量文献支持,教堂出席率与健康之间假定的因果联系很可能是基于其他的因素,如健康的生活方式。[12]也就是说,健康可能与参加宗教活动有关,但参加宗教活动并非健康的决定性因素。我自己所进行的相关研究也得出了类似的结论。对大多数参与"成人发展研究"的成员而言,在 45 岁到 75 岁之间,无论他们是否积极参与宗教或精神相关活动,他们的心理健康和身体健康状态并没有任何显著的区别。[13]必须承认的是,我们在前面章节里提到的比尔·格雷厄姆和汤姆·默顿这两个实验对象,则是两个明显的例外。

　　另一方面,一位年轻的空军精神科医生,从越南前线退役回国之后,就职于社区禁毒门诊,他的研究得出了完全不一样的结论。他告诉我们:"我曾做过一个小型非正式研究,对很多成功摆脱了对酒精或者其他毒品严重依赖的人进行了访谈。我问他们是什么帮助他们最终重新回到正常的生活轨道。他们非常感恩地肯定了专业医生的帮助，但是多数人认为真正治愈他们的是精神因素。我对这一结果感到释然。老实说，我认为确实存在一种超越自我的强大力量能够治愈他们。"[14] 这样看来，有时在神学上被称颂的美德，如信仰、希望、爱等，它们不仅能起到安慰的作用，还有治愈的功能。我本人的研究结果也与之类似。曾经历过重度抑郁和/或人生重创而又无能为力的人，很可能在长时间的情绪康复过程中选择信仰宗教或某种精神力量。[15] 治愈情绪创伤的需求引导他们开始寻求一些大型机构（如教会等）中的积极情绪和力量，这也是他们为什么比那些没有皈依宗教的人寿命要长的原因。

那么精神力量或宗教什么时候会真实地发挥作用，而在什么状态下它们又类似于故作多情呢？我认为匿名戒酒者协会就是一个绝好的例子，它证明了精神力量能够为人们安全而有效地利用。当然，我本人并不是一位酗酒者，我甚至都不是匿名戒酒者协会的成员。但是在长达三十五年的时间里，作为酗酒者的家人、一位执业医师、一位研究型科学家，我亲眼见证了酗酒者如何通过给予他人移情关怀，每日关注"超越自身的强大力量"以及诸多积极情绪，最终摆脱了酒精的桎梏。对于这些所见所闻，我实在是惊叹不已。我在第 1 章引言中摘录的"圣弗朗西斯的和平祈祷词"，其实也是匿名戒酒者协会推崇的"十二步疗法"其中第十一步的重要组成部分。对于我的研究中有酗酒嗜好的实验对象而言，匿名戒酒者协会比精神科护理要有

效得多。[16]可惜,在超过半个世纪的漫长岁月里,人们一直把该协会当作邪教来对待,[17]我们如何能发现事实真相呢?

如果我想要用实证分析的术语来表述我的研究问题,或者我默认匿名戒酒者协会相较于文鲜明统一教会更像是一剂青霉素,那我就必须尊重实证研究的规律。首先,我需要阐明精神的作用机制。然后,我需要证明这一机构的作用绝不止于安慰剂的效果。最后,我还必须列举任何可能出现的危险的副作用。我必须使用科学的研究方法,并且坚持长期的后续研究,不能仅凭直觉就下结论,也不能借由神谕来标榜事实。

作为引言,我想介绍一下酗酒。酗酒行为,如果没有得到及时的干预,会成为一个极为狡猾难缠的劲敌——每年因酗酒丧命的美国人多达100,000人。[18]在美国,酗酒已超过乳腺癌成为威胁美国人健康的头号杀手。然而从长远来看,专业药物对于酗酒的遏制效用微乎其微。

当然,迄今为止,医学界和心理学界对于治愈酗酒的成功案例也确实有限。采用科学方法治疗酗酒,说得好听一点就是起到一定的安慰作用,说直白一点不过是故作多情。[19]例如,认知行为疗法对于酗酒的疗效远比我们想象的要差得多。特别是在与他人合作主持一所戒酒诊所十多年后,我觉得我更有资格下此论断。30年前,琳达·索贝尔和马克·索贝尔专注于将酗酒行为训练为可控少量饮酒的实验,蜚声国际。然而,10年后进行的后续研究却发现接受该训练方法的酗酒者与控制组未曾接受训练的酗酒者相比,在酒精控制方面并无明显优势。[20]

专业疗法之所以未能重新书写酗酒治疗史,其主要原因在于药物成瘾其实并非作用于人类的大脑新皮层,而是深深植根于我们称之为爬虫类动物大脑的部分。这种扯不断的牵连来自于中脑核(伏隔核和上盖部位)的细胞变化。而这种细胞变化最终将戒酒蜕变成了一项"不可能完成的任务"，意志力、科学训练、精神分析的内省手段纷纷败下阵来，都是无用功。就像我们叫短吻鳄过来，它们不会过来一样。

现代医学可以解除酒精中毒，救人性命，甚至可以延缓某些疾病的复发。很可惜，几乎所有接受过现代医学方式戒酒的人，都重新拿起了酒瓶。而匿名戒酒者协会则能彻底根除酒瘾。在我的生活圈子里、在我治疗过的病人里、在我的研究项目中有超过 40％已保持稳定的戒酒历史的人都曾接受过匿名戒酒者协会的帮助，他们至少保持了十年或以上滴酒不沾。[21]

那么，匿名戒酒者协会的作用机制是什么样的呢？我们知道，胰岛素的作用机制被解释为胰岛素可以促进组织细胞对葡萄糖的摄取和利用，从而减低血糖。而匿名戒酒者协会治愈反复酗酒的作用机制便在于防止其反复。专业医学治疗不能阻止酗酒者重拾酒瓶，与住院治疗不能治愈糖尿病是一个道理，他们都属于慢性疾病，住院治疗并不能阻断病情的反复。对于酗酒以及糖尿病临床治疗的继续，只能通过防止反复的手段来实现。用麦克白夫人医生的话来说，那就是："必须要自己帮助自己好起来。"但是多数情况下，我们帮助自己的方式只能是向比我们自身更为强大的力量寻求支持。要知道，我们做不到自己给自己挠痒痒、自己拥抱自己。但是，要是为他人做这些事情，那简直是小菜一碟。

匿名戒酒者协会防止酗酒者重拾恶习的方法便是构建一个和谐仁爱的互助团体。这也是为什么这个协会也被称为一个"自我救助"组织的原因。但事实有时候也很苍白，自我救助的效果确实有限。请问你多长时间会读一下那本号称能"帮助读者们在五年内一直保持苗条身材"的减肥书？一定不经常读，原因何在呢？这是因为这类书籍宣扬的是一种对自我和自我需要的禁锢，而非人与人之间的交流。许愿和那些励志书籍一样，都具有自闭性质，将我们与外界隔离开来。恰恰相反，真正被称为"自我救助"组织的匿名戒酒者协会非常看重公共交流，他们的日常活动就像一场为帮建谷仓而举行的邻里聚会般热闹。

一般而言，无论是哪一种形式的成瘾，如酒精、吸烟、强迫性进食、赌博或者鸦片等，只要具备四大因素就可以阻断成瘾。[22]这四大因素分别是：外部监督、对竞争行为的仪式化依赖、建立新的情感关系、精神世界的升华。这听起来与宗教的入会规约有些类似。

至少需要具备两个或以上的因素时，才能成功地阻止成瘾反复。换句话说，想要摆脱酒精的控制，绝不可能依靠自发的行为，也不可以信赖所谓"不可思议"的奇迹。这四大因素之所以能发挥作用，那是因为与大多数专业治疗方法相比较，它们并非以暂时戒断酒瘾或减少饮酒量为目的。它们旨在防止成瘾反复。在这四大因素中，除了外部监督之外，其他因素都有赖于积极情绪的支持。

第一，外部监督在康复过程中之所以扮演了必不可少的重要角色，那是因为有意识的动机和意志力其实与康复过程本身并没有太大的关联。这确实是一个令人吃惊的发现。还是用我们提到过的例子，短吻鳄是不会在人们的喊叫下游过来的。我们需要通过某种方式对爬虫类动物大脑加以控制。

匿名戒酒者协会、各种宗教以及大多数私人教练都可以起到外部监督的作用。他们都不信任自由意志。在他们看来，这些来寻求帮助的人总是在不断地重蹈覆辙。匿名戒酒者协会鼓励会员去寻找一位赞助人，平时可以通过电话与赞助人联系，也应当经常去拜访赞助人。而赞助人则应当鼓励新会员按照"步骤"完成任务，经常参加协会集会，并积极帮助其他会员。这些活动每日都在无意识地提醒会员：酒精是敌人而非朋友。当然，协会也重视有意识的外部监督，而且坚信如果是会员自愿选择接受外部监督，该机制必将发挥其最大功效。这就好像我们心甘情愿地忍受健身教练魔鬼式的训练，但有时却有意逃避交通规则或我们不太认可的父母管教。

第二，寻找到一种能够抗衡酒瘾的竞争性行为相当重要。如果没有找到其他有趣的事情，想要放弃一个习惯是不太容易的。匿名戒酒者协会明白一个所有行为主义者都知道、而许多医生、牧师、家长都忽略了的道理：要摆脱坏习惯只能靠另外的习惯来替代，而非禁令。仅仅依靠惩罚和消极情绪很难改变那些根深蒂固的坏习惯。因此，匿名戒酒者协会和大多数宗教都会安排一些令人满意的社会活动和公益服务项目，邀请那些现在已经被治愈、从前的"罪人"参与到活动中来，尤其在节假日等酒瘾高发期。你想想看，在多数节假日，拨打医生的电话可能只有答录机回答你，而大多数宗教组织却能做到时时刻刻陪伴你，这是何等重要的支持。此外，与许多宗教礼拜活动不同的是，匿名戒酒者协会每周一次的家庭聚会只关注积极情绪。按照程序，批评被"爱的建议"和无条件的积极关注所替代。协会聚会上有的是对清醒纪念日的庆祝活动、无限量的咖啡、拥抱，甚至玩笑。

有批评家指责匿名戒酒者协会具有邪教性质，容易让人沉迷。请问小狗娃儿不也是这样让人心生怜爱吗？与海洛因和小狗一样，积极情绪有办法让我们不断回头。正如我们所见，大脑在上瘾和依恋时产生的化学反应是一样的。

第三，新的情感关系对康复的作用非常关键。这些希望戒断酒瘾的人需要与一些他们过去从未伤害过、同时在情感上从未亏欠过的人建立情感关系，这对他们的康复非常重要。同时，如果他们能时常帮助另外一些会员，时常给予别人富于同情心的帮助，对他们康复也很有帮助。[23] 不知道读者是否还记得前面曾提到的两位经历过精神转变的受试，一位是比尔·格雷厄姆，一位是汤姆·默顿博士，他们在康复历程中不仅吸纳了大量的爱和同情，还积极地将这些爱和同情回馈给其他需要的人。

　　看来母婴联结与内啡肽（大脑的天然"吗啡"）的分泌密切相关并不是偶然。[24] 在那位研究积极情绪的学者科尔·波特看来，爱情远胜过药物。他曾这样向我们浅吟低唱："可卡因对我毫无作用，我只对你上瘾。""有了无咖啡因的山卡咖啡，我便不再需要普通的咖啡；但是比安卡，你要知道：有了你，山卡咖啡又算得了什么。"与哺乳动物边缘系统进化过程一样，在对药物上瘾时，只有爱可以驯服爬虫类动物大脑。19 世纪时，抽鸦片烟还只是有钱人的奢侈享受，卡尔·马克思就曾批判过："宗教就是普罗大众的鸦片。"只要马克思回过头去看看，就会发现早在维多利亚时代，有钱人可以在吸鸦片大烟时获得一种虚幻的平静，而那些精神修为较高的普通人可以通过私人祈祷、冥想甚至每日坚持阅读来达到这种平静的状态。正如我们在尤金·奥尼尔母亲的例子中所见，对那些丧失了信仰、希望以及爱的人而言，鸦片就是宗教的替代品。匿名戒酒者协会成员的"家庭聚会"其实相当于一个为人们深深信任的、非评判性家庭组织。协会将这种宽容的伙伴关系当作是"心灵的语言"。更为重要的是，与其他治疗小组一样，在匿名戒酒者协会精心组织的、关系密切的聚会中，大家对其他会员的痛苦都感同身受，觉得自己有责任帮助他们。

　　第四，从任何成瘾中康复的人都有一个共同的特征，那就是他们发现或重新发现精神力量无处不在。参与富于感召力而且毫无私心、一心利他的社团组织,信仰超越自身的强大力量对于戒除酒瘾至关重要。在《宗教经验之种种》中,威廉·詹姆斯首次清晰地分析了信仰宗教与戒除顽固酒瘾之间的密切关系。[25]三十年之后,卡尔·荣格曾给匿名戒酒者协会的创办者比尔·威尔逊一句神秘的咒语:"精神对抗酒精",其意思就是可以将精神力量作为酒精成瘾的对抗手段。[26]

虽然不确定人类的史前先祖是否注射兴奋剂,或沉迷于那些发酵的葡萄淌下的汁水,但是我们可以推断大脑边缘系统引发成瘾的部位,其最初进化的目的应当是为了促进两百万年来生存所必须的人类依恋关系、社会凝聚力,以及精神团体的构建。灵长类动物之间相互为对方梳理毛发建立起依恋关系以及母鼠与幼鼠重逢之后建立起社会亲密关系时,大脑都会分泌出鸦片物质。[27]

正如美国国家心理健康研究所现任主任托马斯·因塞尔在他的假设论断中总结的那样:"那些让我们滥用药物与酒精依赖的神经机制,很可能最初是为了赢得社会认可、奖励或者精神上的幸福感而逐渐得到进化的,这些因素都是产生依恋关系的关键因素。"[28]

让我来为这一看似脱离实际的猜测提供进一步的证据吧。有研究证据显示产生多巴胺的脑域是哺乳动物和爬行动物成瘾行为的根源。酒精刺激大脑伏隔核(大脑奖励系统的核心区域)可以促使多巴胺的分泌。酒精同时可以降低大脑杏仁核的兴奋程度,进而降低恐惧感以及负疚感。有实验证据显示,通过脑成像技术观察母子依恋关系时发现,安全的依恋关系同时可以导致杏仁核活力下降,伏隔核活力增加。[29]爱恋行为同时伴随后叶催产素分泌,可抑制酒精的耐受性,进而产生酒精依赖。[30]

在解释了匿名戒酒者协会的作用机制之后,我准备进一步证明该协会的作用绝不止于安慰剂的效果。然而很可惜,我们很难找到能证明匿名戒酒者协会效力的实证研究证据。首先,与大多数精神组织一样,该协会不屑致力于研究工作。其次,由于意识形态的差异以及可能存在的一种无意识对抗对立,使得医学研究者很难不带任何负面偏见地评价匿名戒酒者协会。最后,在他们长期慢性的酗酒经历中,酗酒者们可能已接受了各种介入手段的帮助,甚至很多时候同时接受多种疗法。于是,与大多数正式的药物试验不一样,想要对匿名戒酒者协会的效用真正实施一次严格控制的实证研究是不大可能的。直到最近,人们还是不甚明白参与该协会的集会是否是戒酒的根本原因,或者参加集会不过是与戒酒相关,能帮助酗酒者更好地服从专业治疗而已。

除开这些困惑,整体而言,我们手头的证据是可以有力地证明匿名戒酒者协会能够使用科学手段“治愈”酒瘾的。覆盖的受试数达到数千人的多项联合研究显示,成功戒断酒瘾的临床结果与参加匿名戒酒者协会集会的频率、是否拥有赞助人、是否主持集会、是否无私地参与向仍然在苦海中挣扎的酗酒者伸出援手的“十二步疗法”等因素呈现强正相关关系。[31]

斯坦福大学研究型心理学家基思·汉弗莱斯与鲁道夫·穆斯曾进行了一项长期研究,将匿名戒酒者协会的出席率与接受专业治疗的时间进行了对比。[32]在长达八年的实验期内,他们发现,减少饮酒量与戒酒效果这两个实验目标仅与接受专业治疗的时长呈弱相关,而与参加匿名戒酒者协会的频率则呈明显正相关。[33]此外,既接受专业治疗也参与匿名戒酒者协会活动的酗酒者,其酒精戒断率是那些仅仅接受专业治疗酗酒者的两倍。[34]简言之,匿名戒酒者协会的戒酒效率绝不仅仅只限于帮助酗酒者服从专业治疗。

在长达三十五年的时间里,我一直担任“成人发展研究”协会的主任。

在大约六十五年的时间里，他们对两组实验对象进行了跟踪研究：一组是268 位大学毕业生，另一组则是 456 位社会地位底下的城市平民。[35] 在该研究中，76 人终身酗酒。在这些戒酒效果较差的 76 人中，他们一生中参与匿名戒酒者协会集会的次数平均不超过五次。在同一研究中，有 66 人平均拥有近二十年的酗酒史，并且至少已经戒酒十九年。这些人参与匿名戒酒者协会的次数平均达到 142 次。[36] 换言之，这些成功戒除酒瘾的人参与匿名戒酒协会的频率几乎是终身酗酒者的 30 倍。

我需要回答的第三个科学问题是，匿名戒酒者协会是否存在任何副作用？众所周知，就像特效药和汽车一样，无论邪教和宗教拥有何等令人称羡的益处，他们都不可避免地会带来一些严重的副作用。即使匿名戒酒者协会可以成功地戒除酒瘾，那么他们使用的方法是否安全可靠呢？诚然，有许多人看不惯这个协会。匿名戒酒者协会的那些华丽而充满情感的言语确实可以控制爬虫类动物的大脑，但是同时也会激怒那些新闻记者和社会科学家，他们天生就对煽动性言语和邪教心存恐惧。[37] 如山姆·哈里斯和理查德·道金斯就将所有以信仰为基础的组织视为危险组织。个别酗酒者在参与了某些不合格的匿名戒酒者协会活动或与某些不具备移情心理的赞助人建立联系之后，也披露了一些令人震惊的经历。但就我个人的经验而言，这不过是一些例外。要知道，酗酒者要是碰上一个好心肠却无知的医生，他的遭遇还会更惨：要不他会被医生责备一通，要不会给他开一大堆类似阿普唑仑、安眠药等药物，或者像 20 世纪 50 年代的南美国家的医生那样，直接给你开吗啡。

那么，如何才能保护匿名戒酒者协会，以免它也变成一个固守教条的邪教组织呢？就像我前文提到的，长期的后续跟踪研究恐怕是判断那些如匿名戒酒者协会和基督科学教派等具有争议性的精神性"邪教组织"是否安全的最有效的办法。二十年后，基督科学教派登上了《时代》杂志的封面，被冠以"贪婪的邪教"的名称。[38]同样是二十年后，匿名戒酒者协会荣获了"拉斯克奖"，这是美国医学界的"诺贝尔奖"。然而，匿名戒酒者协会的创始人甚至拒绝了《时代》杂志封面的刊登邀请。因为这一高调的行为违背了匿名戒酒者协会的第十二条传统规则："匿名是我们所有传统的精神基础，它不断地提醒我们个性之上还有原则规约。"

确实，邪教和匿名戒酒者协会都利用了这样一个事实，那就是人们只有在感觉到被马克·加兰特所谓的"社会茧"包裹之时，才能从低落的情绪中解脱出来。[39]但是通过强烈的归属感来达到治愈的效果，并不是邪教的专利。家庭、女学生联谊会、足球联盟等都能构建这样的"社会茧"。这样看来，在智人进化的过程中，物竞天择确实非常眷顾我们，给予了我们这样一种为自己构建强烈安全感的奇妙能力。

尽管如此，也还是有人质疑匿名戒酒者协会的高度社会凝聚力。其实，除了康复和服务之外，团结是匿名戒酒者协会的第三个重要基石。只不过，该协会教条性团结的基础类似于将美国十三个原殖民地融合成为美利坚合众国时的基础原则。用本杰明·富兰克林的话说，那就是："如果我们不团结起来，我们就会被一个个地绞死。"

与伊斯兰教清真寺、犹太教会堂、罗马天主教堂的教徒制度不同，跟随匿名戒酒者协会严格的程序规则，就好像遵循鹦鹉螺运动养生术的严格步骤一样。你的参与是自发自愿的，所有人随时为你敞开怀抱。冠状动脉搭桥手术被引进医学界之初并不能延长患者的寿命。相反，真正让他们活下来的是在患者同意的前提下，敦促他们严格执行特定的运动养生疗法。对冠状动脉搭桥手术后病人和匿名戒酒者协会会员而言，严格的程序规则并非旨在剥夺他们的自主权，而是制定严格的纪律约束，这样你就不会再故态复萌，甚至因此失去生命。有些邪教的教规也有相同的考虑。我本人完全不相信清教主义、慢跑锻炼、节食素食养生等行为的效用。但是如果这些清规戒律可以让我免受心脏病折磨且保住性命的话，那么我会不妨试一试呢！

我已经承认宗教有其严重的副作用，但匿名戒酒者协会拒绝承认他们是宗教，就像精神与宗教有着本质不同一样，匿名戒酒者协会与宗教也有着本质的区别。首先，人们不可能同时皈依两个不同的宗教，但虔诚的教徒完全可以成为戒酒协会成员。过去二十年间，在信奉印度教的印度、信奉佛教的日本，以及信奉天主教的西班牙，匿名戒酒者协会的会员人数增长了十倍不止。而在秉持无神主义的俄罗斯，其会员人数更是以指数比率增长。

值得一提的是，有些匿名戒酒者协会弃之不用的手段，在宗教或邪教那里却成了香饽饽。协会的精神基础来自于三个人的智慧体验，他们对所有的有组织形式的宗教都表现出深深的不信任。这三个人分别是撰写《宗教经验之种种》的威廉·詹姆斯、主张"精神对抗酒精"训令的卡尔·荣格，以及匿名戒酒者协会创始人之一罗伯特·史密斯博士，他们都曾致力于寻找所有宗教中那些真正能救人于水火的东西。于是，"十二步疗法"的策划者仔细地斟酌他们的语言，因此，无论是无神论者还是笃信上帝的教徒都不会觉得被排除在外。从本质上说，匿名戒酒者协会不是宗教。就像其中一个会员说的那样："我们不隶属于任何一个教会，但是我们愿意与其他教会的教徒在某一教堂的地下室相见。"

匿名戒酒者协会与许多治愈性邪教的另一个差异便是匿名戒酒者协会秉持的精神从不与医学对抗。协会相关文献清楚地记载着："否认一切含酒精成分的药物都是错误的，因为有些含酒精成分的药物可以减轻或控制其他致残性的生理或精神疾病。""协会中任何人都不应该扮演医生的角色。"[40]

除了协会对于协作戒酒而非自我节制的始终坚持之外，他们避免使用非黑即白的态度来看待事物。协会甚至没有书面的信条或规约。用创始人之一的罗伯特·史密斯博士的话来说，著名的十二步疗法仅仅"是建议而非教条"。[41]匿名戒酒者协会笃信的其实是植根于边缘系统的、发自内心的声音。

从一开始，协会就未对上帝与"匿名戒酒者协会会员"之间做出明确的划分。大家都心照不宣，默默地将上帝的概念偷换成了被荣格称为"人类群体防护墙"的另外一个对抗酒精的训令———一种超越自身的强大力量。[42]协会并不要求会员信仰上帝，相反，他们要求会员时时反思：是否承认宇宙并不是以我为中心？

其实，匿名戒酒者协会进化的道路更像是科学进化的道路，在这一点上与邪教又存在区别。与科学一样，在区分良莠的问题上，匿名戒酒者协会与科学一样是通过反复试误来寻找真相的。必须承认匿名戒酒者协会与宗教不一样，它有自己独有的对成果的客观评价标准——持续戒酒。事实上，我们无法得知谁最终上了天堂，但是我们知道谁成功远离酒精，一直保持清醒。这一客观标准帮助匿名戒酒者协会避免了大多数宗教的厄运：偏见、个性、迷信迟早会让其信徒偏离其基本原则。

宗教与匿名戒酒者协会的另一个区别在于他们的管理结构。邪教与宗教的特征便是内部管理专制独裁，相信领袖的神授能力，永不犯错。而在匿名戒酒者协会，会员们相信："我们的领导者是大家赖以信任的仆人，他们不是统治者。"协会中大多数服务性岗位都是无偿的，所有的工作职位都会定期轮换，权利也因此而不会固化。聚会时，他们会更多地鼓励那些害羞的成员或新成员公开表达自己的观点。

匿名戒酒者协会还有一条基本原则："把任何东西强加给他人都是极其危险的。"所以，协会的组织结构图更像是一座倒置的金字塔。协会中需要承担责任的岗位被命名为"无权威服务岗位"，而且协会章程的制定过程是公开民主的。在他们的会议、"家庭聚会"以及代表会议上，关键事项都是通过讨论、而非辩论达成的。因为他们的目的在于达成一致，而非辩出哪一方获胜。匿名酗酒者协会中当然存在政治手段，但是比任何其他我熟知的组织在程度上都要轻。除了最好的法官以外，我从未听说任何组织"将规则置于个性之上"，但这确实是匿名戒酒者协会的基本传统。与邪教或其他宗教不同，匿名戒酒者协会一直是尊重会员的不同意见的。正如美国的奠基人给予人口较少的特拉华州和罗德岛州与人口稠密的纽约州和弗吉尼亚州同等数量的参议员人数一样，匿名戒酒者协会在其组织评议中特别重视少数会员的意见。

在所有具有民主精神的团体中，平台对每个人都是公平公正的。早期基督教教堂的魅力有一部分便是来自于孕育它的希腊城邦是民主的发源地，于是早期的基督教堂从未受到之前犹太教权威或者后来罗马教皇的桎梏。现在，呼吁使用替代疗法的部分原因是这种疗法比所谓的"科学"药物要更为民主。匿名戒酒者协会以平等主义的方式将他们的新会员命名为"和平鸽"，意指"及时到来帮助他的赞助人保持清醒的人"。

有一种针对匿名戒酒者协会和一神论宗教的批评观点认为，匿名戒酒者协会与佛教等精神团体不同，它鼓励依赖。很多观察家担心协会会员会对他们每天晚上 8 点钟的聚会上瘾，就好像他们之前对酒精上瘾一样。但是，这种依赖与邪教主张的依赖是完全不同的。依赖可以削弱我们的能力，也可以让我们变得更加强大。如果依赖香烟、老虎机或垃圾食品，我们会变得越来越糟。但是如果依赖的是体育锻炼、维他命，还有我们的家人，那么我们则会变得更强大。这也是为什么协会集会被称作"家"的原因。

　　还有一个能将匿名戒酒者协会与大多数宗教区别开来的原因，那就是协会有种奇妙的幽默感。我参加过的每一次协会集会都充满了欢声笑语。独裁者、邪教领袖、伊斯兰教的"毛拉们"、大主教们、训练分析员们很难领会匿名戒酒者协会会规第六十二条是多么的神圣庄严："别太他妈把自己当回事儿！"（请注意：其他六十一条会规根本就不存在）

　　最后，匿名戒酒者协会的十二步疗法反映了其创始人比尔·威二十年的不懈努力，他努力信奉谦卑、敬畏，尊敬超越自我的强大力量。[43] 正是这种尝试让精神有别于人文主义，也保护了匿名戒酒者协会不至于沦为邪教或宗教性质的组织。其实匿名戒酒者协会的很多传统都能帮助其他宗教变得更加成熟，在精神领域得以提升。其中一项传统便是共享贫穷。匿名戒酒者协会类似于早期的隐修会，他们成功地让会员甘于贫穷。与邪教、大学、慈善机构、宗教教派都不同的是，匿名戒酒者协会没有任何财产。在圣弗朗西斯看来，拥有财产会干扰精神修行，可能很多人都赞同他的观点。仅有协会会员可以向匿名戒酒者协会捐赠钱款，即便如此，会员在订立遗嘱中给予协会的馈赠也不能超过 2000 美元。

✿✿

　　那接下来我们讨论的是什么议题呢？匿名戒酒者协会不过是精神力量

安全发挥作用的一个具体例证。很明显，包容性、服务性、平等性、共享贫穷、谦虚谨慎这些匿名戒酒者协会的规约在协会之外也存在。我想说的是，精神在最大程度上用更为开放、更愿意接受批评和建立在信任基础上的立场，取代了宗教的排他性、全知全能性，以及经常给人带来痛苦的一面。鲍勃博士认为，对于匿名戒酒者协会"十二步疗法"这样坚如磐石的精神规约，其实可以用四个字归纳提炼为："爱与服务"。[44]虽然他对十二步疗法的总结与拉比希列著名的犹太法典注解方式没有太多的差异，但始终坚持自己的立场："你自己不情愿做的事情，请不要强加给别人。这是圣经的核心律法，而所有其他的律法都是这一条的注释。"黄金法则以及"爱与服务"反映的是地球上所有六十亿生灵秉持的安全信条。

当然，我们必须对经验保持开放的心态，也必须对时间维度保持开放的心态。要理解我们生命中信仰、希望、善意的同情，我们就必须着眼于长远的结果，而不能被一时的情绪左右。一方面，两百年前，一群波士顿的良民参与了反对"假冒"医学先知的暴动，因为这些家伙坚持认为接种牛痘可以让人类对天花免疫。今天看来，这些先知的观点无疑是正确的。多亏了"宗教力量"让牛痘接种得以普及，天花所带来的灾难才最终在地球上被根除。另一方面，我注意到大约五十年前，医学坚信胰岛素休克疗法可以减轻精神分裂症的症状（当时大约发表了七百篇科研论文支持该疗法）。如今，医学界承认了这个错误。胰岛素休克疗法不过是一种有效的安慰剂。因此，作为一种治疗方法，胰岛素休克已经和牛痘一样在地球上不复存在了。这样看来，相较于宗教，很多人更愿意支持科学，原因可能在于科学更愿意承认自己所犯下的错误。但是这并不意味着我们需要放弃信仰。

认为精神分析和科学都会将精神考虑在内的观点，我是不赞成的，这让我想到了那个酒鬼矿工的寓言。这个人因为酗酒，不仅典当了家里的家具，还打老婆、虐待孩子。之后，在当地一位牧师的帮助下，他转变为一名虔诚的教徒。他下井工作之后，他的伙伴们都嘲笑他"皈依教会"。一天，伙伴们问他是否真的相信基督能奇迹般地将水变为酒。他这样回答："我不懂那些奇迹，也不明白奇迹是怎么发生的。我是一个简单的人。我只知道在我家里发生的事情：酒变成了家具、绝望变为希望、仇恨变为爱。这些对我来讲已经足够神奇了。"任何能培育积极情绪的计划，都值得人们认真对待。自然，蜂蜜比醋能吸引更多的苍蝇。

历史学家凯伦·阿姆斯特朗这样写道：

> 检验宗教理念、教义学说、精神体验或者信仰实践有效性的唯一手段便是看它是否直接激发实际意义上的同情心。如果你对神灵的参悟让你变得更加善良、更加有同理心，而且你还会因此将这种同情心以仁爱善良的方式传递给他人，那这就是善的神学。但是如果你对上帝的认识让你变得冷酷无情、咄咄逼人、凶狠残忍、自以为是，甚至还诱导你以上帝的名义去谋害性命，那这就应当被归类为恶的神学。对于以色列先知、犹太教律法专家、基督、圣徒保罗、穆罕穆德，以及孔子、老子、佛陀而言，同情是他们手里最有效的试金石。[45]

持怀疑态度的学者一般都不太愿意承认精神对于人类生命具有广泛的重要意义。往往只要一提到精神，那些学者就会翻白眼，露出一副怀疑甚至是厌恶的表情，例如，斯金纳对情绪的态度就是如此。学者们希望能在科学事实和精神事实之间画上一条楚河汉界，而且笃信科学比精神更加真实。在我看来，这是一个谬误。社会生物学家爱德华·威尔逊再一次用他的观点声援了我们："人类精神困境的本质就是：基因不断进化让我们在接受一个真相的同时，又让我们发现了另外一个真相。"[46] 进化达到一定程度时，人类开始认识到我们的最高价值不仅可以通过对美好事物的敬畏得以表达，而且也可以在积极情绪的长期指引下得以实现。人类发现的科学规律让我们能够冷静地思考，并试图判断五官的感受何时是真实的，何时是虚幻的。科学反映了我们能用以分析世界的认知能力，并赋予其受意识控制以及可预测未来的功能。我们未来的任务是将威尔逊的两大真相整合在一起。例如，一百张 1 美元的钞票可能比一百封情书更值钱。但是还有另外一种可能性：一封情书的价值可能会远不止 100 美元。

在某种程度上，一个人的成熟程度可以通过其宽容能力、整合能力以及从悖论中获取真相的能力上得以判断。例如，每年汽车可能会夺去世界上超过十万人的性命，但是仍然有亿万人认为汽车的发明是人类的福祉。与此类似，在全球范围内每年因宗教原因丧命的人数可能有好几千人，但却有上十亿人因为宗教找到了进入积极情绪的通道，并有意识地发挥积极情绪的作用。其实，我无意指责山姆·哈里斯、克里斯托弗·希钦斯以及理查德·道金斯在进化的观点上有失偏颇。我真正想说的是，从长远来看，所有怀抱仁爱之心、对所有宗教信仰秉持恻隐之心的人，才能跟上人类文化进化的脚步。

注　释

第 1 章

1. Jack Kornfield, *After the Ecstasy, the Laundry* (New York: Bantam Books, 2000), pp. 235 - 36.

2. Antonio Damasio, *Descartes'Error* (New York: Putnam, 1994), p. 267.

3. Dacher Keltner and Jonathan Haidt, "Approaching Awe as Moral Aesthetic and Spiritual Emotions," *Cognition and Emotion* 17 (2003): 297 - 314.

4. Michael E. McCullough et al., "Gratitude as Moral Affect," *Psychological Bulletin* 127 (2001): 249 - 66.

5. Barbara L. Fredrickson, "The Role of Positive Emotions in Positive Psychol ogy?" *American Psychologist* 56 (2001): 218 - 26.

6. Barbara L. Fredrickson, "The Broaden and Build Theory of Positive Emo tions," *Philosophical Transactions of the Royal Society of London* 359 (2004): 1367 - 77.

7. Alice M. Isen, Andrew S. Rosenzweig, and Mark J. Young, "The Influence of Positive Affect on Clinical Problem Solving," *Medical Decision Making*, 11 (1991): 221 - 27; Sonya Lyubomirsky, Laura King, and Ed Diener, "The Benefits of Frequent Positive Affect: Does Happiness Lead to Success?" *Psy chological Bulletin* 131 (2005): 803 - 55.

8. Herbert Benson, *Timeless Healing* (New York: Scribner's, 1996).

9. Andrew Newberg and Jeremy Iversen, "The Neural Basis of the Complex Mental Task of Meditation: Neurotransmitter and Neurochemical Consid erations," *Medical Hypothesis* 8 (2003): 282 - 91.

10. Robert Emmons, *Thanks!: How the New Science of Gratitude Can Make You Happier* (Boston: Houghton Mifflin, 2007), p. 4.

11. Barbara Kantrowitz, "In Search of the Sacred," *Newsweek*, November 28, 1994, pp. 52 - 62.

12. Herbert Benson, *Timeless Healing* (New York: Scribner's, 1996).

13. Richard J. Davidson and Anne Harrington, *Visions of Compassion* (Oxford: Oxford University Press, 2002), p. 17.

14. Antonio Damasio, *The Feeling of What Happens: Body and Emotion in the Making of Consciousness* (New York: Harvest Books, 2000), p. 54

15. Gerald Edelman, *Bright Air, Brilliant Fire: On the Matter of Mind* (New York: Basic Books, 1992).

16. Damasio, *Descartes' Error*; Jaak Panksepp, *Affective Neuroscience: The Foundations of Human and Animal Emotion* (New York: Oxford University Press, 1998).

17. David S. Wilson, *Darwin's Cathedral: Evolution, Religion, and the Nature of Society* (Chicago: University of Chicago Press, 2002).

18. Lyubomirsky, King, and Diener, "The Benefits of Frequent Positive Affect."

19. Albert Schweitzer, *The Spiritual Life: Selected Writings of Albert Schweitzer* (Boston: Beacon Press, 1947).

20. Harris B. Ackner and A. J. Oldham, "Insulin Treatment of Schizophrenia: A Controlled Study," *Lancet* i (1957): 607 – 11; W. A. Cramand, "Lessons from the Insulin Story in Psychiatry," *Australia and New Zealand Journal of Psychiatry* 21 (1987): 320 – 26.

21. George E. Vaillant, *Adaptation to Life* (Boston: Little, Brown, 1977); George E. Vaillant, *Wisdom of the Ego* (Cambridge, Mass.: Harvard University Press, 1993); George E. Vaillant, *Aging Well* (Boston: Little, Brown, 2002).

22. Louis Sheaffer, *O'Neill: Son and Playwright* (Boston: Little, Brown, 1968).

23. Gail Ironson, "The Ironson-Woods Spirituality/Religiousness Index Is Associated with Long Survival, Health Behaviors, Less Distress, and Low Cortisol in People with HIV/AIDS," *Annals of Behavioral Medicine* (2002): 24, 34 – 38.

24. George E. Vaillant, Janice A. Templeton, Stephanie Meyer, and Monika Ardelt, "Natural History of Male Mental Health XVI: What Is Spirituality Good For?" *Social Science and Medicine*, 66 (2008): 221 – 31.

25. Christopher Peterson and Martin Seligman, "Character Strengths Before and After September 11," *Psychological Science* 14 (2003): 381 – 84.

26. Barbara Fredrickson et al., "What Good Are Positive Emotions in Crises?" *Journal of Personality and Social Psychology* 84 (2003): 365 – 76.

27. Karen Armstrong, *The Great Transformation* (New York: Knopf, 2006), p. 396.

第 2 章

1. Russell D'Souza and Kuruvilla George, "Spirituality, Religion, and Psychiatry: Its Application to Clinical Practice," *Australian Psychiatry* 14 (2006): 408 – 12.

2. George P. Murdock, "The Common Denominators of Cultures," in *The Science of Man in the World Crisis*, ed. Ralph Linton (New York: Columbia University Press, 1945).

3. Wilhelm Wundt, *Lectures on Human and Animal Psychology* (New York:

Macmillan, 1896); William James, *The Principles of Psychology* (New York: Henry Holt, 1890).

4. Max F. Meyer, "The Whale Among the Fishes: The Theory of Emotions," *Psychological Review* 40 (1933): 292 – 300.

5. Burrhus F. Skinner, *Science and Human Behavior* (New York: Macmillan, 1953), pp. 137 – 208.

6. Harry Harlow, "The Nature of Love," *American Psychologist* 13 (1958): 673 – 85; Deborah Blum, *Love at Goon Park* (Cambridge, Mass. : Perseus Books, 2002).

7. Jane Goodall, *In the Shadow of Man* (Boston: Houghton Mifflin, 1971).

8. Paul Ekman, *Emotions Revealed* (London: Weidenfeld & Nicholson, 2003).

9. Benjamin J. Sadock and Virginia A. Sadock, *Comprehensive Textbook of Psychiatry* (Philadelphia: Lippincott, Williams & Wilkins, 2004).

10. William James, *The Varieties of Religious Experience* (London: Longmans, Green & Co. , 1902), pp. 486, 498, 501.

11. Michael S. Gazzaniga et al. , "Collaboration Between the Hemispheres of a Callostomy Patient: Emerging Right Hemisphere Speech and the Left-Brain Interpreter," *Brain* 119 (1996): 1255 – 62.

12. Antonio Damasio, *Descartes'Error* (New York: Penguin, 1994); Eric R. Kandel, James H. Schwartz, and Thomas M. Jessell, *Principles of Neural Science*, 4th ed. (New York: McGraw-Hill, 2000); Antonio Damasio, "Neuroscience and Ethics: Intersections," *American Journal of Bioethics* 7 (2007): 3 – 6.

13. Harold W. Gordon and Joseph E. Bogen, "Hemispheric Lateralization of Singing After Intracarotid Sodium Amylbarbitone," *Jouural of Neurology*, *Neurosurgery and Psychiatry* 37 (1974): 727 – 39.

14. Steven Mithen, *The Singing Neanderthals* (Cambridge, Mass. : Harvard University Press, 2006).

15. Charles Darwin, *The Expression of the Emotions in Men and in Animals* (New York: D. Appleton & Co. , 1899).

16. Paul Broca, "Anatomie comparée des circonvolutions cérébrales: Le grand lobe limbique," *Revue Anthropologique* 1 (1878): 385 – 498.

17. Antoine de Saint-Exupéry, *The Little Prince* (New York: Harcourt, Brace and World, 1943), p. 68.

18. Joan B. Silk, Susan C. Alberts, and Jeanne Altmann, "Social Bonds of Female Baboons Enhance Infant Survival," *Science* 302 (2003): 1231 – 34.

19. James Olds, "Physiological Mechanisms of Reward," in *Nebraska Symposium on Motivation*, ed. M. R. Jones, (Lincoln: University of Nebraska Press, 1955), pp. 73 – 139.

20. Paul MacLean, *The Triune Brain in Evolution* (New York: Plenum, 1990).

21. Antonio R. Damasio et al., "Subcortical and Cortical Brain Activity During the Feeling of Self-Generated Emotions," *Nature Neuroscience* 3 (2000): 1049 - 46.

22. Jaak Panksepp, *Affective Neuroscience: The Foundations of Human and Animal Emotion* (New York: Oxford University Press, 1998); Jeffrey Burgdorf and Jaak Panksepp, "The Neurobiology of Positive Emotions," *Neuroscience and Biobehavioral Reviews* 30 (2006): 173 - 87.

23. Jon-Kar Zubietta et al., "Regulation of Human Affective Responses by Anterior Cingulate on Limbic Mu-opioid Neurotransmission," *Archives of General Psychiatry* 60 (2003): 1145 - 43.

24. See, for example, Burgdorf and Panksepp, "The Neurobiology of Positive Emotions."

25. Joseph LeDoux, *The Emotional Brain* (New York: Simon & Schuster, 1998), p. 101.

26. Paul MacLean, "Psychosomatic Disease and the 'Visceral Brain': Recent Developments Bearing on the Papez Theory of Emotion," *Psychosomatic Medicine* 11 (1949): 338 - 53, 52.

27. Martin Luther, *The Table Talk of Martin Luther* (1569), ed. Thomas Kepler (New York: Dover Publications, 2005), p. 79.

28. E. M. Forster, *Howard's End* (1910) (New York: Edward Arnold, 1973), pp. 183 - 84.

29. Sylvan S. Tomkins, *Affect Imagery Consciousness*, vol. 1, *The Positive Affects* (New York: Springer Publishing, 1962), p. 112.

30. Jaak Panksepp, Eric Nelson, and Marni Berkkedal, "Brain Systems for the Mediation of Social Separation-Distress and Social Reward: Evolutionary Antecedents and Neuropeptide Intermediaries," *Annals of the New York Academy of Science* 807 (1997): 78 - 100.

31. Michael S. Mega et al., *The Limbic System in the Neuropsychiatry of Limbic and Subcortical Disorders* (Washington, D. C.: American Psychiatric Press, 1997), pp. 3 - 18.

32. Andrew Newberg and Jeremy Iversen, "The Neural Basis of the Complex Mental Task of Meditation: Neurotransmitter and Neurochemical Considerations," *Medical Hypothesis* 8 (2003): 282 - 91.

33. Myron Hofer, "Early Social Relationships: A Psychobiologist's View," *Child Development* 59 (1987): 192 - 207.

34. John M. Allman et al., "The Anterior Cingulate Cortex: The Evolution of an Interface Between Emotion and Cognition," *Annals of the New York Academy of*

Science 935 (2001): 107 – 17.

35. Fredrich Sanides, "Functional Architecture of Motor and Sensory Cortices in Primates in the Light: A New Concept of Neocortex Evolution," in *The Primate Brain*, ed. Charles R. Noback and William Montagna (New York: Appleton Century Crofts, 1970).

36. Guido Gainotti, "Emotional Behavior and Hemispheric Side of the Lesion," *Cortex* 8 (1972): 41 – 45.

37. Allman et al., "The Anterior Cingulate Cortex."

38. Walle J. Nauta, "The Problem of the Frontal Lobe: A Reinterpretation," *Journal of Psychiatric Research* 8 (1971): 167 – 87.

39. John K. Fulton, ed., *The Frontal Lobes* (Baltimore: Williams & Wilkins, 1948).

40. Melvin Konner, *The Tangled Wing*, 2nd ed. (New York: Henry Holt, 2002), p. 251.

41. Antonio Damasio, "Neuroscience and Ethics: Intersections," *American Journal of Bioethics* 7 (2007): 3 – 6.

42. P. Thomas Schoenemann, Michael J. Sheehan, and L. D. Glotzer, "Prefrontal White Matter Volume Is Disproportionately Larger in Humans Than in Other Primates," *Natural Neuroscience* 8 (2005): 242 – 52.

43. Damasio, *Descartes'Error*.

44. Konner, *The Tangled Wing*.

45. Damasio, *Descartes'Error*.

46. Robert D. Hare, "Electrodermal and Cardiovascular Correlates of Psychopathy," in *Psychopathic Behavior: Approaches to Research*, ed. Robert D. Hare and D. Scharing (Chichester, England: John Wiley, 1978), pp. 107 – 43; Antonio R. Damasio and D. Tranel, "Individuals with Sociopathic Behavior Caused by Frontal Damage Fail to Respond Autonomically to Social Stimuli," *Behavioral Brain Research* 41 (1990): 81 – 94.

47. Richard Davidson, "Well-being and Affective Style: Neural Substrates and Biobehavioral Correlates," *Philosophical Transactions of the Royal Society, London*, B, 359 (2004): 1395 – 1411.

48. Richard Davidson and Anne Harrington, *Visions of Compassion* (London: Oxford University Press, 2002).

49. Richard Davidson, "Affective Style, Psychopathology, and Resilience: Brain Mechanisms and Plasticity," *American Psychologist* 55 (2000): 1196 – 1214.

50. Herbert Benson, *Timeless Healing* (New York: Scribner's, 1996); J. L. Kristeller, "Mindfulness Meditation," in *Principles and Practice of Stress Management*, ed. Paul M. Lehrer, Robert L. Woolfolk, and Wesley E. Sime (New York:

Guilford Press，2007）．

51. John M. Allman et al. ，"Intuition and Autism: A Possible Role for Von Economo Neurons，" *Trends in Cognitive Science* 9 (2005): 367 – 73.

52. Sandra Blakeslee，"Humanity? Maybe It's in the Wiring，" *New York Times*，December 7, 2003, Dl and D4.

53. Laurie Carr et al. ，"Neural Mechanisms of Empathy in Humans: A Relay from Neural Systems for Imitation to Limbic Areas，" *Proceedings of the National Academy of Science USA* 100 (2003): 5497 – 5502; Giacomo Rizzolatti，"The Mirror Neuron System and Its Function in Humans，" *Anatomy and Embryology* 210 (2005): 419 – 21.

54. Sara W. Lazar et al. ，"Meditation Experience Is Associated with Increased Cortical Thickness，" *Neuro Report* 16 (2005): 1893 – 97.

55. Francine M. Benes et al. ，"Myelinization of a Key Relay Zone in the Hippocampal Formarien Occurs in the Human Brain During Childhood, Adolescence, and Adulthood，" *Archives of General Psychiatry* 51 (1994): 477 – 84.

第 3 章

1. Adam Sedgwick，letter to Charles Darwin，in *The Darwin Collection* (London: British Museum，1859).

2. Richard Dawkins，"Is Science a Religion?" *The Humanist* (January-February 1997): 26.

3. Jaak Panksepp，*Affective Neuroscience: The Foundations of Human and Animal Emotion* (New York: Oxford University Press，1998).

4. Christopher B. Stringer and Robin McKie，*African Exodus: The Origins of Modern Humanity* (New York: Henry Holt & Co, 1997).

5. Michael J. Raleigh and Gary L. Brammer，"Individual Differences in Serotonin – 2 Receptors and Social Behavior in Monkeys，" *Society for Neuroscience Abstracts* 19 (1993): 592.

6. Thomas R. Insel and Larry J. Young，"The Neurobiology of Attachment，" *Nature Reviews Neuroscience* 2 (2002): 129 – 36.

7. John M. Allman et al. ，*Evolving Brains* (New York: Scientific American Li-brary，1998).

8. Yves Coppens，"Brain Locomotion, Diet, and Culture: How a Primate by Chance, Became a Man，" in *Origins of the Human Brain*，ed. Pierre Changeux and Jean Chavaillon (Oxford: Clarendon Press，1995)，pp. 104 – 12.

9. John E. Pfeiffer，*The Creative Explosion: An Inquiry into the Origins of Art and Religion* (New York: Harper & Row，1986).

10. Steven Mithen, *The Singing Neanderthals* (Cambridge, Mass. : Harvard University Press, 2006).

11. On the fossil record, see Christopher B. Stringer, "Out of Ethiopia," *Nature* 423 (2003): 92 – 95; on the mitochondrial evidence, see Max Ingman et al. , "Mitochondrial Genome Variation and the Origin of Modem Humans," *Nature* 408 (2000): 708 – 13.

12. Wolfgang Enard et al. , "Molecular Evolution of FOXP2, a Gene Involved in Speech and Language," *Nature* 418 (2002): 869 – 72.

13. Michael Balter, "Speech Gene Tied to Modern Humans," *Science* 297 (2002): 1105.

14. Michael Balter, "Are Human Brains Still Evolving? Brain Genes Show Signs of Selection," *Science* 309 (2005): 1662 – 63; Patrick D. Evans et al. , "Microcephalin: A Gene Regulating Brain Size Continues to Evolve Adaptively in Humans," *Science* 309 (2005): 1717 – 20.

15. Nitzan Mekel-Bobrov et al. , "Ongoing Adaptive Evolution of ASPM: A Brain Size Determined in Homo Sapiens," *Science* 309 (2005): 1720 – 22.

16. Joan B. Silk and Susan C. Alberts, "Social Bonds of Female Baboons Enhance Infant Survival," *Science* 302 (2003): 1231 – 34; Elliot Sober and David S. Wilson, *Unto Others: The Evolution and Psychology of Unselfish Behavior* (Cambridge, Mass. : Harvard University Press, 1998).

17. Richard G. Klein, *The Dawn of Human Culture* (New York: John Wiley, 2002).

18. Derek Bickerton, *Language and Human Behavior* (Seattle: University of Washington Press, 1995).

19. Grahame L. Walsh, *Bradshaw Art of the Kimberley* (Toowong, Queensland, Aust. : Takarakka Nowan Kas Publications, 2000).

20. Steven D. Levitt and Stephen J. Dubner, *Freakonomics* (New York: Morrow, 2005).

21. Karen Armstrong, *Holy War: The Crusades and Their Impact on Today's World* (New York: Doubleday, 1991).

22. Karen Armstrong, *The Great Transformation* (New York: Knopf, 2006), p. xii.

23. Ibid. , p. 130.

24. Julian Jaynes, *The Origin of Consciousness in the Breakdown of the Bicameral Mind* (Boston: Houghton Mifflin, 1990).

25. Robert Potter, trans. *The Persians by Aeschylus* (New York: Players, 1998), p. 47.

26. Armstrong, *The Great Transformation*, p. 227.

27. Ibid. , p. 271.

28. Arthur Waley, ed. and trans. , *The Analects of Confucius* (New York: Harper Collins, 1922), p. 68.

29. Armstrong, *The Great Transformation*, p. 277.

30. Walsh, *Bradshaw Art of the Kimberley*.

31. Pierre Teilhard de Chardin, *The Phenomenon of Man* (London: Collins, 1959).

32. Khalil H. N. Khalil, "Evolutionary Humanism: A Foundation for a Theory of Education," Ph. D. diss. , University of Massachusetts (1975).

33. William R. Miller and Carl E. Thoresen, "Spirituality, Religion, and Health," *American Psychologist* 58 (2003): 24 - 35.

34. Leon Neyfakh, "The Science of Smiling" *The Harvard Crimson*, February 15, 2006.

35. Pierre Teilhard de Chardin, *Toward the Future* (New York: Harcourt Brace Jovanovich, 1975).

36. Francine M. Benes, "Development of the Cortical-Limbic System," in *Human Behavior and the Developing Brain*, ed. Geraldine Dawson and Kurt W. Fischer (New York: Guilford Press, 1994).

37. William E. Phipps, *Amazing Grace in John Newton* (Macon, Ga. : Mercy University Press, 2001).

38. Ana Maria Rizzuto, *The Birth of the Living God* (Chicago: University of Chicago Press, 1979), p. 44.

39. Ibid. , p. 47.

40. Else Frenkel-Brunswik, "Studies in Biographical Psychology," *Character and Personality* 5 (1936): 1 - 34.

41. Carol Gilligan, In a *Different Voice* (Cambridge, Mass. : Harvard University Press, 1982).

42. Jean Piaget, *The Moral Judgment of the Child* (London: Kegan Paul, 1932).

43. On neural brain structure, see Walle J. H. Nauta, "The Problem of the Frontal Lobe: A Reinterpretation," *Psychiatric Research* 8 (1971): 167 - 87; on neural brain function, see Antonio Damasio, *Descartes'Error* (New York: Penguin, 1994).

44. Benes, "Development of the Cortical-Limbic System. "

45. Dawkins, "Is Science a Religion?"

46. Jane Loevinger, *Ego Development* (San Francisco: Jossey-Bass, 1976); James Fowler, *Stages of Faith* (New York: Harper & Row, 1981).

47. Michael Commons, Francis Richards, and Cheryl Armon, eds. , *Beyond Formal Operations: Late Adolescent and Adult Cognitive Development* (New York: Praeger, 1984).

第 4 章

1. Ajai Singh and Shakurtala Singh, "Gandhi on Religion, Faith, and Conversion," *Mens Sana Monographs II* (Mumbai, India, 2004): 79 – 87.

2. Gregory L. Fricchione, unpublished manuscript.

3. Michael Kosfeld et al., "Oxytocin Increased Trust in Humans," *Nature* 435 (2005): 673 – 76.

4. Dines Anderson and Helmer Smith, eds., *Sutta-Nipata* (1913) (London: Oxford University Press for the Pali Text Society, 1948), p. 26.

5. Albert Camus, *The Plague*, trans. Stuart Gilbert (New York: Knopf, 1950), pp. 196 – 97.

6. Antoine de Saint-Exupéry, *The Little Prince* (New York: Harcourt Brace and World, 1943), p. 68.

7. Ibid., p. 67.

8. Herbert Benson and Marg Stark, *Timeless Healing: The Power and Biology of Belief* (New York: Scribner's, 1996).

9. Wilford C. Smith, *Faith and Belief: The Difference Between Them* (Princeton, N. J.: Princeton University Press, 1979).

10. Donald Corcoran, "Spiritual Guidance," in *Christian Spirituality*, ed. Bernard McGinn and John Meyendorff (New York: Crossroad Publishing, 1985), p. 447.

11. George Johnson, *Fire in the Mind* (New York: Knopf, 1995), p. 6.

12. Kenneth S. Kendler, C. O. Gardner, and C. A. Prescott, "Religion, Psychopathology, and Substance Use and Abuse: A Multi-Measure, Genetic-Epidemiological Study," *American Journal of Psychiatry* 154 (1997): 322 – 29.

13. Jon Krakauer, *Under the Banner of Heaven* (New York: Doubleday, 2003).

14. Anthony Storr, *Feet of Clay* (New York: Harper Collins, 1996), p. 15.

15. Sam Harris, *The End of Faith* (New York: Norton, 2004), pp. 131, 126.

16. Jeffrey Saver and John Rabin, "The Neural Substrates of Religious Experience," in *The Neuropsychiatry of Limbic and Subcortical Disorders*, ed. Stephen Salloway, Paul Malloy, and Jeffrey L. Cummings (Washington, D. C.: American Psychiatric Press, 1997).

17. Hugh Milne, *Bhagwan: The God That Failed* (London: Sphere Books, 1983); Storr, *Feet of Clay*.

18. Harris, *The End of Faith*, p. 64.

19. Barbara L. Fredrickson, "The Role of Positive Emotions in Positive Psychology?" *American Psychologist* 56 (2001): 218 – 26.

20. Rudolf Otto, *The Idea of the Holy* (1917) (New York: Oxford University Press, 1958).

第 5 章

1. Anthony Walsh, The *Science of Love* (Amherst, N. Y. : Prometheus Books, 1996), p. 31; Erich Fromm, *The Art of Loving* (New York: Basic Books, 1956), p. 7; 1 Corinthians 13: 13.

2. Richard Hack, *Hughes* (Beverly Hills, Calif. : New Millennium Press, 2001).

3. Ibid.

4. *Great Soviet Encyclopedia*, vol. 15, 3rd ed. , English ed. , ed. Jean Paradise (New York: Macmillan, 1973/1997), p. 153.

5. Ali Shari Ati, *Hajj*, trans. Laleh Bakhtian (Teheran: Islamic Publications International, 1988), pp. 54 – 46.

6. Stephen G. Post, *Unlimited Love* (Philadelphia: Templeton Foundation Press, 2003), p. 3.

7. Helen Fisher, Arthur Aron, and Lucy L. Brown, "Romantic Love: An fMRI Srudy of a Neural Mechanism for Mate Choice," *Journal of Comparative Neurology* 493 (2005): 58 – 62; Arthur Aron, "Reward Motivation and Emotion Systems Associated with Early-Stage Intense Romantic Love," *Journal* of *Neurophysiology* 94 (2005): 327 – 37.

8. Harry Harlow, "The Nature of Love," *American Psychologist* 13 (1958): 673 – 85, 673.

9. Thomas Lewis, Fari Amini, and Richard Lannon, *A General Theory of Love* (New York: Random House, 2000), p. 84.

10. Robert C. Solomon, *Love: Emotion, Myth, and Metaphor* (New York: Anchor Press, 1981), p. 276.

11. Howard Miller and Paul S. Siegel, *Loving: A Psychological Approach* (New York: Wiley, 1972).

12. Bernard L. Murstein, "A Taxonomy of Love," in *The Psychology of Love*, ed. Robert J. Sternberg and Michael L. Barnes (New Haven, Conn. : Yale University Press, 1988), p. 26.

13. John Bowlby, *The Making and Breaking of Affectional Bonds* (London: Tavistock, 1979; Deborah Blum, *Love at Goon Park* (Cambridge, Mass. : Perseus Books, 2002), p. 59.

14. Blum, *Love at Goon Park*, p. 57.

15. Myron Hofer, "Early Social Relationships: A Psychobiologist's View," *Child Development* 59 (1987): 192 – 207; Thomas Lewis, Fari Amini, and Richard Lannon, *A General Theory of Love* (New York: Random House, 2000), p. 84.

16. David Spiegel, "Healing Words," *Journal of the American Medical Association* 281 (1999): 1328 – 29.

17. Frans B. M. de Waal, *Peacemaking Among Primates* (Cambridge, Mass. : Harvard University Press, 1990).

18. Lawrence Shapiro and Thomas R. Insel, "Infants'Response to Social Separation Reflects Adult Differences in Affinitive Behavior: A Comparative Developmental Study in Prairie and Mountain Voles," *Development Psychobiology* 23 (1990): 375 – 93; Thomas R. Insel and Larry J. Young, "The Neurobiology of Attachment," *Nature Reviews Neuroscience* 2 (2002): 129 – 36.

19. Richard J. Davidson and Anne Harrington, *Visions of Compassion* (Oxford: Oxford University Press, 2002), p. 116.

20. Griffith Edwards, *Matters of Substance* (London: Penguin Books, 2004), p. 138

21. Jonathan Haidt, *The Happiness Hypothesis* (New York: Basic Books, 2006).

22. Judith Herman, *Trauma and Recovery* (New York: Basic Books, 1997).

23. Kerstin Uvnas-Moberg, *The Oxytocin Factor* (Cambridge, Mass. : Da Capo Press, 2003).

24. Marcus Heinrichs, "Social Support and Oxytocin Interact to Suppress Cortisol and Subjective Responses to Psychosocial Stress," *Biological Psychiatry* 24 (2003): 153 – 72.

25. David Quinton, Michael Rutter, and Christopher Liddle, "Institutional Rearing, Parenting Difficulties, and Marital Support," *Psychological Medicine* 14 (1984): 102 – 24.

26. George E. Vaillant, *Wisdom of the Ego* (Cambridge, Mass. : Harvard University Press, 1993).

第 6 章

1. Alta May Coleman, "Personality Portrait: Eugene O'Neill," *Theatre Magazine* 31 (1920): 302.

2. Eugene O'Neill, *Long Day's Journey into Night* (New Haven, Conn. : Yale University Press, 1955), p. 69; all subsequent quotations are from this edition.

3. Louis Sheaffer, *O'Neill: Son and Playwright* (Boston: Little, Brown, 1968); Arthur Gelb and Barbara Gelb, *O'Neill* (New York: Harper & Row, 1962), p. 78.

4. Sheaffer, *O'Neill: Son and Playwright*, p. 4.

5. Gelb and Gelb, *O'Neill*, p. 434.

6. Karl Menninger, "Hope," *American Journal of Psychiatry* 115 (1959): 481 – 91.

7. Karl Menninger, *Love Against Hate* (New York: Viking, 1942), pp. 216 – 18.

8. Thomas Oxman, Daniel H. Freeman, and Eric Manheimer, eds. , "Lack of Social Participation or Religious Strength and Comfort as Risk Factors for Death After Cardiac Surgery in the Elderly," *Psychosomatic Medicine* 57 (1995): 5 – 15.

9. Menninger, "Hope. "

10. Madeline Visintainer, Joseph Volpicelli, and Martin Seligman, "Tumor Rejection in Rats After Inescapable or Escapable Shock," *Science* 216 (1982): 437 – 39.

11. George E. Vaillant and Kenneth Mukamal, "Successful Aging," *American Journal of Psychiatry* 158 (2001): 839 – 47.

12. Erik Erikson, *Insight and Responsibility* (New York: Norton, 1964).

13. Menninger, *Love Against Hate*, pp. 216 – 18.

14. Sigmund Freud, "Jokes and Their Relation to the Unconscious," *Complete Works of Sigmund Freud* (1905), vol. 8 (London: Hogarth Press, 1960), pp. 225, 233.

15. Reginald Pound, *Scott of the Antarctic* (New York: Coward-McCann, 1966), p. 300.

16. Jean Anouilh, *Antigone* (London: George G. Harrap, 1954), p. 84.

17. Benjamin Franklin, *Report of Dr. Benjarnin Franklin and other commissioners charged by the King of France with the examination of the animal magnetism, as now practiced in Paris* (London: J. Johnson, 1785), pp. 100, 102.

18. Lee C. Park and Lino Covi, "Nonblind Placebo Trial," *Archives of General Psychiatry* 12 (1965): 336 – 45.

19. Jerome D. Frank, *Persuasion and Healing: A Comparative Study of Psychotherapy* (Baltimore: Johns Hopkins University Press, 1961), p. 63.

20. Howard Spiro, *The Power of Hope* (New Haven, Conn. : Yale University Press, 1998).

21. Ibid. , p. 707.

22. Coretta Scott King, *My Life with Martin Luther King Jr.* (New York: Holt, Rinehart, Winston, 1969), p. 78.

第 7 章

1. Antonio Damasio, *Looking for Spinoza* (New York: Harcourt, 2003), p. 85.

2. Michael Harner, *The Way of a Shaman* (San Francisco: Harper San Francisco, 1990), p. 22.

3. William R. Miller and Janet C'de Baca, *Quantum Change* (New York: Guilford Press, 2001), pp. 98 – 100.

4. Joseph M. Jones, *Affects as Process* (London: Analytic Press, 1995), p. 87.

5. Melvin Konner, *The Tangled Wing: Biological Constraints of the Human Spirit*, 2nd ed. (New York: Henry Holt, 2003).

6. André Comte-Sponville, A *Small Treatise on the Great Virtues* (New York: Henry Holt, 1996), p. 253.

7. Jones, *Affects as Process*, p. 85.

8. Robert N. Emde et al., "Emotional Expression in Infancy: A Bio-behavioral Study," *Psychology Issues* 10 (1976): 1 – 200.

9. Jaak Panksepp, *Affective Neuroscience: The Foundations of Human and Animal Emotion* (New York: Oxford University Press, 1998).

10. Ibid.

11. Sigmund Freud, *Beyond the Pleasure Principle*, vol. 18, *Standard Edition of the Complete Psychological Works of Sigmund Freud* (London: Hogarth Press), pp. 75 – 76.

12. Sigmund Freud, *Civilization and Its Discontents*, vol. 21, *Standard Edition of the Complete Psychological Works of Sigmund Freud* (London: Hogarth Press), pp. 64 – 65.

13. Jones, *Affects as Process*, p. 89.

14. Sylvan S. Tomkins, *Affect Imagery Consciousness*, vol. 1, *The Positive Affect* (New York: Springer Publishing, 1962).

15. Ibid., p. 356.

16. Karen Armstrong, *The Spiral Staircase: My Climb Out of Darkness* (New York: Knopf, 2003), pp. 272, 298.

17. C. S. Lewis, *Surprised by Joy* (New York: Harcourt Brace, 1966), p. 18.

18. Tomkins, *Affect Imagery Consciousness*, p. 421.

第 8 章

1. Robert Enright et al., "The Psychology of Interpersonal Forgiveness," in *Exploring Forgiveness*, ed. Robert D. Enright and Joanna North (Madison: University of Wisconsin Press, 1998), pp. 46 – 47.

2. Robert R. Palmer, A *History of the Modern World* (New York: Knopf, 1951), p. 698.

3. Joseph Sandler and Anna Freud, *The Analysis of Defense: The Ego and the Mechanisms of Defense Revisited* (New York: International University Press, 1985), p. 185.

4. Andrew B. Newberg et al., "The Neuropsychological Correlates of Forgiveness," in *Forgiveness: Theory, Research, and Practice*, ed. Michael E. McCullough, Kenneth I. Pargament, and Carl E. Thoresen (New York: Guilford, 2000), p. 298.

5. Giacomo Bono and Michael E. McCullough, "Religion, Forgiveness, and Adjustment in Older Adulthood," in *Religious Influences on Health and Well-being in the Elderly*, ed. K. Warner Schaie, Neal Krause, and Alan Booth (New York: Springer Publishing, 2005).

6. Shin-Tseng Huang and Robert Enright, "Forgiveness and Anger-Related Emotions

in Taiwan: Implications for Therapy," *Psychotherapy* 37 (2000): 71 – 79.

7. Charlotte VanOyen Witvliet et al., "Granting Forgiveness or Harboring Grudges," *Psychological Science* 12 (2001): 117 – 23.

8. Michael E. McCullough, Kenneth I. Pargament, and Carl E. Thoresen, eds., *Forgiveness: Theory, Research, and Practice* (New York: Guilford, 2000).

9. Ibid., p. 21.

10. Luigi Accattoli, *When a Pope Asks Forgiveness* (Boston: Pauline Books and Media, 1998).

11. Michelle Girard and Etienne Mullet, "Propensity to Forgive in Adolescents, Young Adults, Older Adults, and Elderly People," *Journal of Adult Development* 4 (1997): 209 – 20; Michael J. Subkoviak et al., "Measuring Interpersonal Forgiveness in Late Adolescence and Middle Adulthood," *Journal of Adolescence* 18 (1995): 641 – 55.

12. Nelson Mandela, *Long Walk to Freedom* (Boston: Little, Brown, 1994).

13. Girard and Mullet "Propensity to Forgive"; Loren Toussaint et al., "Forgiveness and Health: Age Differences in a U. S. Probability Sample," *Journal of Adult Development* 8 (2001): 249 – 47.

14. Malcolm Fraser, *Common Ground* (Camberwell, Aust.: Viking, 2002), p. 206.

15. Melanie A. Greenberg and Arthur A. Stone, "Emotional Disclosure About Traumas and Its Relation to Health Effects of Previous Disclosure and Trauma Activity," *Journal of Personality and Social Psychology* 63 (1992): 75 – 84.

16. Michael Henderson, *Forgiveness* (London: Grosvenor Books, 2002).

17. Coretta Scott King, *My Life with Martin Luther King Jr.* (New York: Holt, Rinehart, Winston, 1969), pp. 129 – 30.

18. Newberg et al., "The Neuropsychological Correlates of Forgiveness."

19. Henderson, *Forgiveness*, p. 170.

20. Judith Herman, *Trauma and Recovery* (New York: Basic Books, 1997).

21. Louis Sheaffer, *O'Neill: Son and Playwright* (Boston: Little, Brown, 1968).

22. Arthur Gelb and Barbara Gelb, *O'Neill* (New York: Harper & Row, 1962), p. 836.

23. Eugene O'Neill, *Long Day's Journey into Night* (New Haven, Conn.: Yale University Press, 1955), p. 69.

24. John Patton, *Is Human Forgiveness Possible? A Pastoral Care Perspective* (Nashville, Tenn.: Abington Press, 1985).

25. Robert Wuthnow, "How Religious Groups Promote Forgiving: A National Study," *Journal for the Scientific Study of Religion* 39 (2000): 125 – 39.

26. Henderson, *Forgiveness*, p. 159.

第 9 章

1. Richard Davidson and Anne Harrington, *Visions of Compassion* (London: Oxford University Press, 2002), p. 5

2. Richard Warren, The *Purpose-Driven Life* (Grand Rapids, Mich.: Zonder-van, 2002), p. 12.

3. Tania Singer et al., "Empathy for Pain Involves the Affective but Not Sensory Components of Pain," *Science* 303 (2004): 1157 - 62.

4. Janas T. Kaplan and Marco Iacoboni, "Getting a Grip on the Other Minds: Mirror Neurons, Intention Understanding, and Cognitive Empathy," *Social Neuroscience* 1 (2006): 175 - 83.

5. George E. Vaillant, *Adaptation to Life* (Boston: Little, Brown, 1977).

6. Ibid.; George E. Vaillant, *Wisdom of the Ego* (Cambridge, Mass.: Harvard University Press, 1993).

7. Vaillant, *Wisdom of the Ego*.

8. Anne Colby and William Damon, *Some Do Care* (New York: Free Press, 1994).

9. Howard Spiro, *The Power of Hope* (New Haven, Conn.: Yale University Press, 1998), p. 225.

10. Raul de la Fuente-Fernandez et al., "Expectation and Dopamine Release: Mechanism of the Placebo Effect in Parkinson's Disease," *Science* 293 (2001): 1164 - 66.

11. Rachel Bachner-Melman et al., "Dopaminergic Polymorphisms Associated with Self-Report Measures of Human Altruism: A Fresh Phenotype for the Dopamine D4 Receptor," *Molecular Psychiatry* 10 (2005): 333 - 35.

12. Jorge Moll et al., "Human Frontal-Mesolimbic Networks Guide Decisions About Charitable Donation," *Proceedings of the National Academy of Sciences* 103 (2006): 15623 - 28.

13. Antonio Damasio, "Neuroscience and Ethics: Intersections," *American Journal of Bioethics* 7 (2007): 3 - 6.

14. Moll et al., "Human Frontal-Mesolimbic Networks," p. 15626.

15. Karen Armstrong, *The Great Transformation* (New York: Knopf, 2006), p. 391.

第 10 章

1. René Girard, *Violence and the Sacred* (Baltimore: Johns Hopkins University Press, 1977).

2. Kenneth I. Pargament, "The Psychology of Religion and Spirituality? Yes and No," *International Journal for the Psychology of Religion* 6 (1999): 3 - 16.

3. Stephen G. Post, *Unlimited Love* (Philadelphia: Templeton Foundation Press, 2003), p. 41.

4. Fetzer Institute, "Multidimensional Measurement of Religiousness/Spirituality," for use in health research (Kalamazoo, Mich.: John E. Fetzer Institute, 2003).

5. Maren Batalden, personal communication.

6. Andrew Newberg and Eugene D'Aquili, *Why God Won't Go Away: Brain Science and the Biology of Belief* (New York: Ballantine Books, 2001), p. 2.

7. Carl Sagan, *Contact* (New York: Pocker Books, 1986), p. 372.

8. C. Robert Cloninger, *Feeling Good: The Science of Well-being* (New York: Oxford University Press, 2004); "Is God in Our Genes?" *Time*, October 25, 2004, p. 70.

9. Dean Hamer, *The God Gene* (New York: Doubleday, 2004); Katherine M. Kirk, Lindon J. Eaves, and Nicholas G. Martin, "Self-Transcendence as a Measure of Spirituality in a Sample of Older Australian Twins," *Twin Research* 2 (1999): 81 - 87.

10. Kirk, Eaves, and Martin, "Self-transcendence as a Measure of Spirituality."

11. John of the Cross, *The Dark Night of the Soul*, book ii, ch. xvii.

12. Gerald Brenan, *St. John of the Cross* (Cambridge: Cambridge University Press, 1973), p. 23.

13. William James, *The Varieties of Religious Experience* (London: Longmans, Green & Co., 1902), p. 143.

14. John Templeton, *Agape Love* (Philadelphia: Templeton Foundation Press, 1999), p. 44.

15. Lawrence-Khantipalo Mills, *Buddhism Explained* (Bangkok: Silkworm Books, 1999), p. 144.

16. David M. Bear and Paul Fedio, "Quantitative Analysis of Interictal Behavior in Temporal Lobe Epilepsy," *Archives of Neurology* 34 (1977): 454 - 67.

17. Norman Geschwind, "Changes in Epilepsy," *Epilepsia* 24 (supp. 1, 1983): S23 - 30.

18. Frank R. Freemon, "A Differential Diagnosis of the Inspirational Spells of Muhammad the Prophet of Islam," *Epilepsia* 17 (1976): 423 - 27.

19. Norman Geschwind, "Dostoevsky's Epilepsy," in *Psychiatric Aspects of Epilepsy*, ed. Dietrich Blumer (Washington, D.C.: American Psychiatric Press, 1984), pp. 325 - 34.

20. Theophile Alajouanine, "Dostoyevsky's Epilepsy," *Brain* 86 (1963): 209 - 18.

21. Fyodor Dostoyevsky, *The Idiot* (1872), trans. Anna Brailovsky (New York: Modern Library, 2003), p. 244.

22. Kenneth Dewhorst and A. W. Beard, "Sudden Religious Conversion in Temporal Epilepsy" (1970), *Epilepsy and Behavior* 4 (2003): 80.

23. James, *The Varieties of Religious Experience*, p. 157.

24. Kenneth Ring, "Religiousness and Near-Death Experience: An Empirical Study," *Theta* 8 (1980): 3 - 5.

25. Anne L. Vaillant, "Women's Response to Near-Death Experience During Childbirth," unpublished thesis, Massachusetts General Hospital, Boston (1994), p. 30.

26. Bruce Greyson, "Near-Death Experiences and Spirituality," *Zygon* 41 (2006): 393 - 414.

27. James, *The Varieties of Religious Experience*.

28. Walter N. Pahnke and William A. Richards, "Implications of LSD and Experimental Mysticism," *Journal of Religion and Health* 25 (1966): 64 - 72.

29. Radamés Perez et al., "Changes in Brain Plasma and Cerebro-spinal Fluid Contents of Beta-endorphin in Dogs at the Moment of Death," *Neurological Research* 17 (1995): 223 - 25.

30. Greyson, "Near-Death Experiences and Spirituality," p. 395.

31. Pim van Lommel et al., "Near-Death Experience in Survivors of Cardiac Arrest: A Prospective Study in the Netherlands," *Lancet* 358 (2001): 2039 - 45.

32. Anne McIlroy, "Hardwired for God," Globe *and Mail* (Canada), December 6, 2003, F-1 and F - 5.

33. Andrew Newberg and M. R. Waldman, *Why We Believe What We Believe* (New York: Free Press, 2006).

34. Andrew Newberg and Jeffrey Iversen, "The Neural Basis of the Complex Mental Task of Meditation: Neurotransmitter and Neurochemical Considerations," *Medical Hypothesis* 8 (2003): 282 - 91.

35. C. Robert Cloninger et al., "The Temperament and Character Inventory (TCI): A Guide to Its Development and Use"(St. Louis: Washington University, Center for Psychobiology and Personality, 1994).

36. Jon Krakauer, *Under the Banner of Heaven: A Story of Violent Faith* (New York: Doubleday, 2003); Anthony Storr, *Feet of Clay* (New York: Harper Collins, 1996).

37. Dostoyevsky, *The Idiot*, p. 181.

38. Cloninger et al., "The Temperament and Character Inventory."

39. Solomon H. Snyder, "Commentary on Paper by Griffiths et al.," *Psychopharmacology* 187 (2006): 287 - 88.

40. Rich Doblin, "Pahnke's 'Good Friday Experiment': A Long-Term Follow-up and Methodological Critique," *Journal of Transpersonal Psychology* 23 (1991): 1 - 28.

41. Walter N. Pahnke and William A. Richards, "Implications of LSD and Ex-

perimental Mysticism," *Journal of Religion and Health* 25 (1966): 64 – 72.

42. Joseph E. LeDoux, *The Emotional. Brain: The Mysterious Underpinnings of Emotional Life* (New York: Simon &. Schuster, 1998).

43. R. R. Griffiths et al., "Psilocybin Can on Occasion Cause Mystical-Type Experiences Having Substantial and Sustained Personal Meaning and Spiritual Significance," *Psychopharmacology* 187 (2006): 268 – 83.

44. Pahnke and Richards, "Implications of LSD and Experimental Mysticism."

45. Hamer, *The God Gene*, p. 11.

46. Ibid., p. 77.

47. William R. Miller and Janet C'de Baca, *Quantum Change* (New York: Guilford Press, 2001).

48. Andrew Smith, *Moondust: In Search of the Men Who Fell to Earth* (New York: Harper Collins, 2005).

49. Ibid., p. 197.

50. Ibid., p. 46.

51. Ibid., pp. 58 – 59.

52. Pierre Teilhard de Chardin, *Toward the Future* (New York: Harcourt Brace Jovanovich, 1975).

53. Newberg and Waldman, *Why We Believe What We Believe*, p. 191.

54. Edward E. Cummings, "voices to voices, lip to lip," unpublished manuscript, Harvard University (BMS AM 1823.5 [392]), Houghton Library typescript.

第 11 章

1. James Fowler, *Becoming Adult, Becoming Christian* (San Francisco: Harper &. Row, 1984), p. 71; the translation of the Bhagavad Gita, chapter 2, is attributed to Gandhi, and the last eighteen verses of Gandhi's version are from Eknath Easwaran, *Gandhi the Man* (Petaluma, Calif.: Nilgiri Press, 1978).

2. Daniel C. Dennett, *Breaking the Spell* (New York: Viking, 2006).

3. Antonio Damasio, *Descartes'Error* (New York: Putnam, 1994), p. 126.

4. David S. Wilson, *Darwin's Cathedral: Evolution, Religion, and the Nature of Society* (Chicago: University of Chicago Press, 2002); Mark Hauser, *Moral Minds: How Nature Designed Our Universal Sense of Right and Wrong* (New York: HarperCollins, 2006).

5. Leo Tolstoy *Anna Karenina* (1877), vol. 3 (New York: Scribner, 1904), pp. 371 – 72.

6. Wayne Teasdale, *The Mystic Heart* (Novato, Calif.: New World Library, 1999).

7. Lindon J. Eaves et al., "Comparing the Biological and Cultural Inheritance of

Personality and Social Attitudes in the Virginia 20,000 Study of Twins and Their Relatives," *Twin Research* 2 (1999): 62 - 80.

8. Thomas J. Bouchard et al., "Intrinsic and Extrinsic Religiousness: Genetic and Environmental Influences and Personality Correlates," *Twin Research* 2 (1999): 88 - 98.

9. Ajai R. Singh and Shakuntala A. Singh, "Gandhi on Religion, Faith, and Conversion," *Mens Sana Monographs* 2 (2004): 79 - 87.

10. Andrew Newberg and Eugene D'Aquili, *Why God Won't Go Away: Brain Science and the Biology of Belief* (New York: Ballantine Books, 2001), p. 80.

11. Albert Einstein, "A Symposium in Science, Philosophy, and Religion," un-published paper, 1941.

12. Richard P. Sloan et al., "Should Physicians Prescribe Religious Activities?" *New England Journal of Medicine* 342 (2000): 1913 - 16; Emilia Bagiella, Victor Hong, and Richard P. Sloan, "Religious Attendance as a Predictor of Survival in the EPESE Cohorts," *International Journal of Epidemiology* 34 (2005): 443 - 51.

13. George E. Vaillant, "A Sixty-Year Follow-up of Male Alcoholism," *Addiction* 98 (2003): 1043 - 51.

14. Gerald G. May, *Addiction and Grace* (San Francisco: Harper San Francisco, 1991), pp. 6 - 7.

15. George E. Vaillant, Janice A. Templeton, Stephanie Meyer, and Monika Ardelt, "Natural History of Male Mental Health: What Is Spirituality Good For?" *Social Science and Medicine* 66 (2008): 221 - 31.

16. George E. Vaillant, *Natural History of Alcoholism Revisited* (Cambridge, Mass.: Harvard University Press, 1995).

17. Arthur H. Cain, "Alcoholics Anonymous: Cult or Cure?" *Harper's* (February 1963): 48 - 52; Nancy Shute, "What AA Won't Tell You," *U. S. News and World Report*, September 8, 1997, 55 - 65.

18. J. Michael McGinnis and William H. Foege, "Actual Causes of Death in the United States," *Journal of the American Medical Association* 270 (1993): 2207 - 12.

19. Lars Lindstrom, *Managing Alcoholism* (Oxford: Oxford University Press, 1992).

20. Mark B. Sobell and Linda C. Sobell, "Alcoholics Treated by Individualized Behavior Therapy: One-Year Treatment Outcome," *Behavior Research and Therapy* 1 (1973): 599 - 618; Mary L. Pendery et al., "Controlled Drinking by Alcoholics? New Findings and a Reevaluation of a Major Affirmative Study," *Science* 217 (1982): 169 - 75.

21. Vaillant, *Natural History of Alcoholism Revisited*.

22. Kelly D. Brownell et al., "Understanding and Preventing Relapse," *American*

Psychologist 41 (1986): 765 – 82; Robert Stall and Paul Biernacki, "Spontaneous Remission from the Problematic Use of Substances: An Inductive Model Derived from a Compararive Analysis of the Alcohol, Opiate, Tobacco, and Food/Obesity Literature," *International Journal of Addictions* 21 (1986): 1 – 23; George E. Vaillant, "What Can Long-Term Follow-up Teach Us About Relapse and Prevention of Relapse in Addiction?" *British Journal of Addiction* 83 (1988): 1147 – 57.

23. George E. Vaillant, "A Twelve-Year Follow-up of New York Narcotic Addicts IV: Some Characteristics and Determinants of Abstinence," *American Journal of Psychiatry* 123 (1966): 573 – 84.

24. Jaak Panksepp, Eric Nelson, and S. M. Sivity, "Brain Opiates and Mother-Infant Bonding Motivation," *Aota Paediatrica Supplement* 397 (1994): 40 – 46.

25. William James, *The Varieties of Religious Experience* (London: Longmans, Green & Co. , 1902).

26. Carl Jung, letter to Bill Wilson (1961), reprinted in *Alcoholics Anonymous Grapevine* (January 1963): 30 – 31.

27. Jaak Panksepp, Eric Nelson, and Marni Bekkedal, "Brain Systems for the Mediation of Social Separation-Distress and Social-Reward," *Annalls of the New York Academy of Science* 807 (1997): 78 – 100.

28. Thomas R. Insel and Larry J. Young, "The Neurobiology of Attachment," *Nature Reviews Neuroscience* 2 (2002): 135.

29. Andrea Bartels and Semir Zeki, "The Neural Correlates of Maternal and Romantic Love," *Neuroimage* 21 (2004): 1155 – 66.

30. George L. Kovacs, Z. Sarnyai, and G. Szaba, "Oxytocin and Addiction: A Review," *Psychoneuroendocrinology* 23 (1998): 945 – 62.

31. J. C. D. Emrick et al. , "Alcoholics Anonymous: What Is Currently Known?" in *Research in Alcoholics Anonymous: Opportunities and Alternatives*, ed. B. S. McCready and W. R. Miller (Piscataway, N. J.: Rutgers Center for Alcohol Studies, 1993), pp. 41 – 76.

32. Keith Humphreys and Rudolf H. Moos, "Reduced Substance Abuse-Related Health Care Costs Among Voluntary Participants in Alcoholics Anonymous," *Journal of Studies on Alcohol* 58 (1996): 231 – 38; Keith Humphreys, Rudolf H. Moos, and Caryn Cohen, "Social and Community Resources and Long-Term Recovery from Treated and Undirected Alcoholism," *Psychiatrist Services* 47 (1997): 709 – 13.

33. Christine Timko et al. , "Long-Term Treatment Careers and Outcomes of Previously Untreated Alcoholics," *Journal Study of Alcohol* 60 (1999): 437 – 47.

34. Christine Timko et al. , "Long-Term Outcomes of Alcoholic Use Disorders Comparing Untreated Individuals with Those in Alcoholics Anonymous and Formal

Treatment," *Journal of Studies in Alcohol* 61 (2000): 529 – 40.

35. George E. Vaillant, *Natural History of Alcoholism Revisited* (Cambridge, Mass.: Harvard University Press, 1995).

36. George E. Vaillant, "A Sixty-Year Follow-up of Male Alcoholism," *Addiction* 98 (2003): 1043 – 51.

37. Stanton Peele, *The Diseasing of America* (Lexington, Mass.: Lexington Books, 1989).

38. Richard Behar, "Scientology, the Cult of Greed," *Time*, May 6, 1991.

39. Marc Galanter, "Cults and Zealous Self-Help Movements: A Psychiatric Perspective," *American Journal of Psychiatry* 147 (1990): 543 – 51.

40. Alcoholics Anonymous, "The AA Member, Medications, and Other Drugs" (medical pamphlet) (New York: AA World Services, n.d.), p. 11.

41. Robert Smith, "Dr. Bob and the Good Old Timers" (New York: AA World Services, 1950, 1980).

42. Ernest Kurtz, *Not God: A History of Alcoholics Anonymous* (Center City, Minn.: Hazelden, 1977).

43. Alcoholics Anonymous, *Twelve Steps and Twelve Traditions* (New York: AA World Services, 1953).

44. Robert Smith, brief remarks at the First International AA Convention, Cleveland, Ohio, July 3, 1950.

45. Karen Armstrong, *The Spiral Staircase: My Climb Out of Darkness* (New York: Knopf, 2003), p. 293.

46. Edward O. Wilson, *Consilience* (New York: Knopf, 1998), p. 264.

作者简介

　　乔治·瓦利恩特(George E. Vaillant)，哈佛大学教授，著名精神分析学家、精神病学研究专家，整个职业生涯致力于研究成人发展过程、精神分裂症、酒精与药物上瘾以及人格障碍的康复，探究人类幸福的构成与源泉。主持哈佛大学"成人发展研究项目"三十五年，著有 *Aging well* 和 *Adaptation to Life* 等著作，对人类精神世界、人类幸福有着深刻的洞见。

图书在版编目(CIP)数据

精神的进化：美好生活的构成/(美)乔治·瓦利恩特著；
张庆宗，周琼译. —上海：华东师范大学出版社，2017
　ISBN 978 - 7 - 5675 - 6850 - 1

　Ⅰ.①精…　Ⅱ.①乔…②张…③周…　Ⅲ.①精神分析
Ⅳ.①B841

中国版本图书馆 CIP 数据核字(2017)第 253380 号

精神的进化：美好生活的构成

著　　者　乔治·瓦利恩特
译　　者　张庆宗　周　琼
策划编辑　彭呈军
审读编辑　单敏月
责任校对　罗　丹
装帧设计　上海介太文化艺术工作室

出版发行　华东师范大学出版社
社　　址　上海市中山北路 3663 号　邮编 200062
网　　址　www.ecnupress.com.cn
电　　话　021 - 60821666　行政传真 021 - 62572105
客服电话　021 - 62865537　门市(邮购)电话 021 - 62869887
地　　址　上海市中山北路 3663 号华东师范大学校内先锋路口
网　　店　http://hdsdcbs.tmall.com

印 刷 者　上海盛通时代印刷有限公司
开　　本　787×1092　16 开
印　　张　17.75
字　　数　217 千字
版　　次　2018 年 2 月第 1 版
印　　次　2018 年 2 月第 1 次
书　　号　ISBN 978 - 7 - 5675 - 6850 - 1/B·1091
定　　价　62.00 元

出 版 人　王　焰

(如发现本版图书有印订质量问题,请寄回本社客服中心调换或电话 021 - 62865537 联系)